精细化学品生产技术专业（群）重点建设教材

国家骨干高职院校项目建设成果

浙江省精细化学品生产技术优势专业项目建设成果

化工 CAD

童鲁海　主　编

ZHEJIANG UNIVERSITY PRESS

浙江大学出版社

图书在版编目(CIP)数据

化工 CAD / 童鲁海主编. —杭州:浙江大学出版社,
2015.1(2024.1 重印)
 ISBN 978-7-308-14266-3

 Ⅰ.①化… Ⅱ.①童… Ⅲ.①化工机械—机械制图—
AutoCAD 软件 Ⅳ.①TQ050.2-39

 中国版本图书馆 CIP 数据核字(2014)第 303600 号

化工 CAD

童鲁海 主编

责任编辑	石国华	
封面设计	刘依群	
出版发行	浙江大学出版社	
	(杭州市天目山路 148 号 邮政编码 310007)	
	(网址:http://www.zjupress.com)	
排　　版	杭州星云光电图文制作有限公司	
印　　刷	广东虎彩云印刷有限公司绍兴分公司	
开　　本	710mm×1000mm 1/16	
印　　张	18.5	
字　　数	360 千	
版 印 次	2015 年 1 月第 1 版 2024 年 1 月第 9 次印刷	
书　　号	ISBN 978-7-308-14266-3	
定　　价	48.00 元	

内容提要

本书共分四个模块。内容包括制图基本知识、正投影的图示原理和方法、组合体、机件的表达方法、标准件与常用件、零件图、化工设备装配图、化工工艺图、计算机绘图、化工测绘。本书既抓住了制图国家标准、行业标准的相关知识，又突出了读图、画图的基本技能。力求将形体分析与工程意识有机结合，增添了"化工测绘"的实践内容。计算机绘图部分，采用绘图功能强大的 AutoCAD 绘图软件系统。

本书贯彻国家、行业最新标准。

本书可作为高职化工类专业教材，也可供相关专业选用。

丛书编委会

总　序

　　2008 年，杭州职业技术学院提出了"重构课堂、联通岗位、双师共育、校企联动"的教改思路，拉开了教学改革的序幕。2010 年，学校成功申报为国家骨干高职院校建设单位，倡导课堂教学形态改革与创新，大力推行项目导向、任务驱动、教学做合一的教学模式改革与相应课程建设，与行业企业合作共同开发紧密结合生产实际的优质核心课程和校本教材、活页教材，取得了一定成效。精细化学品生产技术专业（群）是骨干校重点建设专业之一，也是浙江省优势专业建设项目之一。在近几年实施课程建设与教学改革的基础上，组织骨干教师和行业企业技术人员共同编写了与专业课程配套的校本教材，几经试用与修改，现正式编印出版，是学校国家骨干校建设项目和浙江省优势专业建设项目的教研成果之一。

　　教材是学生学习的主要工具，也是教师教学的主要载体。好的教材能够提纲挈领，举一反三，授人以渔。而工学结合的项目化教材则要求更高，不仅要有广深的理论，更要有鲜活的案例、科学的课题设计以及可行的教学方法与手段。编者们在编写的过程中以自身教学实践为基础，吸取了相关教材的经验并结合时代特征而有所创新，使教材内容与经济社会发展需求的动态相一致。

　　本套教材在内容取舍上摈弃求全、求系统的传统，在结构序化上，首先明确学习目标，随之是任务描述、任务实施步骤，再是结合任务需要进行知识拓展，体现了知识、技能、素质有机融合的设计思路。

　　本套教材涉及精细化学品生产技术、生物制药技术、环境监测与治理技术 3 个专业共 9 门课程，由浙江大学出版社出版发行。在此，对参与本套教材的编审人员及提供帮助的企业表示衷心的感谢。

　　限于专业类型、课程性质、教学条件以及编者的经验与能力，难免存在不妥之处，敬请专家、同仁提出宝贵意见。

谢萍华

2014 年 12 月

前　言

随着计算机绘图技术在工程领域中的应用越来越广泛，促使传统学科《化工制图》与计算机辅助设计（AutoCAD）相融合，以满足现代化工企业对所需人才的基本要求。本书按照高等职业教育的培养目标和特点，依据精细化工行业专家对精细化学品生产技术专业所涵盖的工作领域进行工作任务和职业能力分析，同时遵循高等职业院校学生的认知规律，紧密结合化工总控工职业资格证书考核要求，而组织编写的。

本书按68～85学时编写，适用于高等职业院校化工类专业以工程应用为目的的制图教学，也可供其他相近专业使用或参考。

本书由机械制图、化工制图和计算机绘图三部分内容构成，分为四个学习模块：AutoCAD、图样画法、化工设备图和化工工艺图。每个学习模块内容是以化工过程控制和设备运行管理的工作过程为线索来设计的，既各自独立、自成体系，又具有化工行业的特点。同时，适当地调整和删减教材内容，如：将计算机绘图贯穿于各项工作任务过程的始终；删除了点、线、面等画法几何的大部分内容；采用简述的方式介绍表面粗糙度、极限与配合等内容。

本书着重于高职学生在化工企业生产岗位使用"工程语言"指导生产与交流技术的知识学习和技能训练。在任务引领型的项目活动中，贯彻最新国家标准和行业标准，强化读图、画图和测绘实践，以提高高职毕业生适应职业变化的能力。

参加本书编写工作的有：杭州职业技术学院童鲁海（模块Ⅰ的项目2，模块Ⅱ的项目1、3，模块Ⅲ的项目1，模块Ⅳ的项目1）、吴健（模块Ⅲ的项目2，模块Ⅳ的项目3）、刘松晖（模块Ⅰ的项目1、3，模块Ⅳ的项目3）、杭州万向职业技术学院叶爱娟（模块Ⅱ的项目2）、杭氧集团高小玲（模块Ⅳ的项目2）。本书的编写还得到杭州格林达化学有限公司的尹云舰、浙江日华化学有限公司陈樟陆、杭州菲丝凯化妆品有限公司肖炎伟、国际香料香精（浙江）有限公司赵文佳、杭州电化集团有限公司胡万明、周有平的大力支持和帮助指导。在此一并表示衷心感谢。

由于编者水平有限和时间仓促，书中难免有些不妥和错误之处，恳请读者批评指正。

编者
2014 年 12 月

目　录

模块Ⅰ　AutoCAD ··（ 1 ）

项目1　AutoCAD 绘图软件的使用与操作 ································（ 1 ）

　　任务 1　认识 AutoCAD 用户界面及各区域的功能 ·············（ 1 ）

　　任务 2　使用 AutoCAD 绘图软件的基本操作 ·················（ 4 ）

项目2　创建样板图文件 ···（17）

　　任务 1　设置图层 ···（18）

　　任务 2　建立文字样式 ···（24）

　　任务 3　建立尺寸标注样式 ···（28）

项目3　计算机绘图 ···（37）

　　任务 1　绘制二维图形 ···（38）

　　任务 2　标注图形尺寸 ···（43）

模块Ⅱ　图样画法 ··（49）

项目1　投影作图 ···（49）

　　任务 1　认知正投影法的基本原理和作图方法 ···················（49）

　　任务 2　绘制立体表面交线的投影 ····································（59）

　　任务 3　识读与绘制组合体三视图 ····································（69）

项目2　机件常用的表达方法 ···（86）

　　任务 1　识读与绘制视图 ··（87）

　　任务 2　识读与绘制剖视图、断面图和局部放大图 ·············（90）

项目3　机械图样 ···（112）

　　任务 1　认知标准件、常用件的图示方法和内容 ···············（113）

　　任务 2　识读与绘制零件图 ···（130）

　　任务 3　识读与绘制装配图 ···（153）

　　任务 4　测绘部件 ···（165）

模块Ⅲ　化工设备图 ··（178）

项目1　绘制化工设备图 ···（178）

　　任务 1　认知化工设备图的内容和表达方法 ·····················（178）

　　任务 2　绘制化工设备装配图 ··（191）

　项目2　识读化工设备图 ……………………………………… (201)
　　任务1　识读换热器设备图 ……………………………… (201)
　　任务2　识读填料塔设备图 ……………………………… (204)
　　任务3　识读反应罐设备图 ……………………………… (207)

模块Ⅳ　化工工艺图 ……………………………………………… (213)
　项目1　绘制化工工艺图 ………………………………………… (213)
　　任务1　绘制工艺流程图 ……………………………… (213)
　　任务2　绘制设备布置图 ……………………………… (226)
　　任务3　绘制管道布置图 ……………………………… (231)
　项目2　识读化工工艺图 ………………………………………… (246)
　　任务1　识读管道及仪表流程图 ……………………… (246)
　　任务2　识读设备和管道布置图 ……………………… (249)
　项目3　化工单元测绘 …………………………………………… (255)
　　任务1　测绘化工操作单元 …………………………… (255)
　　任务2　应用 AutoCAD 绘制工作图 ………………… (261)

附　录 …………………………………………………………………… (267)
　一、极限与配合 ……………………………………………… (267)
　二、常用材料及热处理 ……………………………………… (272)
　三、螺纹 ……………………………………………………… (274)
　四、常用标准件 ……………………………………………… (275)
　五、化工设备的常用标准化零部件 ………………………… (281)

参考文献 ………………………………………………………………… (288)

模块 I AutoCAD

当你即将进入某工作领域从事产品或工程设计绘图时,你将首先了解 AutoCAD 绘图软件的基本功能,熟悉常用的绘图、编辑、修改、尺寸标注、块的创建、块插入等命令的使用和操作方法,利用计算机系统生成、显示、存储及输出图形技术,绘制产品或工程设计图样。

项目 1 AutoCAD 绘图软件的使用与操作

项目描述

AutoCAD 是国际上最为流行的、相当成熟的、功能强大的计算机辅助设计软件之一,它具有良好的交互式绘图界面,能根据用户的指令迅速而准确地绘制出所需要的图形,是手工绘图无法比拟的一种高效绘图工具。

项目驱动

1.通过本项目的学习和训练,使学生了解 AutoCAD 绘图软件的基本功能,熟悉基本绘图命令、基本修改命令的使用和操作方法,能够应用 AutoCAD 绘制简单图形。

2.能力目标

(1)了解 AutoCAD 绘图软件的基本功能。

(2)掌握 基本绘图命令、基本修改命令的使用和操作方法。

(3)会做 应用 AutoCAD 绘制简单图形。

任务 1 认识 AutoCAD 用户界面及各区域的功能

任务描述

AutoCAD 可以在 Windows 98/2000/XP 操作系统支持下运行。对于初学者来说，只要了解 Windows 基本操作，熟悉 AutoCAD 绘图软件的使用方法，便可操纵计算机进行绘图。启动 AutoCAD 系统 ⟳ 绘制编辑图形 ⟳ 文件操作管理 ⟳ 退出 AutoCAD 系统。

一、AutoCAD 用户界面

当用户完成 AutoCAD 的安装后，操作系统的桌面上会自动生成名为"Auto-CAD. Chs"的快捷方式图标。用鼠标箭头指向快捷图标并双击左键，即可快速进入 AutoCAD 的用户界面（见图 1-1）。它包含以下区域：标题栏、菜单栏、工具栏、绘图区、命令行、状态栏等。

图 1-1　AutoCAD 用户界面

二、界面各区域的功能

1. 标题栏

标题栏出现于应用程序窗口的上部，显示当前正在运行的程序名及当前装入的文件名。当前缺省的图形文件名为"Drawing1"。

2. 菜单栏

菜单栏位于标题栏下部，主要包括"文件"、"编辑"、"视图"、"插入"、"格式"、"工具"、"绘图"、"标注"、"修改"、"窗口"、"帮助"等 11 个主要的一级菜单项。单击某个一级菜单项，即弹出相应的二级菜单，其中某些二级菜单项中还含有子菜单

（后面带有三角符号的选项）（见图1-2）。

3.工具栏

工具栏以一组图标的形式出现，是输入命令的另一种方式，其功能等同于键入命令或菜单命令。系统共定义了24个工具栏供用户调用。AutoCAD初始界面主要显示"标准工具栏"、"对象特性工具栏"、"绘图工具栏"（见图1-4）、"修改工具栏"（见图1-5）等。

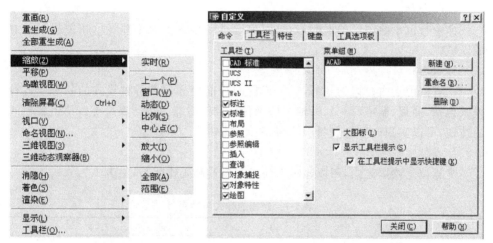

图1-2　二级菜单和子菜单　　　　　　图1-3　"工具栏"对话框

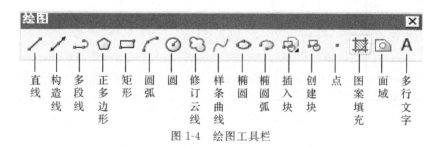

图1-4　绘图工具栏

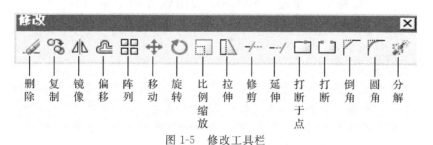

图1-5　修改工具栏

若要调出其他工具栏，可以通过"视图"中的"工具栏"选项，打开"工具栏"对话框（见图1-3），点取需要的工具栏旁边的复选框（产生"√"样符号），屏幕即显示该工具栏。

通常,调出工具栏的快捷方法是:使鼠标箭头进入任一已显示在屏幕上的工具栏边缘,单击鼠标右键,即弹出"工具栏"快捷菜单,选择要调用的工具栏。工具栏在屏幕上的位置可随意调整,方法是将鼠标箭头移至工具栏边缘并按住左键,将其拖动到屏幕上的合适的位置再松手。

4. 绘图区

绘图区是显示绘制、编辑图形、输入文本、标注尺寸等内容的区域。

5. 命令行

命令行位于绘图区的下部,是供用户通过键盘输入命令并显示相关提示信息的区域。

6. 状态栏

状态栏位于主窗口的底部,显示光标的当前坐标值及各种模式的状态。各种模式包括:捕捉、栅格、正交、极轴、对象捕捉、对象追踪、线宽、模型等。单击各模式的按钮,可以实现这些功能"打开"与"关闭"的切换。

7. 光标

光标位于绘图区内,用以显示当前点的位置和工作状态,见表 1-1。

表 1-1　光标的样式与功用

样　式		功　用
标准光标	⊕	等待命令。
十字光标	＋	等待输入信息。
拾取光标	□	用来选择一个或几个目标,也可用矩形窗口选择。

任务 2　使用 AutoCAD 绘图软件的基本操作

任务描述

计算机绘图是通过人机对话的方式来完成的。当用户发出指令后,系统在执行过程中往往需要用户输入必要的信息(例如输入数据、选择实体或选择执行方式等),并通过命令提示或对话框的形式向用户发出询问。用户作出响应并按照提示一步一步地进行相应操作。

一、命令输入

AutoCAD 绘图软件提供的每一种功能都有相应的命令,如基本绘图命令(见

表 1-2),基本修改命令(见表 1-3)等。命令输入是掌握计算机绘图的一项基本操作。

表 1-2　基本绘图命令

功　能	调用命令方法	含　义
直线	单击图标 ╱ 键入命令　Line	绘制直线段,可连续画多段,每段为一个单独的实体。
构造线	单击图标 ╱ 键入命令　Xline	绘制两端无限延长的直线,贯穿全屏可当作图辅助线使用。
多段线	单击图标 ⌐⌐ 键入命令　Pline	连续绘制含有直线和圆弧组成的一个有序线段组,并可以随意改变线宽。
正多边形	单击图标 ⬠ 键入命令　Polygon	绘制边数为 3～1024 的正多边形。
矩形	单击图标 ▭ 键入命令　Rectang	绘制矩形,可置线宽、倒角或倒圆角。
圆弧	单击图标 ⌒ 键入命令　Arc	绘制圆弧。
圆	单击图标 ⊘ 键入命令　Circle	绘制圆或与其他线段、圆、圆弧相切的圆。
样条曲线	单击图标 ∿ 键入命令　Spline	绘制样条曲线(可当断裂线用)。
椭圆	单击图标 ⬯ 键入命令　Ellipse	绘制椭圆或椭圆弧。
点	单击图标 ▪ 键入命令　Point	绘制点(点的样式可在标准工具栏格式选项中确定)。
插入块	单击图标 ⬚ 键入命令　Insert	插入已生成的块或 .dwg 文件于图中指定的位置。
创建块	单击图标 ⬚ 键入命令　Bmake	定义块。可用 Wblock 命令把块生成图形文件。
图案填充	单击图标 ▦ 键入命令　Bhatch	在指定区域内填充图案,并能自动识别填充边界
面域	单击图标 ◙ 键入命令　Region	生成面区域,可对其进行整体移动、拉伸等操作。
多行文字	单击图标 **A** 键入命令　Mtext	写多行文字。在显示的多行文字编辑器对话框内,可单独设置字型、字高、颜色及选用特殊字符等。

表 1-3　基本修改命令

功　能	调用命令方法	含　义
删除	单击图标 键入命令　Erase	擦除一个或一组实体目标。
复制	单击图标 键入命令　Copy	一次或多次复制一个或一组实体。
镜像	单击图标 键入命令　Mirror	镜像复制(即对称复制)。
偏移	单击图标 键入命令　Offset	偏移等距线或同心圆、同心多边形等。
阵列	单击图标 键入命令　Array	按一定规律(矩形或圆周上)均匀复制实体。
移动	单击图标 键入命令　Move	移动一个或一组实体目标。
旋转	单击图标 键入命令　Rotate	绕指定基点旋转实体目标。
比例缩放	单击图标 键入命令　Scale	以指定点为基点,缩放实体目标。
拉伸	单击图标 键入命令　Stretch	将交叉窗口中实体目标进行伸展。若是圆或圆弧,只是平移。
修剪	单击图标 键入命令　Trim	指定切边后,修剪实体上多余线。
延伸	单击图标 键入命令　Extend	把直线或弧延伸到与另一实体相交为止。
打断	单击图标 键入命令　Break	将线段、圆或弧截断。
倒角	单击图标 键入命令　Chamfer	将直角倒成棱角。
圆角	单击图标 键入命令　Fillet	以已知半径为圆角光滑连接两条直线、圆或弧。
分解	单击图标 键入命令　Explode	将多段线、块、尺寸标注、矩形及正多边形、填充图案等组合实体目标进行分解,以便单独修改。

1.命令输入方式

输入命令的方式通常有三种:从菜单中选取菜单项、从工具栏中单击图标以及用键盘键入命令字符串。例如,图形显示功能的"缩放"命令,其输入命令格式如下：

①菜单位置："视图"⇨"缩放"。

②工具栏与图标：单击"缩放工具栏"图标（见图1-6）。

③键入命令：Zoom 或 Z。

命令输入的便捷方式是：用鼠标单击"工具栏"上的图标按钮来激活相应的命令，其功能等同于键入命令或菜单命令。对于初学者来说，使用鼠标方式输入命令，比较直观和简单，而且不需要记忆命令名称。但下拉菜单有时包含内容更多。

图1-6 "缩放"工具栏

2.命令选项

当用户输入命令后，AutoCAD 将对命令提示作出响应，在命令行中显示执行状态或给出执行命令需要进一步选择的选项，或相应出现对话框，引导用户正确进入下一步操作。

例如，键入命令"Zoom"，按"Enter"键，命令行提示该命令的选项内容与执行方式。

指定窗口角点，输入比例因子（nX 或 nXP），或[全部（A）/中心点（C）/动态（D）/范围（E）/上一个（P）/比例（S）/窗口（W）]<实时>：

若要选择"缩放"命令选项，则应先输入该选项的标识字符，然后按系统提示输入相关数值。"缩放"命令选项标识字符的含义如下。

A——显示全图　　　　　　C——以中心点进行缩放

D——动态视图并进行缩放　　E——充分显示有用图形

P——显示前一幅图形　　　　S——比例缩放，x 为倍数

W——用窗口进行缩放　　　　<实时>——实时缩放（缺省项）

3.命令取消与重复使用

单击"ESC"键，可取消和制止正在执行的命令。当命令行处于"命令："提示符时，单击"Enter"键可重复行使上一个命令。

二、数据输入

图形元素需要通过输入点或输入数值来确定其大小和位置。数据输入是掌握计算机绘图的一项基本操作。

1.数值的输入方式

数值通常采用键盘输入方式。如输入偏距、直径、半径等，可直接在键盘输入

数值,或指定两点,由两点的距离确定它们的值;角度值通常由键盘输入,也可以指定两点,由两点连线与水平方向的夹角确定角度值。

2. 点的输入方式

(1)键盘输入

①键入点的坐标值

点的坐标有直角坐标和极坐标、绝对坐标和相对坐标之分,应根据画图条件采用合适的坐标形式。点的坐标输入格式,见表 1-4。

表 1-4　点的坐标输入格式

输入格式			说　明
直角坐标	绝对坐标	x,y	x,y 为点的直角坐标值,数值间用","分开。
	相对坐标 (坐标值前加符号@)	@x,y	x,y 为当前点相对前一点的直角坐标值。
极坐标		@$L<\theta$	当前点相对前一点的极坐标值。L 表示当前点与前一点连线的长度;θ 表示当前点绕前一点转过的角度(逆时针转向为正角,反之为负角)。

【例 1-1】　根据下面命令执行过程的提示,在指定坐标框内画出相应的图线(见图 1-7)。

命令:_line 指定第一点:15,55

指定下一点或[放弃(U)]:15,10

指定下一点或[放弃(U)]:30<0

指定下一点或[放弃(U)]:@20,25

指定下一点或[放弃(U)]:@20<90

指定下一点或[闭合(C)或放弃(U)]:C

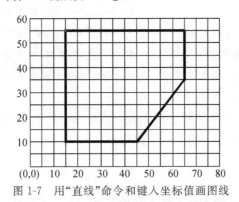

图 1-7　用"直线"命令和键入坐标值画图线

②键入点的距离

当确定第一点后,可通过直接输入距离的方式确定下一点。移动光标相对当前点拉出橡筋线,从键盘输入直线段的距离后按回车键,系统即沿橡筋线方向截得该直线长度,截取点即为输入的新点。在正交状态下采用这种输入方式,可以快速而准确地绘制出水平线段或竖直线段。

(2)鼠标输入

①移动光标任意拾取一点

当不需要指定某点的具体坐标值时,可以通过移动屏幕上的十字光标,在绘图区的适当位置单击鼠标左键确定一个任意点。

②运用"对象捕捉"功能确定一点

当调用"对象捕捉"功能捕捉某一定点时,将光标移近选择对象,系统将自动对光标附近所指定的特征点(如端点、中点、圆心、、交点、切点和垂足等)进行搜索和锁定,并显示出相应的捕捉标记。

三、绘图辅助工具

为帮助用户能方便快捷地绘制高精度的图形,AutoCAD 提供了一些绘图辅助工具。用户可根据需要选取"草图设置",分别进入"捕捉和栅格"、"极轴追踪"和"对象捕捉"选项卡,设置相应的参数。

1. 对象捕捉

设置对象捕捉,可以快速、准确地捕捉到实体上的特殊点或与实体相关的点。对于经常使用的捕捉类型,可预先设定对象捕捉。设置方法如下:

单击"工具" ➪ "草图设置"选项 ➪ 打开"草图设置"对话框 ➪ 进入"对象捕捉"选项卡(见图 1-8),点取需要设定的对象类型旁边的复选框(产生"√"样符号) ➪ 单击"确定"。

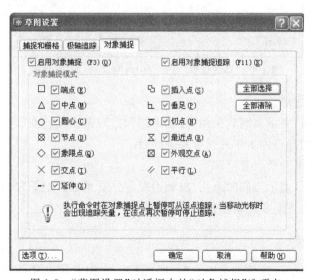

图 1-8 "草图设置"对话框中的"对象捕捉"选项卡

2. 对象捕捉追踪

设置对象捕捉追踪,可以追踪通过对象捕捉点(只能是端点、中点或交点)的极轴对齐路径，从而准确捕捉处于对齐路径上的点或两条对齐路径的交点。追踪的极轴对齐路径取决于极轴角的设置。

打开"草图设置"对话框，进入"对象捕捉"选项卡，在"启用对象捕捉"打开的前提下，选取"启用对象捕捉追踪"（见图 1-8）。

3.极轴追踪

设置极轴追踪，可以追踪沿设定的角度增量产生的对齐路径（以虚线显示），从而准确捕捉对齐路径上的点。

打开"草图设置"对话框，进入"极轴追踪"选项卡（见图 1-9），选取"启用极轴追踪"。在"极轴角设置"选项中，设定极轴追踪对齐路径的极轴增量角或极轴的附加角度。在"对象捕捉追踪设置"选项中，选取"仅正交追踪"或"用所有极轴角设置追踪"。

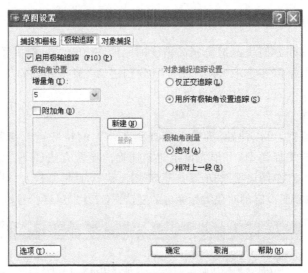

图 1-9　"草图设置"对话框中的"极轴追踪"选项卡

（1）仅正交追踪

选取该选项，表示当同时采用"极轴追踪"与"对象捕捉追踪"时，只追踪基于除起点外的对象捕捉点的水平和垂直对齐路径。

（2）用所有极轴角设置追踪

选取该选项，表示当同时采用"极轴追踪"与"对象捕捉追踪"时，可按设定的角度增量和附加角追踪相应极轴的对齐路径。

四、拾取实体

实体是指由绘图命令画出的直线、圆、圆弧、非圆曲线以及由它们生成的剖面线、文字、尺寸、符号等。在系统执行编辑命令的过程中，经常需要用户拾取一个或多个对象。在命令行提示选择对象的状态下，屏幕显示一个小方框，称之为"选择框"。被选中的对象将以虚线形式醒目显示出来，如图 1-10 所示。

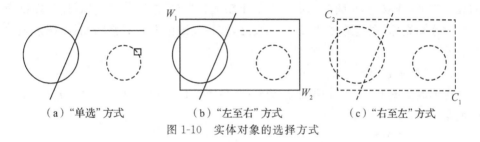

（a）"单选"方式　　　　（b）"左至右"方式　　　　（c）"右至左"方式

图 1-10　实体对象的选择方式

1."单选"方式

在命令行提示用户选择对象时，将"选择框"直接移到对象上，单击鼠标左键，如图 1-10（a）所示。

2."直接窗选"方式

在命令行提示用户选择对象时，用"选择框"直接指定两点确定矩形框。随着拉出矩形框方向不同，产生的选择效果也不同。

（1）"左至右"方式。拾取第一点，移动光标从左（W₁）向右（W₂）拉出实线状的矩形框，被选对象必须完全处于矩形框内才能被选中，如图 1-10（b）所示。

（2）"右至左"方式。拾取第一点，移动光标从右（C₁）向左（C₂）拉出虚线状的矩形框，被选对象只要部分处于矩形框内即被选中，如图 1-10（c）所示。

3."全部（All）"方式

当屏幕出现"选择框"时，从键盘键入"All"，表示选择屏幕上全部可见的对象。回车后，所有可见对象均以亮显（虚线状）形式显示在屏幕上。

4."清除（Remove）"方式

该方式表示从选择集中清除误选的对象。例如，用户需要删除一组图形中大部分的实体，可以采用"全部"与"清除"结合的选择方式，首先选取全部对象，然后键入"R"，选取不需要删除的对象。

五、显示控制

对屏幕上的图形进行放大、缩小和移动，但不改变图形最终在图纸上的实际输出大小，这就需要用到显示控制命令。

1."缩放"命令

在屏幕上对图形进行放大或缩小，但并不改变图形的实际尺寸，方便用户更清楚地观察或修改图形。

（1）键入命令"Zoom"，回车。命令行出现提示句。

指定窗口角点，输入比例因子（nX 或 nXP），或［全部（A）/中心点（C）/动态（D）/范围（E）/上一个（P）/比例（S）/窗口（W）］＜实时＞：

（2）单击"视图"➪"缩放"，显示如图 1-2 所示的"缩放菜单"。

采用上述任何一种方法，用户都可根据需要选择其中的选项进行不同形式的缩放。例如,选取"实时缩放",屏幕上的十字光标即转变为"Ｑ+"光标,按住左键由下向上移动光标,图形随之动态放大;反之,按住左键由上向下移动光标,图形随之动态缩小。

2."实时平移"命令

在不改变图形大小的情况下移动全图,使图形位置随意改变,方便用户观察当前视窗中图形的不同部位。

(1)键入命令"Pan"。

(2)单击"视图"↳"平移"↳"实时平移"。

(3)单击"标准工具栏"中的图标。

当用户发出"实时平移"命令后,屏幕上的十字光标变成一只小手,按住左键拖动鼠标,当前视窗中的图形将随光标移动方向移动。

要退出"实时缩放"或"实时平移"状态,可单击右键弹出快捷菜单,移动鼠标箭头指向"退出"并单击左键。

六、存储文件

在绘制图形时,应定期及时地将当前图形文件存盘或赋予新的文件名保存,以免因意外断电或机器故障造成图形丢失。

1."保存"命令

(1)单击"文件"↳"保存"。

(2)单击"标准工具栏"中的图标。

如果当前图形已有文件名,执行该命令相当于将当前改动内容保存于原来的图形文件中;如果当前图形缺省的文件名为"Drawing",屏幕将弹出"图形另存为"对话框(见图 1-11),允许用户以新的图形文件名存盘。

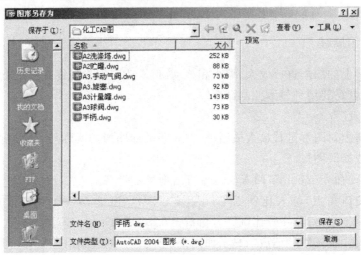

图 1-11　"图形另存为"对话框

2."另存为"命令

单击"文件"⇨"另存为"⇨弹出"图形另存为"对话框(见图 1-11)。

当用户发出"另存为"命令时,屏幕弹出"图形另存为"对话框(见图 1-11),要求用户对当前文件赋予新的文件名。

当用户输入的图形文件名与已有图形文件同名,屏幕即显示"警告"对话框(见图 1-12),询问用户是否以当前文件替换原有的同名文件。单击"是(Y)",则当前文件替代同名文件。为防止因操作失误造成原图形文件的丢失,用户应谨慎对待对话框的询问,只有在肯定无需保留原图形文件的前提下,才能做出"是"的响应。

图 1-12 赋予同名文件的"警告"对话框

七、退出系统

单击"文件"⇨"退出",或单击窗口右上角的"关闭"按钮。

当用户发出"退出"命令,而当前图形经修改又尚未存盘时,屏幕即显示"警告"对话框(见图 1-13),询问用户是否保存所作改动:"是(Y)"表示保存所作改动;"否(N)"表示放弃保存;"取消"则表示取消"退出"命令,继续使用当前画面。只有当用户作出明确选择后,才能退出系统。

图 1-13 "警告"对话框

【例 1-2】 用"圆"、"图案填充"、"删除"、"修剪"等命令,绘制图 1-14 所示"太极圈"图案。

图 1-14 太极圈

使用 AutoCAD 绘图是一种人机交互对话的过程。绘制和编辑图形时,首先要输入命令,然后按照提示一步一步地进行相应的操作,如输入必要的信息、拾取实体等。同时应充分利用 AutoCAD 所提供的绘图辅助工具,迅速而准确地绘制出图形。

绘制"太极圈"图案的操作方法如下。

(1)绘制圆

单击"绘图工具栏"中的图标◎,命令行出现提示句。

命令:_circle 指定圆的圆心或[三点(3P)/两点(2P)/相切、相切、半径(T)]:(拾取一点)

指定圆的半径或[直径(D)]:40 ✓

当命令行处在"命令:"提示符时,按"Enter"键,AutoCAD 将重复行使上一个"圆"命令(下同)。

命令:_circle 指定圆的圆心或[三点(3P)/两点(2P)/相切、相切、半径(T)]:(捕捉圆心)

指定圆的半径或[直径(D)]:20 ✓

命令:_circle 指定圆的圆心或[三点(3P)/两点(2P)/相切、相切、半径(T)]:(捕捉象限点)

指定圆的半径或[直径(D)]<20.0000>: ✓

命令:_circle 指定圆的圆心或[三点(3P)/两点(2P)/相切、相切、半径(T)]:(捕捉象限点)

指定圆的半径或[直径(D)]<20.0000>: ✓

命令:_circle 指定圆的圆心或[三点(3P)/两点(2P)/相切、相切、半径(T)]:(捕捉圆心)

指定圆的半径或[直径(D)]:5 ✓

命令:_circle 指定圆的圆心或[三点(3P)/两点(2P)/相切、相切、半径(T)]:(捕捉圆心)

指定圆的半径或[直径(D)]<5.0000>: ✓

(2)删除圆

单击"修改工具栏"中的图标 ✐,命令行出现提示句。

命令:_erase

选择对象:找到 1 个(用"单选"方式拾取半径为 20 的同心圆)

选择对象: ✓(按"Enter"键,表示选中的实体被删除)

(3)修剪圆

单击"修改工具栏"中的图标 ⊹,命令行出现提示句。

命令:_trim

当前设置:投影=UCS,边=无

选择剪切边...

选择对象:指定对角点:找到 5 个(用"直接窗选"方式拾取实体对象)

选择对象:↙(按"Enter"键,表示拾取的实体对象被选中)

选择要修剪的对象,或按住 Shift 键选择要延伸的对象,或[投影(P)/边(E)/放弃(U)]:(移动"拾取光标"至半径为 20 的圆弧上,点击鼠标左键,选中的实体部分被剪切)

(4)填充图案

使用"图案填充"命令,绘制图形中涂色区域的图案。

①单击"绘图工具栏"中的图标▦⇨弹出"边界图案填充"对话框⇨进入"图案填充"选项卡(见图 1-15),单击"图案"栏右边的按钮▦⇨弹出"边界图案调色板"对话框⇨进入"其他预定义"选项卡(见图 1-16),用鼠标箭头指向并双击"SOLID"图案⇨返回"边界图案填充"对话框,此时"图案"栏显示该图案的名称"SOLID"。

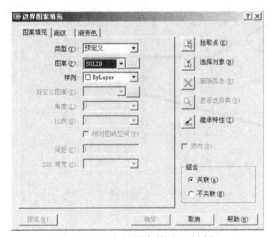

图 1-15   "边界图案填充"对话框

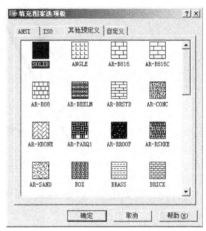

图 1-16   "边界图案调色板"对话框

②单击"图案填充"选项卡中"拾取点"按钮▦⇨进入屏幕,同时命令行出现提示句"选择内部点"。将十字光标移至要填充图案的封闭区域内拾取一点,系统将自动搜索并生成最小封闭区域,其边界以虚线醒目显示。命令行继续提示"选择内部点",允许继续选取填充区域,按"Enter"键(结束区域选择)⇨返回"边界图案填充"对话框⇨单击"确定",即完成图形中涂色区域的图案填充。

项目训练

1.根据下面命令执行过程的提示,在指定坐标框内画出相应的图线(见图 1-17)。

命令:_line 指定第一点 10,10　✓

指定下一点或[放弃(U)]:40,70　✓

指定下一点或[放弃(U)]:40,10　✓

指定下一点或[闭合(C)/放弃(U)]:@30＜180　✓

指定下一点或[闭合(C)/放弃(U)]:　✓

命令:_arc 指定圆弧的起点或[圆心(C)]:40,10　✓

指定圆弧的第二个点或[圆心(C)/端点(E)]:c　✓

指定圆弧的圆心:@30＜90　✓

指定圆弧的端点或[角度(A)/弦长(L)]:a　✓

指定包含角:—180　✓

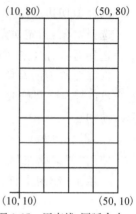

图 1-17　用直线、圆弧命令，键入坐标值画图线

2. 根据图中给出的尺寸,用"直线"命令绘制如图 1-18 所示图形。

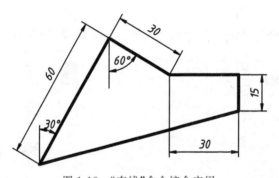

图 1-18　"直线"命令综合应用

3. 用"正多边形"、"直线"、"圆弧"、"修剪"、"偏移"、"阵列"等命令,绘制图 1-19 所示图案。

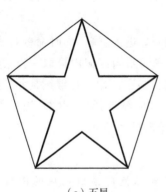

（a）五星

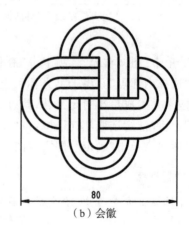

（b）会徽

图 1-19　图案

4.用"多段线"等命令,绘制图1-20所示"标识"图。

（a）指示标识　　　　　　　　　　　　　（b）环绕标识

图1-20　标识图

（a）圆环直径为 φ60,厚度为5,圆环中直线段的宽度为5,箭头的尖头宽度为0、尾部宽度为15。

（b）曲线圆弧半径分别为 R10 和 R30,曲线始末端的宽度为0、最宽处的宽度为5。

项目2　创建样板图文件

项目描述

　　属于同一工程项目的一套图样应在统一的绘图环境下进行绘图。为保持每张图样的绘图环境相同,需要设置包括图幅格式、文字样式、尺寸标注样式、线型与图层等有关参数。用"另存为"命令建立一个"样板图"文件,存盘备用。

项目驱动

　　1.通过本项目的学习和训练,使学生了解国家标准有关制图的基本规定,熟悉绘图环境的设置内容和方法,能够按照制图基本规格,创建具有良好绘图环境的"样板图"文件。

　　2.能力目标

　　(1)了解　制图基本规格。

　　(2)掌握　绘图环境的设置内容和方法。

　　(3)会做　创建具有良好绘图环境的"样板图"文件。

任务 1　设置图层

任务描述

　　图层是使图形实体具有特定属性的透明层。所谓"层"可以理解为一张透明薄纸,用来绘制图形、标注尺寸、书写文字等。一张工程图样中包含许多图形实体,若按分层来绘制图形,则这个含有不同特性值(颜色、线型、线宽等)且由多个图形实体构成的图形,可以看成是由若干张透明纸叠加而成的。

一、图层设置

　　单击"图层"工具栏(见图 1-21)中的按钮 ⬚ ⟳ 屏幕弹出"图层特性管理器"对话框(见图 1-22)。

图 1-21　"图层"工具栏

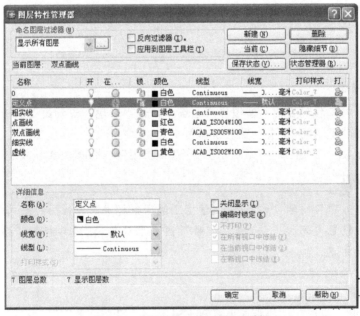

图 1-22　"图层特性管理器"对话框

　　1.新建图层

　　在"图层特性管理器"对话框中,单击"新建",在"0"层下方显示一新层,缺省层名为"图层1",用户可按表1-5改变新层名。新层的颜色、线型和线宽等自动继承"0"层的特性。

表1-5 图层名和特性值

图层名	颜色	线型名	线宽(mm)	主要应用
粗实线	绿	Continuous(缺省)	0.3	可见轮廓线。
细实线	白	Continuous(缺省)	0.15	尺寸线及尺寸界线;剖面线等。
细虚线	黄	ACAD_ISO02W100	0.15	不可见轮廓线。
细点画线	红	ACAD_ISO04W100	0.15	轴线;对称中心线等。
细双点画线	青	ACAD_ISO05W100	0.15	假想投影轮廓线;中断线等。

2.设置图层特性

在新建图层一行中单击对应的颜色、线型和线宽项,将分别弹出"选择颜色"、"线宽"和"选择线型"对话框,用户可按表1-5确定新层的特性。

(1)设置颜色

在"图层特性管理器"对话框中,单击颜色特性小方框 ⇨ 显示"选择颜色"对话框(见图1-23)⇨ 鼠标点取需要选用的颜色 ⇨ 单击"确定"。

图1-23 "选择颜色"对话框

(2)设置线型

系统的缺省线型为"Continuous"(连续线)。每新建一张图形,连续线已经存在。

绘制工程图样常用的几种非连续线线型分别是:虚线、点画线和双点画线。这三种线型名依次为:ACAD _ ISO02W100、ACAD _ ISO04W100、ACAD _ISO05W100。

在"图层特性管理器"对话框中，单击"线型"项下方的"Continuous"⇨显示"选择线型"对话框（见图 1-24）⇨单击"加载"⇨弹出"加载或重载线型"对话框（见图 1-25）⇨按住键盘上的"Ctrl"键，同时移动鼠标点取需要加载的线型⇨单击"确定"⇨返回"选择线型"对话框，即显示已加载的线型。

在"选择线型"对话框中，用鼠标点取所要赋予的线型⇨单击"确定"⇨返回"图层特性管理器"对话框。

图 1-24　"选择线型"对话框

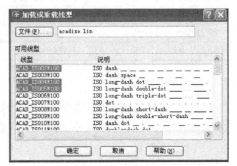
图 1-25　"加载或重载线型"对话框

（3）设置线宽

在"图层特性管理器"对话框中，单击"线宽"项下方的图线⇨显示"线宽"对话框（见图 1-26），用户可从中选择所需要的线宽。

图 1-26　"线宽"对话框

完成若干新层的设置后，单击"图层特性管理器"对话框中的"确定"按钮，设好的图层将随当前图形存盘。

（4）设定线型比例

单击"格式"⇨"线型"⇨弹出"线型管理器"对话框（见图 1-27）。单击"线型管理器"

对话框中的"显示细节"按钮,设定全局比例因子或当前对象缩放比例⇨单击"确定"。

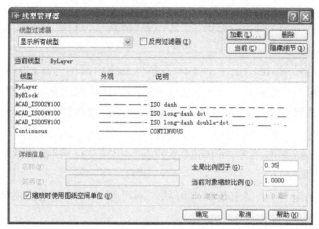

图 1-27 "线型管理器"对话框

①全局比例因子:对当前图形中所有已生成或将要生成的非连续线型中的长短画进行缩放。

②当前对象缩放比例:对当前将要生成的某种非连续线型中的长短画进行缩放。

例如,当取虚线宽度为 0.35 时,应设定全局比例因子为 0.35,这样画出的虚线基本满足国标要求。

二、图层管理

1.图层状态

(1)当前层

接纳用户当前输入图形实体的图层。当前层只有一个,用户可以随时按需要调出其他已设定的层作为当前层。

单击"图层工具栏"中的"层列表"按钮▼(见图 1-28),即显示已设置的图层名及其特性和状态,移动鼠标至需要调用的层并单击它,该层即成为当前层。

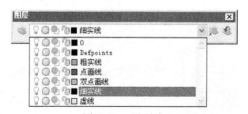

图 1-28 层列表

(2)打开与关闭

当图层被关闭时,关闭层中的实体仍参与系统内部的运算,且生成信息,但这些信息不显示在屏幕上。当关闭当前层时,屏幕上出现警句"当前层被关闭",然后执行用户指令。

控制图层的开启与关闭,可单击"层列表"中某层"灯泡"状的图标来实现。

(3)冻结与解冻

当图层被冻结时,冻结层中的实体不参与系统内部的运算,当然也不会生成信息,实体不能显示在屏幕上。只有在图层解冻后,该图层上的实体才可见。

用户可以冻结一些与当前绘图无关的层以提高处理图形的速度。当前层不可以被冻结。

控制图层的冻结与解冻,可单击"层列表"中某层"灯泡"状的图标来实现。

(4)锁定与解锁

当图层被锁定时,该层上的实体可见但不可编辑。只有在图层解锁后,该层上的实体才可以被编辑。

控制图层的锁定与解锁,可单击"层列表"中某层"锁"状的图标来实现。

系统提供的"图层冻结与解冻"和"图层锁定与解锁"功能,使用户在图层管理上即为方便。

2.当前图层的颜色、线型和线宽

(1)改变当前颜色

当用户需要改变当前颜色,可单击"对象特性工具栏"中的"颜色列表"(见图 1-29),移动鼠标拖动光标条至选定的颜色并拾取它,则所选颜色成为当前颜色。

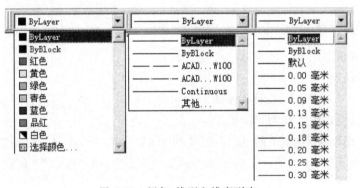

图 1-29 颜色、线型和线宽列表

(2)改变当前线型

当用户需要改变当前线型,只能在已加载的线型范围内重新选择。单击"对象特性工具栏"中的"线型列表"(见图 1-29),移动鼠标拖动光标条至选定的线型并拾取它,则所选线型成为当前线型。

(3)改变当前线宽

当用户需要改变当前线宽,可单击"对象特性工具栏"中的"线宽列表"(见图 1-29),移动鼠标拖动光标条至选定的线宽并拾取它,则所选线宽成为当前线宽。

三、特性修改与特性匹配

实体特性中的图层、颜色和线型（基本特性），除了可用上述所介绍的方法进行修改外，还可以用"特性"命令和"特性匹配"命令来修改实体特性（包括几何特性）。

（1）"特性"命令

用于修改图形实体的特性。该命令允许采用"单选"或"窗选"方式，显示的对话框内容取决于被选实体。

①单击"修改" ➪ "特性"。

②单击"标准工具栏"中的图标 。

采用上述任何一种方法，屏幕上即显示"特性"窗口（见图 1-30）。"特性"窗口可以编辑当前图形中的任何对象。例如，要改变所选定直线段的线型，可在"特性"窗口的"图层"或"线型"选项中，选取已加载线型范围内的某种线型，使之达到所需线型的编辑要求。然后关闭"特性"窗口。

图 1-30　"特性"窗口

（2）"特性匹配"命令

把选定对象（源对象）的特性赋予其他对象（目标对象）。相当于将源对象的特性拷贝给目标对象，从而改变了目标对象原有的特性，使之具有与源对象相同的特性。

①单击"修改" ➪ "特性匹配"。

②单击"标准工具栏"中的图标 。

③键入命令 Ma，回车。

采用上述任何一种方法，命令行出现提示句。

选择源对象：

要求用户选择要修改特性的实体。选择方式可以是"单选"或"窗选"。选取源对象后,屏幕上出现一格式刷 。

命令行继续提示:

选择目标对象或[设置(S)]:

允许用户继续选择目标对象。选择方式也可以是"单选"或"窗选"。回车表示结束命令。

任务 2　建立文字样式

任务描述

文字是工程图样中极为重要的部分,常用于表达一些与图形相关的重要信息,如技术要求、标题栏等。AutoCAD 提供了很强的文字处理功能,用户在输入或编辑图形文字时,首先要建立文字样式,包括选择字体文件,设定文字高度、字宽比例及放置方式。

一、文字样式设置

单击"格式"⇨"文字样式"⇨屏幕弹出"文字样式"对话框(图 1-31)。

图 1-31　"文字样式"对话框

1. 新建文字样式

在"文字样式"对话框中,单击"新建"⇨显示"新建文字样式"对话框(见图 1-32)⇨在"样式名"一栏键入新文字样式名(由用户自定,如"汉字")⇨单击"确定"⇨返回"文字样式"对话框。

图 1-32 "新建文字样式"对话框

2.设置字体名和显示效果

在"文字样式"对话框中,用户可按表1-6确定字体文件名、文字宽度比例及倾角等。

表 1-6 字体文件名和字体显示效果

样式名	字体文件名	宽度比例	倾斜角度
汉字或 HZ	仿宋_GB2312	0.7	0
数字或 SZ	isocp.shx	1.0000	0 或 15

注:汉字应写成长仿宋体字。汉字的高度不小于 3.5mm,其字宽比例为 0.7。

字母和数字可以写成直体或斜体。斜体字字头向右倾斜,与水平基准线成75°。

(1)选择字体文件名

在"字体名"一栏下拉列表中,选择适当的字体文件名。字体文件名为"仿宋_GB2312"的字体,用于书写汉字,用户可通过"文字样式"对话框中"预览"一栏加以辨别(如工程图样)。字体文件名为"isocp.shx"的字体,只用于书写字母和数字。".shx"字体均不能用于书写汉字,预览显示"?"。

(2)设定文字宽度比例及倾角

在"宽度比例"一栏中,汉字的字宽与字高比例值设定为 0.7;数字的字宽与字高比例值设定为 1。在"倾斜角度"一栏中,汉字的倾角设定为 0;数字的倾角设定为 0 或 15。

(3)效果显示

在新建"文字样式"对话框中,单击"应用"。新建的文字即成为当前样式。

二、文字输入

文字输入可采用"单行文字"或"多行文字"命令。其中,使用"多行文字"命令可以一次输入多行文本,并具有设定文字特性值,输入特殊字符等功能。

1."单行文字"命令

(1)单击"绘图"⇨"文字"⇨"单行文字"。

命令行出现提示句。

当前文字样式: 汉字 当前文字高度: 2.5000

指定文字的起点或[对正(J)/样式(S)]:

(2)选项说明

①指定文字的起点:将文字的起点定于字符串底线的左下角。

②对正(J):用于选择字符串的定位方式。选取该选项,命令行继续提示为:

输入选项[对齐(A)/调整(F)/中心(C)/中间(M)/右(R)/左上(TL)/中上(TC)/右上(TR)/左中(ML)/正中(MC)/右中(MR)/左下(BL)/中下(BC)/右下(BR)]:

③样式(S):用于改变当前字样。选取该选项,命令行继续提示为:

输入样式名或[?]<汉字>:

输入的样式名必须是已设置好的文字样式。

【例1-3】 采用"单行文字"中的"调整(Fit)"定位方式书写字符串"化工制图",要求字符串的长度范围是15,字高为5(如图1-33)。

图1-33 采用"Fit"方式输入文字

命令:_dtext

当前文字样式:汉字 当前文字高度:2.5000

指定文字的起点或[对正(J)/样式(S)]:J↙

输入选项[对齐(A)/调整(F)/中心(C)/中间(M)/右(R)/左上(TL)/中上(TC)/右上(TR)/左中(ML)/正中(MC)/右中(MR)/左下(BL)/中下(BC)/右下(BR)]:F↙

指定文字基线的第一个端点:(A)(拾取)

指定文字基线的第二个端点:15↙(B)(在"正交"状态下输入数值)

指定高度<2.5000>:5↙

输入文字:化工制图↙

输入文字:↙(退出命令)

2."多行文字"命令

单击"绘图工具栏"中的图标 **A** ⇨移动光标拉出虚拟文本框 ⇨显示"多行文字编辑器"对话框(见图1-34)。

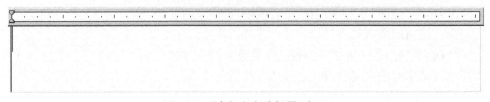

图1-34 "多行文字编辑器"窗口

"多行文字编辑器"是由"文字格式"工具栏和一个顶部带标尺且下部呈透明状态边框的"文字编辑区"构成。在"文字格式"工具栏中,用户可选择字体文件、文字字高、文字显示方式以及字体颜色等;在"文字编辑区"中输入文字和特殊字符。单击"确定",关闭"多行文字编辑器"对话框。

对于多行文字可采用"分解"命令,将其分解成按行输入字符串的单行文字。

三、特殊字符输入

AutoCAD 提供了输入特殊字符的代码。常用的特殊字符与代码,见表 1-7。

表 1-7　常用的特殊字符与代码

特殊字符	代码	输入示例	输出显示
°	％％D	45％％D	45°
φ	％％C	％％C60	φ60
±	％％P	20％％P0.05	20±0.05

四、文字编辑

当用户创建文字后,需要对其中个别文字进行更改或删除,采用"删除"命令将会令整行或整段文字全部消失。为此,系统提供了相应的文字编辑功能。

1."文字编辑"命令

对选定的字符串(包括单行文字和多行文字)进行修改。该命令只能采用"单选"方式。

单击"修改"➪"对象"➪"文字"➪"编辑"。

命令行出现提示句。

选择注释对象或[放弃(U)]:

选择要修改的注释对象(只能采用"单选"方式)。

(1)当用户选取的对象是采用"单行文字"命令创建的,屏幕将弹出"编辑文字"对话框,在"文字"一栏显示所选的字符串(见图 1-35)。用户可利用光标和退格键对字符串进行修改,然后点取"确定"。该命令允许用户连续修改字符串,命令行不断出现提示句"选择注释对象或[放弃(U)]:",以回车响应则结束命令。

图 1-35　"编辑文字"对话框

(2)当用户选取的对象是采用"多行文字"命令创建的,屏幕上将出现"多行文字编辑器"窗口,"文字编辑区"中显示原来创建的多行文字内容,用户可利用"多行文字编辑器"中介绍的各种功能对多行文字进行编辑。

2."特性"命令

采用"特性"命令修改文字,不但可以改变文字内容,还可以修改文字的其他特性(如文字样式、文字对齐方式、字高、转角等)以及改变文字所在层和颜色等。

在"特性"命令状态下选取文字对象,"特性"窗口显示的内容即发生变化。例如,分别以"单行文字"或"多行文字"命令创建字符串"计算机绘图","特性"窗口显示的内容也有所区别(见图 1-36、图 1-37)。

当用户选取的对象是采用"多行文字"命令创建的,单击"特性"窗口中"内容"选项的按钮,可进入"多行文字编辑器"对话框。

完成编辑所选定对象的文字内容或其他特性后,关闭"特性"窗口。

综上两种文字编辑方法比较,单纯修改文字内容,适宜采用"文字编辑"命令;当需要修改文字样式和文字规格时,适宜采用"特性"命令。

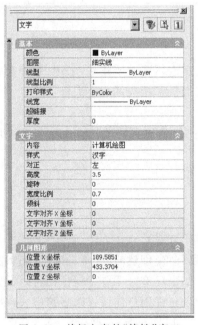
图 1-36　单行文字的"特性"窗口

图 1-37　多行文字的"特性"窗口

任务 3　建立尺寸标注样式

任务描述

尺寸标注是工程图样中的重要组成部分,用于描述图样中物体各部分的实际大小和相对位置关系。AutoCAD 提供了一套完整的尺寸标注系统变量,用户按照《技术制图》和《机械制图》国家标准有关"尺寸注法"规定,创建尺寸标注基本样式,设置尺寸变量(尺寸标注中各个组成部分的样式、大小和相对位置关系的一些变化的量值),以适应不同类型的图样对尺寸标注的要求。

一、标注样式全局设置

单击"格式"↳"标注样式"↳屏幕弹出"标注样式管理器"对话框(图 1-38)。

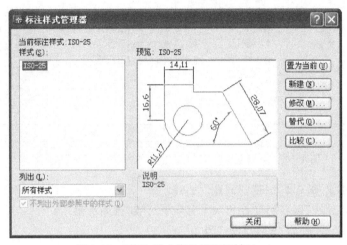

图 1-38　"标注样式管理器"对话框(一)

1. 新建标注样式

在"标注样式管理器"对话框(一)中,单击"新建"按钮↳显示"创建新标注样式"对话框(见图 1-39)↳在"新样式名"一栏输入自定义的尺寸标注样式名(如"化工制图尺寸标注")↳单击"继续"↳进入"新建标注样式:化工制图尺寸标注"对话框(见图 1-40)。

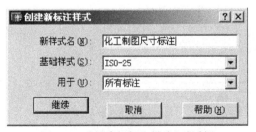

图 1-39　"创建新标注样式"对话框

2. 设置尺寸变量

在"新建标注样式"对话框中,用户可根据图样对尺寸标注的要求,分别对"直线和箭头"、"文字"、"调整"等选项卡中的某些选项进行重新设置。

(1)在"直线和箭头"选项卡中,改变有关选项的值(见图 1-40)。

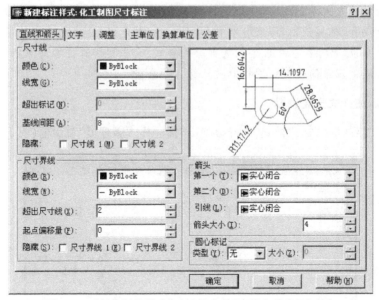

图 1-40 "新建标注样式"对话框中的"直线和箭头"选项卡

①"尺寸线"区:设定"基线间距"为 8。

②"尺寸界线"区:设定"超出尺寸线"为 2、"起点偏移量"为 0。

③"箭头"区:设定"箭头大小"为 4。

④"圆心标记"区:选择"类型"为"无"。

(2)在"文字"选项卡中,改变有关选项的值(见图 1-41)。

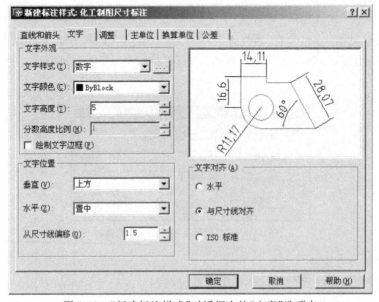

图 1-41 "新建标注样式"对话框中的"文字"选项卡

①"文字外观"区：在"文字样式"下拉列表中选取"数字"，设定"文字高度"为 5。

②"文字位置"区：设定"从尺寸线偏移"为 1.5。

(3)在"调整"选项卡中，改变有关选项的值(见图 1-42)。

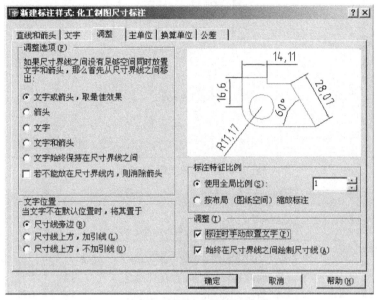

图 1-42　"新建标注样式"对话框中的"调整"选项卡

①"调整"区：点取"标注时手动放置文字"复选框(产生"√"样符号)。

②"调整"区：点取"始终在尺寸界线之间绘制尺寸线"复选框(产生"√"样符号)。

3.设置当前标注样式

完成上述各项有关变量设置后，单击"新建标注样式：化工制图尺寸标注"对话框中的"确定"按钮，返回"标注样式管理器"对话框。在"样式"列表下选取"化工制图尺寸标注"(全局设置)，并单击"置为当前"按钮，使创建的新标注样式成为当前标注样式(见图 1-43)，然后关闭对话框。

二、标注子样式设置

1.设置"线性"子样式

①在"标注样式管理器"对话框(二)中，单击"新建"按钮 ⇨ 进入"创建新标注样式"对话框。

②单击"用于"栏右边的翻页箭头，拉出"尺寸标注类型"列表(见图 1-44)，选取"线性标注" ⇨ 单击"继续"按钮 ⇨ 进入"新建标注样式：化工制图尺寸标注：线性"对话框。

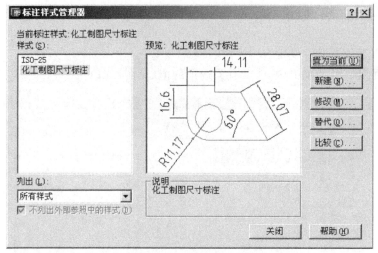

图 1-43 "标注样式管理器"对话框(二)

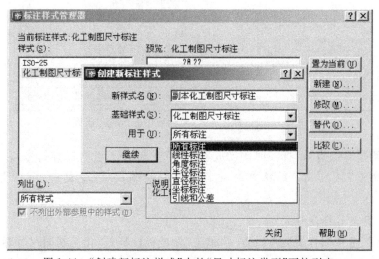

图 1-44 "创建新标注样式"中的"尺寸标注类型"下拉列表

③单击"确定"按钮 ⇨ 返回"标注样式管理器"对话框。此时,"线性尺寸"标注设置完全继承全局设置。

2.设置"角度"子样式

①在"标注样式管理器"对话框(二)中,单击"新建"按钮 ⇨ 进入"创建新标注样式"对话框。

②单击"用于"一栏右边的翻页箭头,从"尺寸标注类型"列表中选取"角度标注" ⇨ 单击"继续"按钮 ⇨ 进入"新建标注样式:化工制图尺寸标注:角度"对话框中的"文字"选项卡。

③选取"文字对齐"区中的"水平"选项(见图 1-45),单击"确定"按钮 ⇨ 返回"标注样式管理器"对话框。

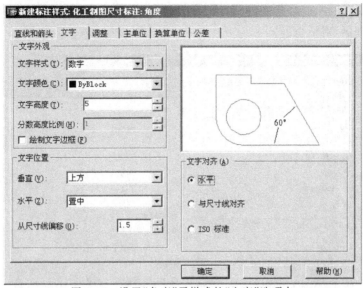

图 1-45 设置"角度"子样式的"文字"选项卡

3.设置"半径"子样式

①在"标注样式管理器"对话框(二)中,单击"新建"按钮 ⇨ 进入"创建新标注样式"对话框。

②单击"用于"一栏右边的翻页箭头,从"尺寸标注类型"列表中选取"半径标注"⇨ 单击"继续"按钮 ⇨ 进入"新建标注样式:化工制图尺寸标注:半径"对话框中的"文字"选项卡、"调整"选项卡。

③选取"文字对齐"区中的"ISO 标准"选项(见图 1-46)。

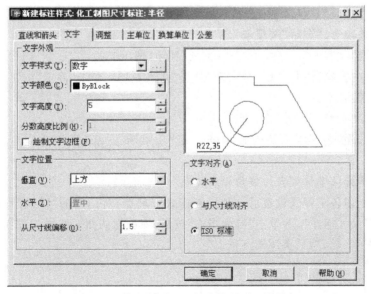

图 1-46 设置"半径"子样式的"文字"选项卡

④选取"调整选项"区中的"箭头"选项(见图 1-47),单击"确定"按钮 ⇨ 返回"标注样式管理器"对话框。

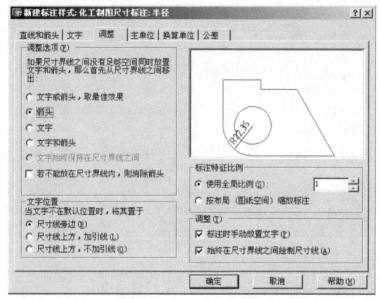

图 1-47　设置"半径"子样式的"调整"选项卡

4.设置"直径"子样式

①在"标注样式管理器"对话框(二)中,单击"新建"按钮 ⇨ 进入"创建新标注样式"对话框。

②单击"用于"一栏右边的翻页箭头,从"尺寸标注类型"列表中选取"直径标注" ⇨ 单击"继续"按钮 ⇨ 进入"新建标注样式:化工制图尺寸标注:直径"对话框中的"文字"选项卡、"调整"选项卡。

③选取"文字对齐"区中的"ISO 标准"选项(图 1-48)。

④选取"调整选项"区中的"文字"选项(见图 1-49),单击"确定"按钮 ⇨ 返回"标注样式管理器"对话框。

5.设置"引线和公差"子样式

设置步骤与"线性"子样式相同。即"引线和公差"子样式完全继承全局设置。

6.新建标注子样式置为当前标注样式

完成上述各子样式设置后,在"标注样式管理器"对话框的"样式"列表下选取"化工制图尺寸标注",并单击"置为当前"按钮,使创建的新标注样式成为当前标注样式(见图 1-50),然后关闭对话框。

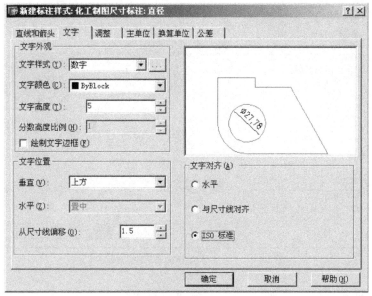

图 1-48 设置"直径"子样式的"文字"选项卡

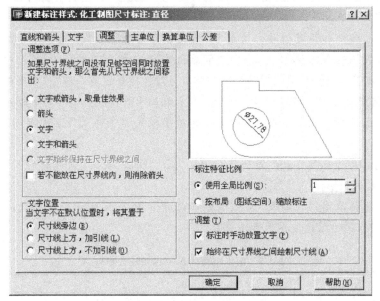

图 1-49 设置"直径"子样式的"调整"选项卡

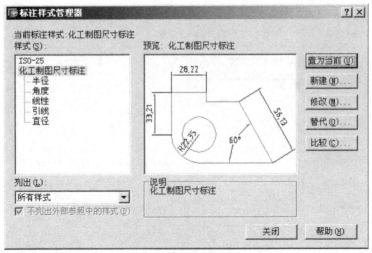

图 1-50 "标注样式管理器"对话框(三)

项目训练

按照国家标准《技术制图》和《机械制图》基本规格,创建具有良好绘图环境的"样板图"文件。

1.加载线型和设置图层。按表1-5确定图层名和特性值,设定线型比例。

2.设置捕捉类型、极轴角。打开"草图设置"对话框,在"对象捕捉"选项卡中,选取对象捕捉类型,选取"启用对象捕捉"和"启用对象捕捉追踪";在"极轴追踪"选项卡中,设定极轴追踪对齐路径的极轴增量角或极轴的附加角度,选取"启用极轴追踪"。

3.建立文字样式。按表1-6确定新建文字样式的字体文件名和显示字体效果的特性值。

4.建立尺寸标注样式。按照国标有关"尺寸注法"规定,创建新的尺寸标注样式,设置尺寸变量。

5.选用标准图幅。按表1-8图纸幅面尺寸和图1-51所示图框格式,绘制出幅面代号为"A4"的图纸边界线和图框线。

表 1-8　图纸幅面(GB/T 14689－1993)

幅面代号		A0	A1	A2	A3	A4
幅面尺寸($B\times L$)		841×1189	594×841	420×594	297×420	210×297
留边宽度	c	10			5	
	a	25				
	e	20		10		

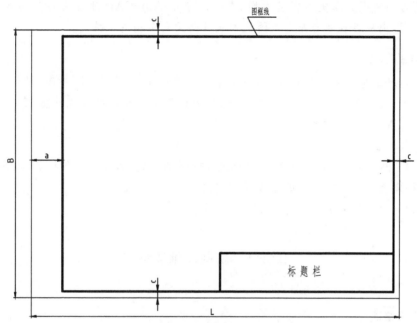

图 1-51　需要装订的图样图框格式（横装）

6.绘制标题栏并填写文字。按图 1-52 所示标题栏格式，在 A4 图纸右下角绘制出标题栏，并在标题栏中输入或编辑相关文字。

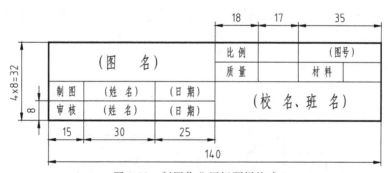

图 1-52　制图作业用标题栏格式

7.存储"样板图"文件。用"另存为"命令将当前图形以"A4 样板图"为文件名存盘。

项目 3　计算机绘图

　项目描述

计算机绘图是利用计算机系统生成、显示、存储及输出图形的一种方法和技术。学习和掌握计算机绘图基本操作方法，应用 AutoCAD 软件进行产品或工程设计绘图，是从事各种专业工作的技术人员必须具备的基本技能。

项目驱动

1.通过本项目的学习和训练，使学生了解常用的绘图、编辑、修改、尺寸标注、块的创建、块插入等命令的使用与操作，熟悉计算机绘图的基本操作方法，能够应用 AutoCAD 绘制二维图形。

2.能力目标

(1)了解　绘图、编辑、修改、尺寸标注、块的创建、块插入等命令的使用与操作。

(2)掌握　计算机绘图的基本操作方法。

(3)会做　应用 AutoCAD 绘制二维图形。

任务 1　绘制二维图形

任务描述

AutoCAD 系统提供了一组实体来构造图形，还提供了多种方法对实体进行修改、编辑。用户向系统发出绘图、编辑命令，并作出响应，输入与系统相符的信息，系统则会自行生成和显示当前图形。

对于一些经常重复出现的相同图形，可以将其定义成块，随时可将图块插入到当前图形指定的位置。

一、图形绘制与编辑

【例 1-4】　应用 AutoCAD 绘制如图 1-53 所示"手柄"轮廓图形。

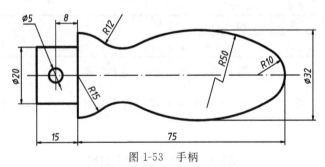

图 1-53　手柄

1.应用"样板图"文件

为避免重复劳动，提高工作效率，用户可以使用已创建的"样板图"文件，在统一的绘图环境（包括图幅格式、文字样式、尺寸标注样式、线型与图层等有关参数的设置）下进行绘制新图形。

根据"手柄"图形的大小确定绘图比例为 2∶1,选用标准图幅 A4。在 Windows 操作系统下,用鼠标左键双击"A4 样板图"文件的图标,进入 AutoCAD 用户界面。

2. 绘制和编辑图形

(1)画基准线

调用"直线"命令,在"正交"状态下分别用点画线和粗实线画出作图基准线和定位线,如图 1-54(a)所示。

(2)画已知线段

用"直线"命令画左边矩形。用"圆"命令并捕捉相应交点作为圆心画出 $\phi5$、$R10$ 两个圆。用"圆弧"命令并捕捉圆心和圆弧的端点画出 $R15$ 半圆弧,如图 1-54(b)所示。

(3)画中间线段和连接线段

用"偏移"命令画水平中心线的平行线(偏移距离为 16)作为辅助直线。用"圆"命令中的选项"相切、相切、半径(T)",按"两点-半径"方式,分别与 $R10$ 圆和辅助直线相切(利用捕捉)画圆弧 $R50$;再与 $R15$ 和 $R50$ 相切(利用捕捉)画连接圆弧 $R12$,如图 1-54(c)所示。

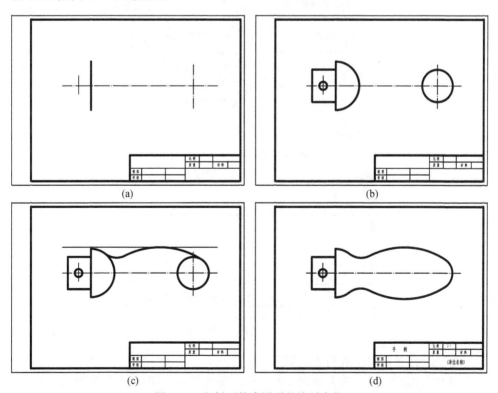

(a)　　　　　　　　　　　　(b)

(c)　　　　　　　　　　　　(d)

图 1-54　"手柄"轮廓图形的绘图步骤

（4）修改编辑

用"删除"命令删去辅助直线。用"修剪"命令裁剪 $R50$ 和 $R12$ 的多余图线。用"镜像"命令执行 $R50$ 和 $R12$ 两圆弧的"对称复制"。用"修剪"命令裁剪 $R15$ 和 $R10$ 的多余图线。如图 1-54(d)所示。必要时用"平移"命令调整图形位置，用"拉伸"命令调整点画线的长度等。

3.存盘、退出

完成"手柄"轮廓图形后，用"另存为"命令将当前图形以"手柄"文件名存盘。

二、图块创建及应用

块是由一组实体构成的一个集合。系统将块当作一个单一对象来处理，用户可以把块插入到当前图形的任意指定位置，同时还可以将其缩放和旋转。

1.创建块

"块"命令用于指定当前图形中一个或若干个实体构成一个块。

单击"绘图"⇨"块"⇨"创建"⇨弹出"块定义"对话框（见图 1-55）。

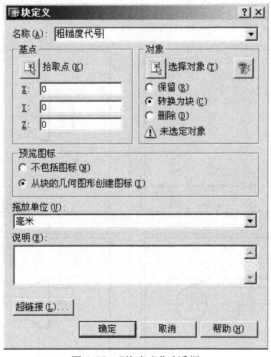

图 1-55　"块定义"对话框

"块定义"对话框中各项含义如下。

（1）"名称"栏：用于输入指定块的名称。块名可以由字母、数字等组成。

（2）"基点"区：用于指定块的基点（即插入图块时的参考点）。单击"拾取点"按钮，在屏幕上指定基点的位置⇨返回"块定义"对话框。

(3)"对象"区：用于指定构成块的实体或实体集。可采用任一种选择方式选择实体。单击"选择对象"按钮 🏹 ，在屏幕上选中块对象，按"Enter"键 ➪ 返回"块定义"对话框。

单击"确定"按钮，所选对象已定义为块，并存盘于当前图形文件中。

在定义块时，确定"名称"、"拾取点"和"选择对象"这三项内容是不分先后顺序的，但必须对这三个选项作出明确响应才能生成块。

2. 插入块

"块插入"命令用于将已定义的块调入当前图形中指定的位置。用户在插入块时，可根据需要改变块的比例因子和旋转角度。

单击"插入" ➪ "块" ➪ "创建" ➪ 弹出"插入"对话框（见图 1-56）。

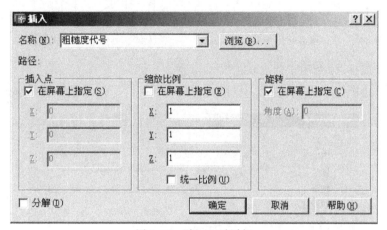

图 1-56   "插入"对话框

"插入"对话框中各项含义如下。

(1)"名称"：用于列出当前图形已存在的块名，供用户选择要插入的块。

(2)"插入点"：用于指定块插入到当前图形的位置。选取"在屏幕上指定"，表示插入点的位置由鼠标在屏幕上拾取。

(3)"缩放比例"：用于指定插入块沿 X、Y、Z 方向的缩放比例。选取"在屏幕上指定"，表示插入块后由命令行提示用户输入比例因子；否则可直接在对应的 X、Y、Z 处输入比例值。

(4)"旋转"：用于指定插入块的旋转角度。选取"在屏幕上指定"，表示插入块后由命令行提示输入角度；否则可直接在"角度"一栏中输入指定的旋转角。

(5)"分解"：选取该选项后，插入的块将同时被分解为各自独立的对象。

单击"确定"按钮，用光标确定插入点，若所插入的块既不缩放也不旋转，可分别直接回车。

3. 块的属性及应用

块的属性是指从属于块的文本信息。一个具有属性的块，应该由两部分构成，即：块＝图形实体＋属性。例如，将表面粗糙度代号构造成一个具有属性的块，该块是由表面粗糙度符号（图形实体）与 Ra 值（属性）组成。在插入这个块时，系统会提示用户输入该块的属性值，这样，每插入一个表面粗糙度代号，都可以在系统提示输入属性值时按需要输入不同的 Ra 值，以满足图样上不同的表面粗糙度标注要求。

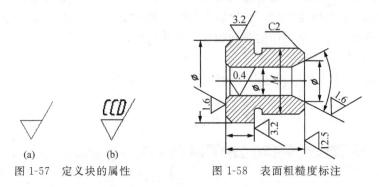

图 1-57　定义块的属性　　　　图 1-58　表面粗糙度标注

"定义属性"命令用于建立块的文本信息。

单击"绘图"➪"块"➪"定义属性"➪弹出"属性定义"对话框（见图 1-59）。

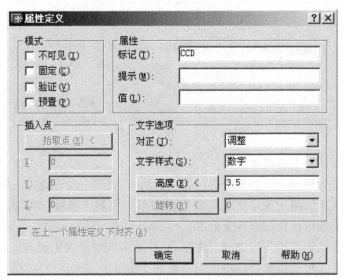

图 1-59　"属性定义"对话框

当用户需要定义带有属性的块，首先应该绘制组成块的对象，然后采用"定义属性"命令建立块的属性，最后把所有块的对象连同已定义的属性一起构造成块。

【例 1-5】　用"定义属性"命令将表面粗糙度代号构造成一个具有属性的块，然后用"插入块"命令将其调入到图 1-58 所示图形指定的位置，并输入相应的 Ra 值。

1.绘制表面粗糙度符号

用"正多边形"命令绘制出正六边形，用"修剪"命令裁剪多余图线，形成如图

1-57(a)所示表面粗糙度的图形符号。

2.定义块的属性

在"属性定义"对话框中,设置有关选项内容(见图 1-59)。

(1)"属性"区:"标记"栏内输入属性名"CCD"。

(2)"文字选项"区:"对正"栏内选取"调整"方式,"文字样式"栏内选取文字样式为"数字","高度"栏内输入字体高度为"3.5"。

单击"确定"按钮,然后在表面粗糙度符号上方适当的位置,用十字光标拾取一段,则显示出属性标记"CCD",表明该表面粗糙度符号被定义了属性,如图 1-57(b)所示。

3.定义带有属性的块

在"块定义"对话框中,设置有关选项内容(见图 1-55)。

(1)"名称"区:"名称"栏内输入块名"表面粗糙度"。

(2)"基点"区:单击"拾取点"按钮,在屏幕上捕捉表面粗糙度图形符号的下方尖点为插入该图块时的基点。

(3)"对象"区:单击"选择对象"按钮,选中具有属性的块对象,按"Enter"键。

单击"块定义"对话框"确定"按钮,该对象被定义了带有属性的块,并存盘于当前图形文件中。

4.插入块

在"插入"对话框中,设置有关选项内容(见图 1-56)。

(1)"名称"区:"名称"栏下拉列表中点取插入块名"表面粗糙度"。

(2)"插入点"区:选取"在屏幕上指定"(复选框内产生"√"样符号)。

(3)"旋转"区:选取"在屏幕上指定"(复选框内产生"√"样符号)。

单击"确定"按钮,用光标确定插入点,然后按照命令行提示操作,分别将表面粗糙度代号插入到图中所需标注的位置。

任务 2　标注图形尺寸

? 任务描述

AutoCAD 的尺寸标注采用半自动方式。系统在执行"尺寸标注"命令过程中,能够自行判定并按图形的测量值直接标出尺寸。AutoCAD 系统还提供了多种方法对尺寸实体进行修改、编辑。

一、尺寸标注

1.尺寸标注类型

AutoCAD 提供了诸多类型的尺寸标注命令,如线性标注、对齐标注、坐标标注、半径标注、直径标注、角度标注、快速标注、基线标注、连续标注、引线标注、公差标注等,见表 1-9。

表 1-9　尺寸标注与编辑命令

功　能	调用命令方法	含　义
线性标注	单击图标　⊓ 键入命令 Dimlinear	标注水平、垂直和指定角度的线性尺寸。
对齐标注	单击图标　↖ 键入命令 Dimaligned	标注倾斜方向的线性尺寸。
坐标标注	单击图标　↳ 键入命令 Dimordinate	标注指定点相对于基点的 X 坐标或 Y 坐标的相对偏移量。
半径标注	单击图标　◍ 键入命令 Dimradius	标注圆或圆弧半径尺寸。
直径标注	单击图标　◍ 键入命令 Dimdiameter	标注圆或半圆以上的圆弧直径尺寸。
角度标注	单击图标　◿ 键入命令 Dimanglar	标注两条非平行线间的夹角和圆弧上的圆心角尺寸。
快速标注	单击图标　⊓ 键入命令 QDIM	一次标注多个同类型的尺寸或编辑已标注的线性尺寸。
基线标注	单击图标　⊟ 键入命令 Dimbase	用于标注并联尺寸(指第一条尺寸界线重合的尺寸)。
连续标注	单击图标　⊞ 键入命令 Dimcont	用于标注串联尺寸(指以上一个尺寸的第二条尺寸界线作为它的第一条尺寸界线的尺寸)。
快速引线	单击图标　↖ 键入命令 Leader	标注带指引线的注释文字。
公差标注	单击图标　▦ 键入命令 Tolerance	标注形位公差。
圆心标记	单击图标　⊕ 键入命令 Dimcenter	标注半径和直径尺寸时,将尺寸线置于圆或圆弧外侧增加圆心标记。
标注编辑	单击图标　A 键入命令 Dimedit	改变标注文字的位置、转角或文字内容,以及尺寸界线与尺寸线的相对倾角。
标注文字编辑	单击图标　∠ 键入命令 Dimtedit	改变标注文字相对于尺寸线的位置和角度。
标注更新	单击图标　⊟ 键入命令 Dimstyle	把已标注的尺寸按当前尺寸标注样式所定义的尺寸变量进行更新。
标注样式	单击图标　⊿	显示"标注样式管理器"对话框。

2.尺寸标注方法

AutoCAD 的尺寸标注采用半自动方式,系统按图形的测量值和尺寸标注样式进行标注。用户向系统发出执行尺寸标注命令,并作出响应,输入与系统相符的信息,系统则能够自行判定并直接标出尺寸。

线性标注　对齐标注　坐标标注　半径标注　直径标注　角度标注　快速标注　基线标注　连续标注　引线标注　公差标注　圆心标记　标注编辑　标注文字编辑　标注更新　标注样式列表　标注样式

图 1-60　标注工具栏

1.标注线性尺寸

单击"标注工具栏"中的图标 ⊢⊣,命令行出现提示句。

指定第一条尺寸界线原点或＜选择对象＞:

①拾取一点作为第一条尺寸界线的起点,后续提示为:

指定第二条尺寸界线原点:指定尺寸线位置或[多行文字(M)/文字(T)/角度(A)/水平(H)/垂直(V)/旋转(R)]:(拾取一点作为第二条尺寸界线的起点,确定尺寸线位置)

标注文字＝测量值

②直接以回车响应,表示选择标注对象。后续提示为:

选择标注对象:指定尺寸线位置或[多行文字(M)/文字(T)/角度(A)/水平(H)/垂直(V)/旋转(R)]:

选取对象后,系统自动捕捉到被选对象的两端点作为尺寸界线的起点,并以拖动方式显示尺寸标注,提示用户指定一点确定尺寸线位置。

2.标注半径尺寸

单击"标注工具栏"中的图标 ⊙,命令行出现提示句。

选择圆弧或圆:(拾取要标注尺寸的圆或圆弧)

标注文字＝测量值

指定尺寸线位置或[多行文字(M)/文字(T)/角度(A)]:(确定尺寸线位置或选择合适的选项)

将选择取框放于圆弧上拾取一点,拖动尺寸至适当位置并拾取一点。

3.标注直径尺寸

单击"标注工具栏"中的图标 ⊘,命令行出现提示句。

选择圆弧或圆:(拾取要标注尺寸的圆或圆弧)

标注文字＝测量值

指定尺寸线位置或［多行文字（M）/文字（T）/角度（A）］：（确定尺寸线位置或选择合适的选项）

将选择框放于圆周上拾取一点，拖动尺寸至适当位置并拾取一点。

4.连续标注

单击"标注工具栏"中的图标卌，命令行出现提示句。

选择连续标注：（选择一个尺寸对象）

指定第二条尺寸界线原点或［放弃（U）/选择（S）］＜选择＞：（确定一点或选择其他选项）

标注文字＝测量值

指定第二条尺寸界线原点或［放弃（U）/选择（S）］＜选择＞：

选择连续标注：

以两次回车响应则结束命令。

例如，用选择框点取前一个尺寸（如 15）的第二条尺寸界线，拖动第二个尺寸（如 75）的尺寸界线至所需标注的位置并拾取一点，即可完成两个串联尺寸的标注。

【例 1-6】　标注图 1-53"手柄"图形中的尺寸。

（1）标注水平尺寸

单击"标注工具栏"中的"线性标注"图标，通过捕捉功能在图形上确定水平方向的任一个线性尺寸的尺寸界线起点，系统自动测量水平长度值，拖动尺寸至合适的位置并拾取一点。重复命令，完成三个水平尺寸 8、15 和 75 的标注。

（2）标注垂直尺寸

重复"线性标注"命令标注垂直方向的线性尺寸，操作步骤与标注水平尺寸类似。但标注两个线性尺寸"20"、"32"时，还需要用直径符号"ϕ"加以表示。

在命令行提示"指定尺寸线位置"时键入"T"并回车，输入"％％C20"，回车，将尺寸拖动至合适的位置并拾取一点。重复命令，完成两个垂直尺寸"ϕ20"、"ϕ32"的标注。

（3）标注半径尺寸

使用"半径标注"命令，将选择框放于圆弧上拾取一点，拖动尺寸至适当位置并拾取一点。重复命令，完成四个圆弧 $R50$、$R15$、$R12$ 和 $R10$ 的标注。

（4）标注直径尺寸

使用"直径标注"命令，将选择框放于圆周上拾取一点，拖动尺寸至适当位置并拾取一点，完成"ϕ5"的标注。

二、尺寸编辑

1.编辑标注

单击"标注工具栏"中的图标⚠，命令行出现提示句。

输入标注编辑类型［默认(H)/新建(N)/旋转(R)/倾斜(O)］＜默认＞：

各选项含义如下。

①"默认(H)"：使曾经改变过位置的标注恢复到标注样式定义的缺省位置。

选择对象：(选择要修改的标注,可采用"单选"或"窗选"方式)

选择对象：↙(表示结束命令)

②"新建(N)"：更改现有的标注文字。选取该选项,屏幕弹出"多行文字编辑器"对话框,显示代码"＜＞"。输入新的值代替"＜＞"并单击"确定",命令行继续提示为：

选择对象：(选择要用新的文字代替的尺寸对象)

选择对象：↙

原有的标注文字即改变为新的值。

③"旋转(R)"：将标注文字按指定角度旋转。选取该选项,命令行继续提示为：

指定标注文字的角度：(指定文字旋转的角度)

选择对象：(选择要修改的标注)

选择对象：↙

原有的标注文字即转过一个指定角度并置于尺寸线的中间。

④"倾斜(O)"：使两条尺寸界线按指定角度同时倾斜。选取该选项,命令行继续提示为：

选择对象：(选择需要倾斜的尺寸对象)

选择对象：↙

输入倾斜角度(按 ENTER 表示无)：(输入倾斜角或按 ENTER 键)

输入角度值回车后,两条尺寸界线即同时倾斜。

2.编辑标注文字

单击"标注工具栏"中的图标，命令行出现提示句。

选择标注：(选择要修改的尺寸对象)

指定标注文字的新位置或［左(L)/右(R)/中心(C)/默认(H)/角度(A)］：(确定标注文字的新位置或选择合适的选项)

此时,在屏幕上出现一个随光标移动的临时标注,拾取一点可决定尺寸线和标注文字的新位置。"左(L)"、"右(R)"、"中心(C)"决定标注文字采用左、右或中心对齐；"默认(H)"使标注文字恢复到原来的缺省位置。

"角度(A)"可修改标注文字的旋转角度,命令行继续提示为：

指定标注文字的角度：(指定文字旋转的角度)

输入角度值回车后,原有的标注文字即转过一个指定角度并置于尺寸线的中间。

项目训练

1.绘制图 1-61 所示"吊钩"轮廓图形,并标注尺寸(图幅 A4,比例 2∶1)。

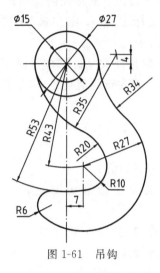

图 1-61　吊钩

2.绘制图 1-62 所示"模板"轮廓图形,并标注尺寸(图幅 A3,比例 1∶1)。

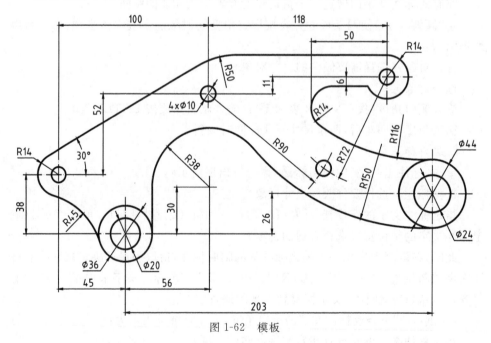

图 1-62　模板

模块 Ⅱ   图样画法

当你即将进入某工作领域从事工程设计绘图时,你将首先了解正投影法的基本原理和作图方法,理解图与物之间的转换规律,熟悉国家标准《技术制图》和《机械制图》规定的图样画法。

项目 1   投影作图

项目描述

正投影法具有图形真实性和度量性不变的性质,且作图简便,在工程图样中广泛应用。用正投影法所绘制出物体的图形,称为视图。三视图及其投影规律是画图、读图时所遵循的基本规律,必须牢固掌握、正确运用、严格遵守。

项目驱动

1.通过本项目的学习和训练,使学生了解正投影法及其基本性质,熟悉三视图的投影规律及作图方法,能够应用 AutoCAD 绘制组合体视图,应用形体分析法构思三视图所表示的空间立体形状。

2.能力目标

(1)了解   正投影法及其基本性质。

(2)掌握   三视图的投影规律及作图方法。

(3)会做   应用形体分析方法进行识图与绘图。

任务 1   认知正投影法的基本原理和作图方法

任务描述

工程图样多数采用正投影法绘制。如图 2-1 所示的正投影图和正等测轴测投影图,就是应用正投影法的基本原理绘制而成的。

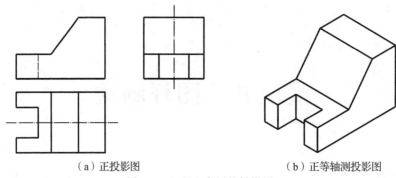

（a）正投影图　　　　　　　　　　　（b）正等轴测投影图

图 2-1　工程上常用的投影图

　　正投影法是物体与视图间相互转换的理论基础，也是识读和绘制工程图样的基本方法。

一、正投影法

1.投影的基本知识

　　在日常生活中，物体在日光或灯光的照射下，地面或墙壁上就会出现影子，这就是最常见的投影现象。如图 2-2 所示，自 S 向点 A 引投射线并延长与平面 P 交于点 a，则交点 a 称为空间点 A 在投影面 P 上的投影。

　　投影法就是一组投射线通过物体射向一个预定的平面得到图形的方法。

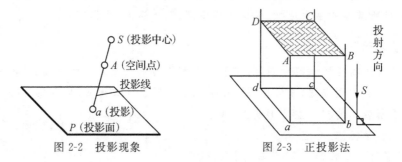

图 2-2　投影现象　　　　　　图 2-3　正投影法

2.正投影法

（1）正投影法的概念

　　投射线互相平行且垂直于投影面的投影方法，称为正投影法，如图 2-3 所示。用正投影法得到的投影，称为正投影。

（2）正投影法的基本性质

　　①真实性　　当直线或平面平行于投影面时，其投影反映实长或实形，如图 2-4（a）所示。

　　②积聚性　　当直线或平面垂直于投影面时，其投影积聚为一点或一直线，如图 2-4（b）所示。

③类似性 当直线或平面倾斜于投影面时,其投影反映类似形。即直线的投影为一缩短的直线,而平面的投影则为缩小类似图形,如图 2-4(c)所示。

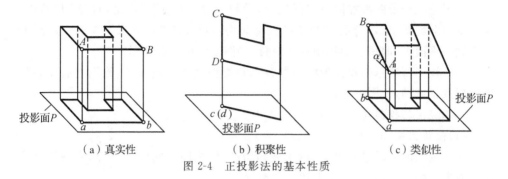

（a）真实性　　　　　　　　（b）积聚性　　　　　　　　（c）类似性

图 2-4　正投影法的基本性质

二、三视图的形成及其投影规律

通常一个视图不能完整地表示物体形状,因此,需采用从几个不同方向进行投射的多面正投影来表示物体形状。

1.三投影面体系的建立(见图 2-5)

在多面正投影中,相互垂直的三个投影面构成八个分角。我国主要采用第一分角画法,其三个投影面分别为:正立投影面,简称正面,用 V 表示;水平投影面,用 H 表示;侧立投影面,简称侧面,用 W 表示。

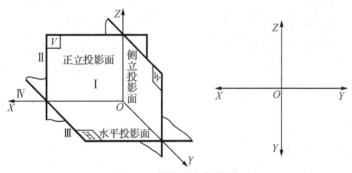

图 2-5　投影面与投影轴

两个相邻投影面之间的交线,称为投影轴,分别用 OX、OY、OZ 表示。

三根投影轴的交点,称为原点,用 O 表示。以点 O 为基准,沿 X 轴方向度量长度尺寸和确定左、右位置;沿 Y 轴方向度量宽度尺寸和确定前后位置;沿 Z 轴方向度量高度尺寸和确定上下位置。

2.三视图的形成

将物体置于第一分角内,并使其处于观察者与投影面之间,分别向 V、H、W 面正投射,即得图 2-6(a)所示的第一角画法的三个视图,分别称为:

主视图——由前向后投射,在 V 面所得的视图;

俯视图——由上向下投射,在 H 面所得的视图;

左视图——由左向右投射,在 W 面所得的视图。

为了把三个视图画在同一张图纸上,设想 V 面(主视图)不动,H 面(俯视图)绕 OX 向下旋转 $90°$,W 面(左视图)绕 OZ 轴向右后旋转 $90°$,使其与 V 面(主视图)处在同一平面上,即得三面视图展开位置,如图 2-6(b)、(c)所示。

由于视图所表示的物体形状与物体和投影面之间距离无关,绘图时省略投影面边框及投影轴,见图 2-6(d)。

3.三视图的投影规律

(1)位置关系

从三视图的形成过程可知,以主视图为准,俯视图在它的正下方,左视图在它的正右方。画三视图时,应按上述规定配置。

(2)尺寸关系

物体都有长、宽、高三个方向的尺寸,每一个视图反映物体两个方向的尺寸。

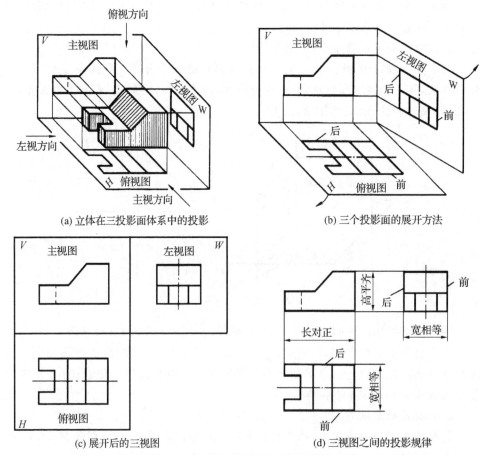

(a) 立体在三投影面体系中的投影　　(b) 三个投影面的展开方法

(c) 展开后的三视图　　(d) 三视图之间的投影规律

图 2-6　三视图的形成及其投影规律

　　主视图反映长度和高度;俯视图反映长度和宽度;左视图反映高度和宽度。这样在相邻两个视图之间有一个方向的尺寸相等。由图 2-6(d)可以概括出三视图的这种对应关系。

　　主、俯视图长度投影相等,且对正——长对正;

　　主、左视图高度投影相等,且平齐——高平齐;

　　俯、左视图宽度投影相等——宽相等。

　　三视图之间的"长对正、高平齐、宽相等"的"三等"关系,称为三视图的投影规律。画图、读图时都应严格遵循和应用。

　　(3)方位关系

　　物体具有左右、上下、前后六个方位。当物体投射位置确定后,其六个方位也确定下来。

　　主视图反映物体左右、上下关系,前后重叠;

　　俯视图反映物体左右、前后关系,上下重叠;

　　左视图反映物体上下、前后关系,左右重叠。

　　其中俯、左视图所反映前后关系最容易搞错。要以主视图为准来看,俯、左视图中靠近主视图里边均表示物体后面,远离主视图外边均表示物体的前面。搞清楚三视图六个方位关系,对绘图、看图判断物体之间的相对位置是十分重要的。

　　三视图之间的对应关系,见表 2-1。

表 2-1　三视图之间的对应关系

视图名称	位置关系	尺寸关系	方位关系
主视图	居中	长(x)、高(z)	左右、上下
俯视图	正下方	长(x)、宽(y)	左右、前后
左视图	正右方	高(z)、宽(y)	上下、前后

三、三视图的画法

　　画物体三视图时,将物体正放在三个投影面体系中,按人→物→视图(投影面)的关系,分别向三个投影面投射,从而形成三个视图。由模型画三视图时,应保持"长对正、高平齐、宽相等"的关系,其画法步骤如下。

　　1.选择主视图

　　绘制物体三视图时,应先选择主视图的投射方向,主视图要反映物体的主要形状特征,即使之能较多地反映物体各部分的形状和相对位置。当主视图投射方向确定后,左、右视图投射方向也随之确定,如图 2-7 所示。

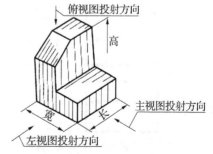

图 2-7　确定物体的投射方向

2. 画作图基准线

选择物体左(或右)端面、后端面、底面作为长、宽、高三个方向的绘图基准,分别画出它们在三个视图中的投影,如图 2-8(a)所示。

3. 画底稿

一般先画主视图,根据物体的长、高尺寸确定其图形大小,如图 2-8(b)。画俯视图应按"长对正"关系以及宽度尺寸作图,如图 2-8(c)。画左视图应按"高平齐"、"宽相等"关系作图,如图 2-8(d)。特别需要强调,俯视图和左视图的宽度相等可借用 45°斜线绘图。

4. 校对底稿,描深图线

核对三视图底稿图,确定无误后,擦掉作图线,描粗加深视图的图线,完成三视图,如图 2-8(e)所示。

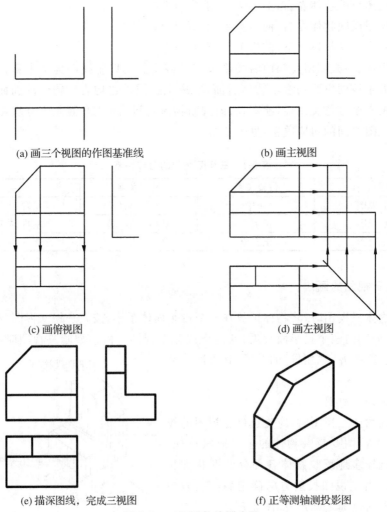

(a) 画三个视图的作图基准线　　　　　(b) 画主视图

(c) 画俯视图　　　　　(d) 画左视图

(e) 描深图线, 完成三视图　　　　　(f) 正等测轴测投影图

图 2-8　三视图的绘图步骤

　　画三视图时应按照国家标准关于图线的规定,将可见轮廓线用粗实线绘制,不可见轮廓线用虚线绘制,对称中心线或轴线用点画线绘制。

四、轴测投影

　　正等测轴测图(简称正等测图)是用正投影法绘制的一种单面投影图,它能同时反映物体正面、顶面和侧面形状而富有立体感。由于轴测图的作图较繁,度量性差,因此在生产中常作为辅助图样,用于表达复杂管道系统的空间布置,反映设备、构件或建筑物的空间结构,以及展示机器零部件和产品的立体形状等。

　　1.轴测投影的基本特性

　　(1)空间平行于坐标轴的直线,其轴测投影平行于相应的轴测轴,其伸缩系数与相应坐标轴的轴向伸缩系数相同。

　　(2)空间相互平行的直线,其轴测投影仍相互平行。

　　(3)若点在直线上,则点的轴测投影仍在直线的轴测投影上。

　　上述特性为轴测图提供了基本作图方法——沿轴测量。

　　2.轴测轴、轴间角和轴向伸缩系数

　　(1)正等测图的轴间角均为 $120°$,轴测轴设置如图 2-9 所示。

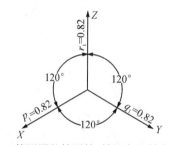

图 2-9　正等测图的轴测轴、轴间角和轴向伸缩系数

　　(2)正等测图的轴向伸缩系数 $p_1=q_1=r_1=0.82$,如图 2-10(b)所示。作图时,常取轴向伸缩简化系数为 $p=q=r=1$,即凡与轴测轴平行的线段均按实长量取,这样绘图简便,但图形放大 1.22 倍($1:0.82≈1.22$),如图 2-10(c)所示。

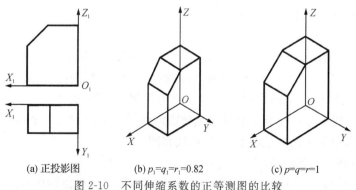

(a) 正投影图　　　(b) $p_1=q_1=r_1=0.82$　　　(c) $p=q=r=1$

图 2-10　不同伸缩系数的正等测图的比较

3. 应用 AutoCAD 绘制正等测图

绘制正等测图时,可将十字光标切换为正等轴测光标。正等轴测光标有三种样式,分别对应于三个正等轴测平面,它们之间的切换可通过功能键"F5"来实现。作图时,启用正交模式,在"正交"状态下绘制平行于轴测轴的直线,或复制平行于正等轴测平面的图线。

(1)平面立体的正等测图画法

图 2-11(a)所示的三视图为一平面立体,它是由四棱柱经两次切割而成的。采用方箱切割法绘制该平面立体正等测图,其画法步骤如下。

根据平面立体的总长、总宽、总高,先画出四棱柱(辅助)的正等测图,见图 2-11(b)。然后,沿轴测量被切割部分的尺寸,分别画出反映切口和切槽的正等测图,见图 2-11(c)、图 2-11(d)。最后,擦去多余线,描深加粗图线,完成全图,见图 2-11(e)。

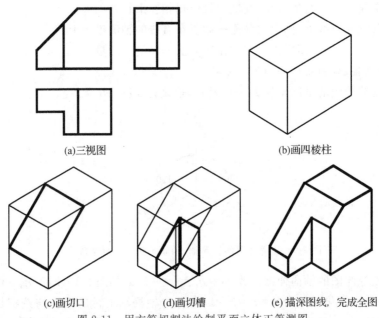

(a)三视图　　　　　　　　　　　　　　　(b)画四棱柱

(c)画切口　　　　　　(d)画切槽　　　　　　(e)描深图线,完成全图

图 2-11　用方箱切割法绘制平面立体正等测图

(2)回转体的正等测图画法

①圆的正等测图

圆的正等测图为椭圆。如图 2-12(a)所示为平行于 X_1Y_1 坐标面的圆,其正等轴测投影图是位于 XY 正等轴测平面内的椭圆。作图时,先把光标切换为 XY 正等轴测平面,然后用"椭圆"命令绘出圆的正等轴测投影图,如图 2-12(b)所示。

图 2-13 所示为平行于三个不同坐标面的圆的正等测图。三个坐标面上都是椭圆,但正等轴测平面方位各不相同,画法相同。

②圆柱体的正等测图

绘制圆柱体正等测图时,先画出上、下底面的椭圆,再作出两椭圆的公切线,具

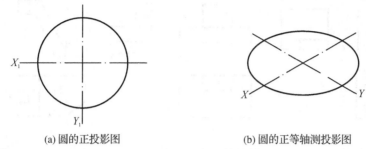

(a)圆的正投影图　　　　　　　(b)圆的正等轴测投影图

图 2-12　圆的正投影图与正等轴测投影图

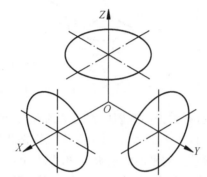

图 2-13　平行三个不同坐标面的圆的正等测图

体画法步骤见图 2-14 所示。

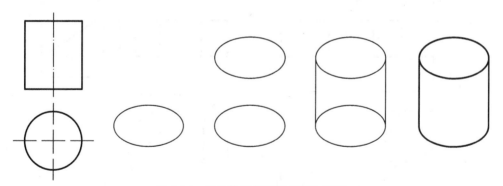

图 2-14　圆柱体正等测图的画法步骤

　　由视图可知,圆柱上、下底面为平行于 XY 坐标面的圆。作图时,先把光标切换为 XY 正等轴测平面,画出圆柱底面上的椭圆。然后,把光标切换为 XZ 或 YZ 正等轴测平面,采用"复制"命令将椭圆沿柱高 H(即 Z 轴方向)复制至圆柱顶面。最后,采用"直线"命令画出两椭圆的公切线,擦去多余线,描深加粗图线,完成圆柱体的正等测图。

　　【例 2-1】　构思三视图所表示的空间立体形状(见图 2-15)。

　　通过观察三视图和立体图可知,图 2-15(a)的立体形状如图 2-15(f)所示,图 2-15(b)的立体形状如图 2-15(d)所示,图 2-15(c)的立体形状如图 2-15(e)所示。

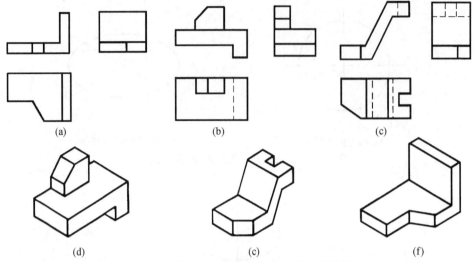

(a)　　　　　　(b)　　　　　　(c)

(d)　　　　　　(c)　　　　　　(f)

图 2-15　构思三视图所表示的空间立体形状

【例 2-2】　识读三视图,并说明视图中粗线框的含义(见图 2-16)。

通过观察和分析可知,与图 2-16(a)、(b)所示三视图相应的立体图序号是(c)、(d)。视图中的粗线框表示空间平面的投影。如图 2-16(a)所示的粗线框为铅垂面($\perp H$,$\angle V$、W),图 2-16(b)所示的粗线框为侧垂面($\perp W$,$\angle V$、H)。投影面垂直面的投影特性为"一线两面",即平面垂直于投影面的投影积聚为一直线,倾斜于投影面的投影为两类似形。

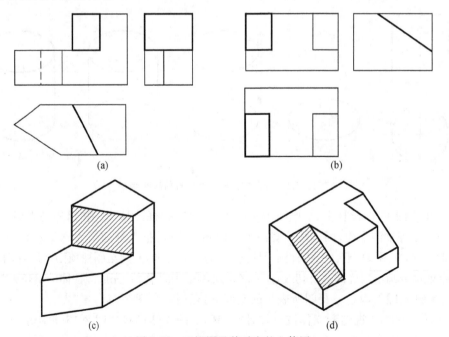

(a)　　　　　　　　　　(b)

(c)　　　　　　　　　　(d)

图 2-16　三视图及其对应的立体图

任务 2　绘制立体表面交线的投影

任务描述

　　在机件中经常会出现各种立体相交，在立体表面上形成交线。常见交线分为两类：一类是平面与立体表面相交产生的交线——截交线，如图 2-17(a)、(b)所示；另一类是两立体表面相交产生的交线——相贯线，如图 2-17(c)所示。

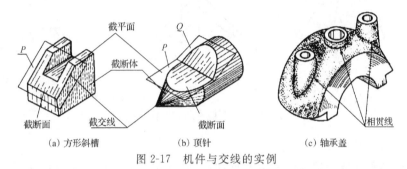

(a) 方形斜槽　　　　　　　(b) 顶针　　　　　　　(c) 轴承盖

图 2-17　机件与交线的实例

　　截交线和相贯线是机件加工过程自然形成的表面交线。画立体表面交线的投影，有助于分清形体间界限，想象机件形状，便于读懂图形。

一、截交线

　　截平面与立体表面的交线称截交线，由截交线所围成的平面图形称截断面，如图 2-17(a)、(b)所示。截交线的形状和大小取决于被截的立体形状和截平面与立体的相对位置，但任何截交线都具有下列两个基本性质。

　　(1)封闭性　　截交线为一个封闭的平面图形。

　　(2)共有性　　截交线是截平面与立体表面的共有线(共有点的集合)。

　　因此，求作截交线的实质，就是求出截平面与立体表面一系列共有点的集合，即求作立体表面上点、线的投影。

　　1.平面立体的截交线

　　平面体的截交线是由直线所围成的封闭多边形，多边形各顶点是棱线(或底边)与截平面的交点，多边形各边是棱面与截平面的交线，见图 2-18(a)所示。因此，求作平面立体表面截交线，就是求出被截切各棱线与截平面的交点，然后依次连线；或作各棱面与截平面的交线。最后判断其可见性。

　　【例 2-3】　求作图 2-18(a)所示的正四棱锥被正垂面 P 截切的截交线的投影。

　　分析：正四棱锥被正垂面 P 切去一角，其截交线所围成的截断面为四边形 $ABCD$，其中 A、B、C、D 为各棱线与截平面的交点。截交线的正面投影积聚在斜线上，反映切口特征；截交线的水平投影和侧面投影是四边形的类似形，见图 2-18(b)。

作图：先画完整的正四棱锥三视图，再画出主视图斜线 $a'b'(d')c'$，然后求作出水平投影 a、b、c、d 和侧面投影 a''、b''、c''、d''，最后按顺序连成四边形。

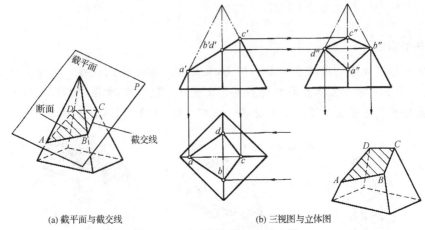

(a) 截平面与截交线

(b) 三视图与立体图

图 2-18   正四棱锥斜切的截交线

2.回转体的截交线

回转体截交线一般是封闭的平面曲线，特殊情况是直线。截交线上任一点都可看作是回转面上的某一条素线（直线或曲线）与截平面的交点。因此，在回转面上适当作出一系列辅助线（素线或纬线），并求出它们与截平面的交点，然后依次光滑连接，即得截交线。

（1）圆柱的截交线

截平面与圆柱轴线的相对位置不同，其截交线有三种不同的形状，见表 2-2。

表 2-2   圆柱的截交线

截平面位置	与轴线平行	与轴线垂直	与轴线倾斜
截交线形状	矩形	圆	椭圆
轴测图			
投影图			

【例 2-4】 求作图 2-19(a)所示的圆柱被正垂面 P 截切的截交线的投影。

分析:截平面 P 与圆柱轴线斜交,截交线为椭圆。由于截平面 P 为正垂面,椭圆正面投影积聚在直线 p' 上,水平投影与圆柱面的积聚性投影圆相重合,侧面投影仍是椭圆类似形。

作图:

①求特殊点。特殊点是指截交线上处于最左、最右、最高、最低、最前、最后及视图轮廓线上极限点。特殊点是限定截交线的范围和趋势,判断可见性及对准确地求作截交线有重要作用的,作图时应先求出。

椭圆的长轴两端点 A、C 是最低、最高和最左、最右点,其正面投影在轮廓线上;椭圆的短轴两端点 B、D 为最前、最后点,其侧面投影在轮廓线上;这四个点都是椭圆交线上的特殊点。作图时,先定出正面投影 a'、$b'(d')$、c',并求得点 a''、b''、c''、d'',如图 2-19(b)中箭头所示。

②求一般点。应用积聚性求点法求得。作图时,在截交线的水平投影上定出点 e、g、h、f,并求得点 $e'(f')$、$g'(h')$,由"二求三"求得点 e''、f''、g''、h''。取一般位置点多少,由作图准确要求而定。

③连成光滑曲线。依次把侧面投影的点 a''、e''、b''、…顺序连成光滑曲线,即得所求。

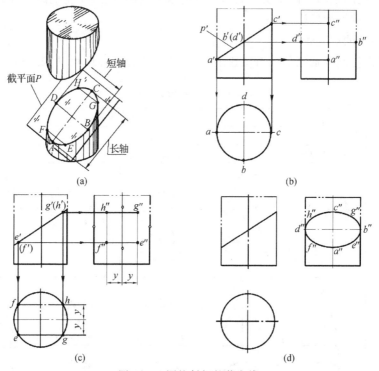

图 2-19 圆柱斜切的截交线

【例 2-5】 画图 2-20(a)所示的切口圆柱的三视图。

分析:图 2-20(a)所示的圆柱被两个平行于轴线和两个垂直于轴线的截平面截切。两个侧面与圆柱面的交线为四条素线(铅垂线),其正面投影与两个侧面的积聚性投影重合,水平投影积聚在圆上。两个水平截面与圆柱面的交线为两条圆弧,其水平投影与圆柱面的积聚性投影重合,正面和侧面的投影分别积聚成直线。

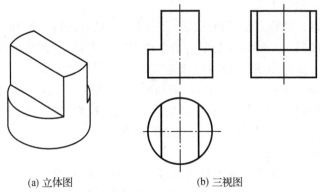

(a) 立体图　　　　　　　　(b) 三视图

图 2-20　切口圆柱三视图的画法

作图:先画完整的圆柱三视图,然后在主视图上画出反映切口特征形状的正面投影,在俯视图上画出两条实线表示切口的水平投影,最后在左视图上画出三条实线表示切口的侧面投影。

(2)圆锥的截交线

截平面与圆锥轴线的相对位置不同,其截交线有五种形状,见表 2-3。

表 2-3　圆锥的截交线

截平面位置	过锥顶	不过锥顶			
		$\theta=90°$	$\theta>\alpha$	$\theta=\alpha$	$0°\leqslant\theta<\alpha$
截交线形状	相交两直线	圆	椭圆	抛物线	双曲线
轴测图					
投影图					

【**例 2-6**】 求作图 2-21(a)所示圆锥被正平面 P 截切的截交线的投影。

分析:圆锥被平行于轴线的截平面 P 所截切,在锥面上的交线为双曲线,其水平和侧面投影分别积聚为直线,正面投影为双曲线(实形)。

作图方法:

①辅助素线法:在圆锥面的截交线上任取一点 M,过点 M 作素线,点 M 的投影属于素线同面投影上,如图 2-21(b)所示。

②辅助平面法(三面共点):作垂直于圆锥轴线的辅助平面 R,其与圆锥面交线为圆,该圆与截平面 P 的交点 C、D 为截交线上的点。该两点是圆锥面、截平面 P 和辅助平面 R 的三面共点,如图 2-21(c)所示。

作图:

①求特殊点。点 E 是最高点,由点 e″求 e′(或作辅助圆求得);点 A、B 为最左、最右点,即底面和截平面 P 的交点,由点 a、b 求得点 a′、b′,如图 2-21(d)所示。

②求一般点。用辅助平面法(或用辅助素线法)作辅助圆的水平投影,得交点 c、d,由点 c、d 求得点 c′、d′,如图 2-21(e)所示。

③连成光滑曲线。依次将点 a′、c′、e′、d′、b′顺序连成光滑曲线,即得所求,如图 2-21(f)所示。

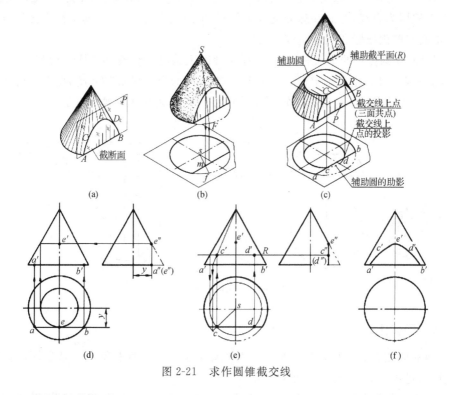

图 2-21 求作圆锥截交线

(3)圆球的截交线

圆球被任意方向的平面截断,截交线都是圆。圆的大小取决于截平面与球心距离。当截平面平行某一投影面时,交线圆在该投影面的投影为实形,其他两个投影面的投影积聚为直线,其长度等于圆的直径,见图 2-22。

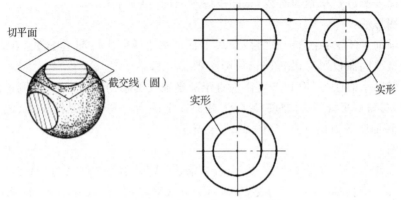

图 2-22　圆球被投影面平行面截切

【例 2-7】　求作半球切槽的投影(图 2-23)。

分析:半球通槽是被两个对称侧平面 M 和一个水平面 N 的组合平面截切而成。槽两侧与球面交线为两段平行于 W 面的圆弧,侧面投影反映实形,正面和水平投影积聚为直线;槽底和球面交线为等径两段圆弧,平行于 H 面,水平投影为实形,正面与侧面投影积聚为直线。

作图:先画完整的半球三视图,并在主视图上画出反映槽形特征。画俯视图时,交线圆弧半径 R_1,由点 $1'$ 求得 1 来确定;画左视图的交线圆弧半径 R_2,由点 2 得 $2''$ 作出。点 a'' 为槽底可见与不可见分界点。槽把平行 W 面的球轮廓线切去一段。

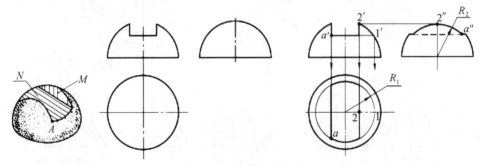

图 2-23　半球切槽画法

二、回转体的相贯线

两立体相交后的形体称相贯体。两立体表面的交线称相贯线。常见回转体的相贯线,见图 2-17(c)轴承盖相贯线的实例。

两立体的形状、大小及相对位置不同,相贯线形状也不同,但所有相贯线都具有如下性质。

(1)相贯线是两相交立体表面的共有线,相贯线上点是两相交立体表面共有点。

(2)由于立体具有一定的范围,所以相贯线一般是封闭的空间曲线,特殊情况下不封闭或是平面曲线或直线。

根据以上相贯线的性质,求作回转体相贯线的实质,就是求两回转体表面上一系列共有点。然后将求得的各点用曲线光滑地连接起来,即得相贯线。

1.两圆柱正交的相贯线

当两圆柱轴线正交,轴线分别垂直于两个投影面时,则圆柱面在该两投影面上投影分别积聚成圆,相贯线的投影必重合在该圆上,这样相贯线两个投影为已知。利用立体表面上取点的方法,求作相贯线的其他投影。

(1)表面取点法求作相贯线

【例 2-8】 求作如图 2-24(a)所示两圆柱正交的相贯线的投影。

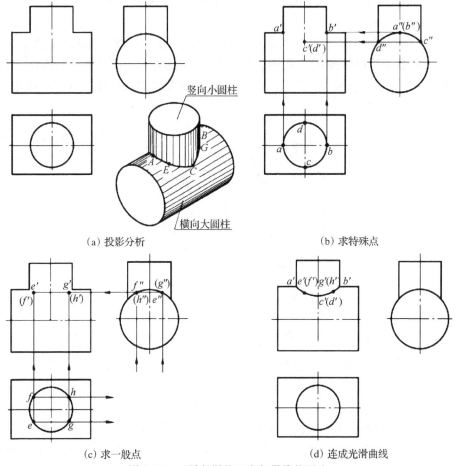

(a) 投影分析

(b) 求特殊点

(c) 求一般点

(d) 连成光滑曲线

图 2-24 两异径圆柱正交相贯线的画法

分析:由于横、竖两圆柱轴线分别垂直于 H 面和 W 面,相贯线的水平投影重合在竖向小圆柱面投影积聚的圆上;相贯线的侧面投影重合在横向大圆柱面投影积聚为圆上的一段圆弧;只需求作相贯线正面投影。相贯体前后对称,相贯线正面投影的前半部与后半部重合。

作图:

①求特殊点。相贯线上最左最右、最高最低和最前最后及处于圆柱面轮廓线上的点称特殊点。最高点 A、B(也是最左、最右点及大、小圆柱轮廓线相交点),所以点 a'、b' 直接定出;最低点 C、D(也是最前、最后及小圆柱前、后轮廓线及大圆柱面相交点),由点 c''、d'' 求得点 $c'(d')$,见图 2-24(b)。

②求一般位置点。在水平投影取 e、f、g、h 对称点(进行圆等分而得,等分越多求得相贯线投影越准确),在侧面投影求得对应点 $e''(g'')$、$f''(h'')$,再求得正面投影点 $e'(f')$、$g'(h')$,见图 2-24(c)。

③连接光滑曲线。把各点的顺序连成光滑曲线,完成全图,见图 2-24(d)

(2)相贯线的近似画法

从图 2-24(d)可以看出,正交两圆柱的相贯线的投影比较接近圆弧。为了简化作图,允许近似地以圆弧代替相贯线的投影。其画法是以大圆柱的半径 $R(D/2)$ 为半径,画圆弧即可,如图 2-25 所示。但须注意当两圆柱的直径相等或非常接近时,不能采用这种方法。

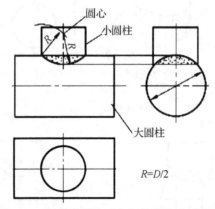

图 2-25　两异径圆柱正交相贯线的近似画法

(3)两圆柱正交相贯线的弯曲方向

当正交两圆柱直径大小变动时,其相贯线弯曲方向也产生变化,见图 2-26 所示。

①横向圆柱Ⅳ大于竖向圆柱Ⅰ时,相贯线的投影为上下弯曲的空间曲线。

②横向圆柱Ⅳ与竖向圆柱Ⅱ直径相等时,相贯线为椭圆曲线,其正面投影为45°斜线。

③横向圆柱Ⅳ小于竖向圆柱Ⅲ时,相贯线的投影为左、右弯曲的空间曲线。

总之,当两个直径不相等圆柱相交时,在相贯线非积聚性投影中,其弯曲趋势总是向着大圆柱的轴线。

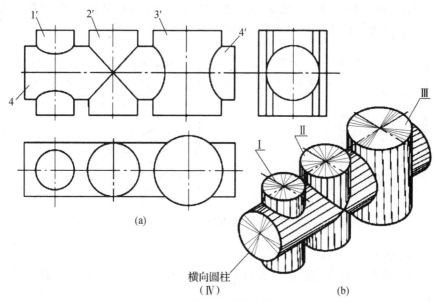

图 2-26 相贯线的形状及弯曲方向

(4)两圆柱正交的相贯形式

两圆柱正交是机件上最为常见的相贯线,它们相贯形式有:两圆柱外表面相交,其相贯线为外相贯线,见图 2-24 所示;外圆柱面与内圆柱面相交,其相贯线也是外相贯线,见图 2-27 所示;两内圆柱面相交,相贯线为内相贯线,见图 2-28 所示。

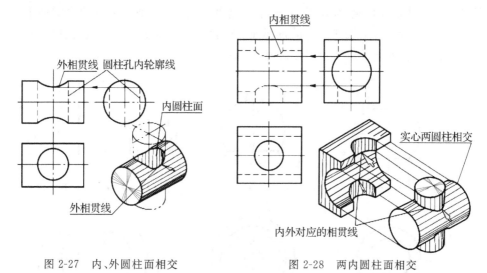

图 2-27 内、外圆柱面相交   图 2-28 两内圆柱面相交

【例 2-9】 求作图 2-29(a)所示的半圆柱穿孔的正面投影。

分析:由图 2-29(a)可以看出,半圆柱外表面与竖向圆孔正交相贯,其正面投影为一段圆弧;两等径圆孔正交相贯,其正面投影为 45°斜线。

作图:采用相贯线的近似画法,绘出内、外圆柱面上的可见相贯线;用相交虚线表示两内圆柱面上的不可见相贯线,如图 2-29(b)所示。

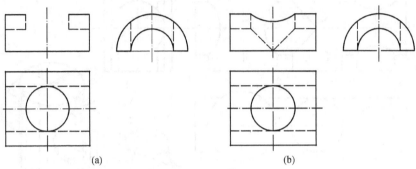

(a)　　　　　　　　　　　(b)

图 2-29　相贯线画法示例

2.相贯线的特殊情况

两回转体相贯时其相贯线一般为空间曲线,但在特殊情况下也可能是平面曲线或直线。

(1)等径相贯

两个等径圆柱正交(如图 2-26 所示圆柱 Ⅳ 与圆柱 Ⅱ),其相贯线为平面曲线——椭圆,相贯线的正面投影积聚为直线。

(2)共轴相贯

当两个相交的回转体具有公共轴线时,称为共轴相贯,其相贯线为圆,该圆所在平面与公共轴线垂直,如图 2-30 所示。这种情况下,与轴线平行的投影面上的投影积聚为直线段,与轴线垂直的投影面上的投影为圆的实形。显然,任何回转体与圆球相贯,该回转体轴线通过圆球球心,即属于共轴相贯。

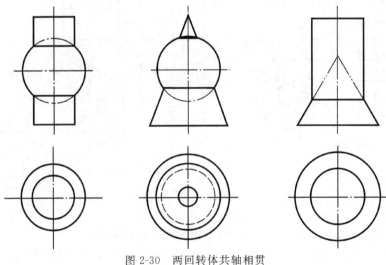

图 2-30　两回转体共轴相贯

任务 3 识读与绘制组合体三视图

任务描述

组合体是由一些基本体按一定方式（叠加、挖切）组合而成的，如图 2-31 所示。学好组合体三视图的画法、尺寸标注和读图方法，养成正确的思维方式，是读、绘零件图的基础。

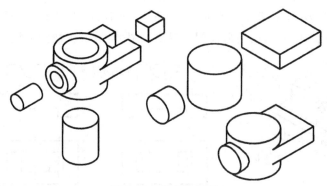

图 2-31 组合体实例

一、组合体的形体分析

1. 形体分析法

任何复杂的机件，仔细分析都可看成是由若干基本形体经过组合而成的。如图 2-32(a)所示的轴承座，可看成是由底板、支承板、圆筒和肋板四部分组成的，见图 2-32(b)。画图时，可将组合体分解成若干个基本形体，然后按其相对位置和组合形式逐个地画出各基本形体的投影，最后综合起来就得到整个组合体的三视图。

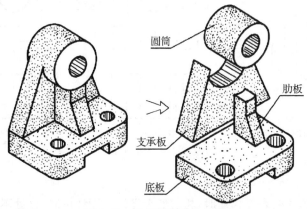

图 2-32 轴承座及形体分析

这种将物体分解成若干个基本形体，分析各基本体形状、相对位置、组合形式以及表面连接关系的方法，称为形体分析法。它是画图、读图和尺寸标注的基本分析方法。

2.组合形体的表面连接关系

两基本体组合在一起时，其形体之间的表面连接方式，一般可分为四种情况。

(1)不平齐

当两个基本体的两表面不平齐而是相互平行时，两形体之间存在分界面。画视图时，该处应画出分界线。

如图 2-33(a)所示机座的形体Ⅰ、Ⅱ的宽度不等，所以前、后面均不平齐，图 2-33(b)的主视图中应画出两形体的分界线。图 2-33(c)主视图漏线。

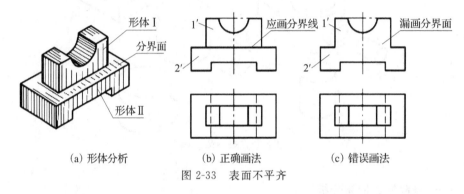

(a) 形体分析　　　　(b) 正确画法　　　　(c) 错误画法

图 2-33　表面不平齐

(2)平齐

当两基本体的两表面平齐(共面)时，无界线。画视图时，该处不应再画分界线。

如图 2-34(a)所示机座的形体Ⅰ、Ⅱ的宽度相等，所以前、后面平齐，即形成共面(接缝无线)。图 2-34(b)的主视图不应再画两形体之间的分界线。图 2-34(c)主视图多画线。

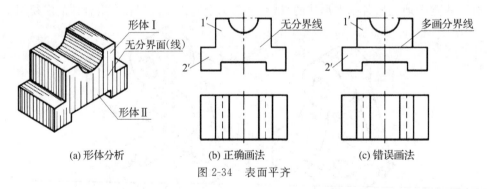

(a)形体分析　　　　(b)正确画法　　　　(c)错误画法

图 2-34　表面平齐

(3)相切

当两基本体的两表面相切时，相切处无界线。画视图时，该处不应画线。

如图 2-35(a)所示的摇臂由图 2-35(b)的耳板和圆筒相切而成。耳板前、后侧平面和圆柱面相切,在相切处光滑过渡,其相切处不存在轮廓线。图 2-35(c)主、左视图相切处不画线,但耳板顶面Ⅰ的投影应画到切点 $a'(b')$ 和 $a''b''$,见图 2-35(f)的投影分析。图 2-35(d)、图 2-35(e)是常见错误画法。

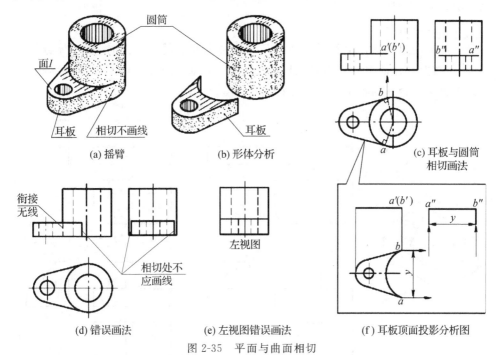

(a) 摇臂　　(b) 形体分析　　(c) 耳板与圆筒相切画法

(d) 错误画法　　(e) 左视图错误画法　　(f) 耳板顶面投影分析图

图 2-35　平面与曲面相切

(4)相交

当两基本体表面相交时,相交处有交线。画视图时,该处应画出交线。

如图 2-36(a)所示摇臂的耳板前、后侧平面与圆柱面相交,交线为直线 AB,图 2-36(b)的主视图中应画出交线 AB 投影 $a'b'$。肋板的斜平面与圆柱面斜交,交线为椭圆线,左视图上应画出椭圆线的投影 $c''d''e''$。图 2-36(c)画法是错误的。

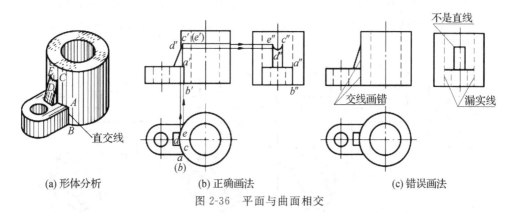

(a) 形体分析　　(b) 正确画法　　(c) 错误画法

图 2-36　平面与曲面相交

二、组合体三视图的画法

组合体的组合形式分为叠加型、切割型和综合型。既有叠加又有切割的形体,称为综合型组合体。

1.叠加型组合体

叠加型的组合体是由若干个基本几何体堆砌而成的。画图时,在形体分析的基础上,按照形体的主次和相对位置,逐个地画出每一部分形体的三视图,叠加起来即得整个组合体的各个视图,如图 2-37 所示。

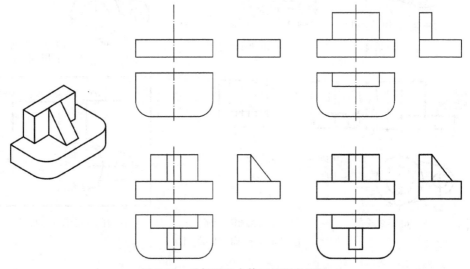

图 2-37 叠加型组合体三视图的画法

2.切割型组合体

切割型组合体是在基本几何体的基础上,切去某一部分后所形成的。画图时,先按切割前的基本形体来画,然后逐一地分析并画出被切割部分的三视图。

如图 2-38(a)所示的组合体,可看成是长方体经切割而形成的。作图时,可先画出完整长方体的三视图,然后逐一分析切面与长方体之间的关系,并画出每次被切割部分的投影。

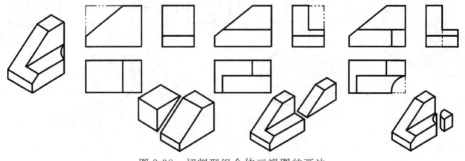

图 2-38 切割型组合体三视图的画法

3.综合型组合体

组合体的基本组合形式为叠加和切割,而常见是这两种形式的综合。画综合型组合体三视图时,一般先画叠加部分的投影,再画挖切部分的投影。如图 2-39所示为综合型组合体三视图,按两圆柱正交相贯,再与四棱柱相切,然后挖切三通圆孔、切槽依次画出。

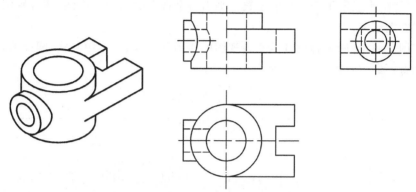

图 2-39 综合型组合体三视图的画法

4.应用 AutoCAD 绘制组合体三视图

【例 2-10】 根据图 2-32(a)所给出轴承座的实物图,结合形体分析法绘出它的三视图。

(1)形体分析

轴承座为综合型组合体。画三视图前,应对组合体进行形体分析,了解该组合体各组成部分的形状,它们的相对位置和组合形式以及表面间的连接关系,对该组合体的形体特点要有总的概念。

由图 2-32(b)可知,轴承座由底板、支承板、圆筒和肋板四部分组成。支承板的左右侧面与圆筒外表面相切、与底板顶面相交,肋板与圆筒相交且交线由直线和圆弧组成。

(2)选择主视图

主视图是三视图中最主要视图,一般应选择反映组合体各部分的形状和位置关系较明显的某一方向作为主视图的投射方向,并尽可能使形体上主要面平行于投影面,使投影能得到实形,同时考虑组合体的自然安放位置,兼顾其他两视图少出现虚线。

如图 2-40 箭头所指的六个投射方向中,选择 A 向作为轴承座主视图的投射方向较佳。

(3)确定比例,选定图幅

视图确定后,要根据实物大小和复杂程

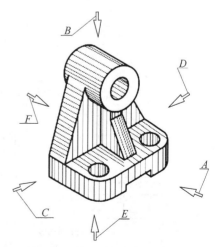

图 2-40 轴承座的主视图选择

度,选择符合标准规定的比例和图幅。在一般情况下,尽可能选用 1∶1。确定图幅大小应根据所绘制视图的面积大小以及留足标注尺寸、标题栏等位置来选定图纸幅画。

(4)布置视图位置,画出作图基准线

布图时,应根据各视图中每个方向的最大尺寸和视图间留足空档以确保注全所需的尺寸,来确定每个视图的位置。画出每个视图的作图基准线,使各视图匀称地布置在图幅上。

如图 2-41(a)所示画出轴承座各视图的作图基准线、对称中心线,圆筒的轴线,底面和背面的位置线。

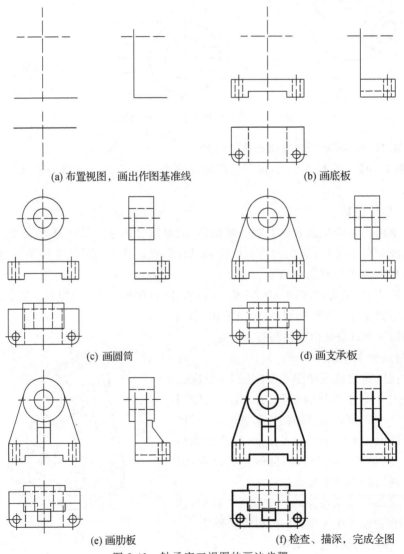

(a) 布置视图,画出作图基准线　　　　　(b) 画底板

(c) 画圆筒　　　　　(d) 画支承板

(e) 画肋板　　　　　(f) 检查、描深,完成全图

图 2-41　轴承座三视图的画法步骤

（5）绘制底稿

绘图时，按形体分析法逐个画出各形体的三视图，并应从反映各形体的特征视图开始，三个视图配合进行作图。各形体之间的相对位置，要正确反映在各个视图中。应从整个物体概念出发，处理各形体之间表面连接关系和衔接处图线的变化。

作图顺序：先画主要部分、后画次要部分；先定位，再定形；先画基本轮廓，后画细部结构和表面交线。

轴承座各组成部分及邻接表面关系的画法如下。

①画底板：俯视图先画，凹槽则从主视图先画，见图2-41(b)所示。

②画圆筒：从反映圆筒特征形状的主视图先画，见图2-41(c)所示。

③画支承板：从反映支承板特征形状的主视图先画。画俯、左视图时，应先准确定出切点的投影，然后将支承板前后面的投影画到切点。特别注意支承板左右侧面与圆筒外柱面相切处无界线，并应擦去圆筒衔接处轮廓线，见图2-41(d)所示。

④画肋板：主、左视图配合先画，再画俯视图。特别注意左视图上肋板与圆筒外柱面的交线（相贯线）取代圆柱上一段轮廓线，俯视图应擦去支承板与肋板衔接处的界线，见图2-41(e)所示。

（6）检查描深

画完底稿后，必须经过仔细检查，修改错误并擦去多余图线，然后按规定的线型描深，完成全图，如图2-41(f)所示。

三、组合体的尺寸标注

1. 尺寸种类

（1）定形尺寸

确定组合体各组成部分的形状和大小的尺寸称定形尺寸。如图2-42(a)所示为底板、竖板和直角三角柱的定形尺寸。

（2）定位尺寸

确定组合体各组成部分相对位置的尺寸称定位尺寸。图2-42(b)所示尺寸9、26是确定竖板及竖板上圆孔高度方向的定位尺寸；尺寸40、23是确定底板上两个圆孔的长和宽方向的定位尺寸；尺寸14、9、8是确定两个直角三角柱的长、宽、高方向的定位尺寸。

但应指出有的定位尺寸和定形尺寸相重合，如尺寸9和8。

（3）总体尺寸

确定组合体外形总长、总宽、总高的尺寸称总体尺寸。图2-42(c)所示尺寸54和30是总长、总宽尺寸（与底板定形尺寸重合），尺寸38为总高尺寸。当标上总体尺寸后，往往可省略某个定形尺寸，如注总高38尺寸，应省略竖板高度尺寸30。

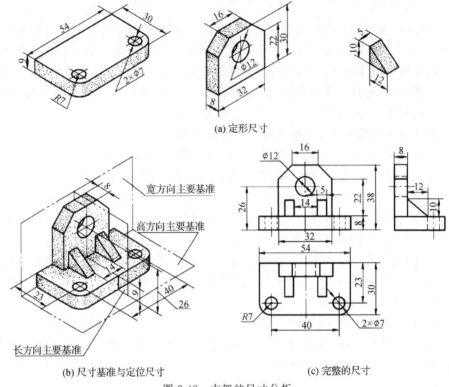

(a) 定形尺寸

(b) 尺寸基准与定位尺寸　　　　　　　　(c) 完整的尺寸

图 2-42　支架的尺寸分析

对于具有圆弧面和圆孔的结构，为了明确圆弧和圆孔的中心位置，通常总尺寸只注到圆弧和圆孔的中心线，而不直接注出总体尺寸，见图 2-43。

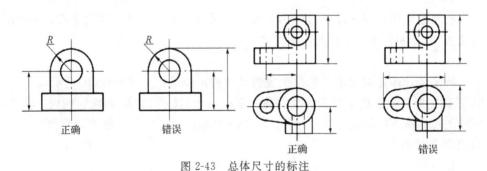

图 2-43　总体尺寸的标注

2. 尺寸基准

标注组合体尺寸时，应先选择尺寸基准。所谓尺寸基准，就是标注定位尺寸的起点。由于组合体具有长、宽、高三个方向尺寸，在每个方向都应有尺寸基准，以便从基准出发，确定各基本体的定位尺寸。选择尺寸基准必须体现组合体的结构特点，并使尺寸标注方便。一般选择组合体的对称面、底面、重要端面或轴线。每个方向常有主要基准和辅助基准，辅助基准和主要基准应有尺寸联系，见图 2-42(b)、

表 2-4 尺寸基准示例。

表 2-4　尺寸基准示例

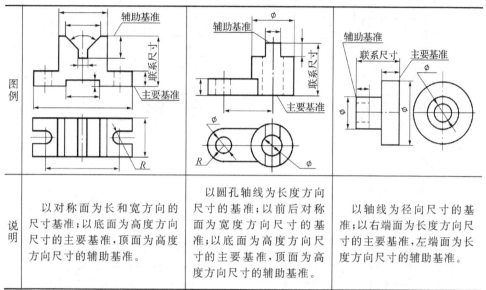

图例	
说明	以对称面为长和宽方向的尺寸基准；以底面为高度方向尺寸的主要基准，顶面为高度方向尺寸的辅助基准。　以圆孔轴线为长度方向尺寸的基准；以前后对称面为宽度方向尺寸的基准；以底面为高度方向尺寸的主要基准，顶面为高度方向尺寸的辅助基准。　以轴线为径向尺寸的基准；以右端面为长度方向尺寸的主要基准，左端面为长度方向尺寸的辅助基准。

3.尺寸标注的基本要求

（1）正确性　尺寸数值应正确无误，尺寸注法符合国家标准。

（2）完整性　标注的尺寸要完整，不允许遗漏，一般也不得重复。

（3）清晰性　尺寸布置整齐清晰，便于读图。

①为使图形清晰，应尽量把尺寸标注在视图之外，相邻视图的相关尺寸最好注在两个视图之间，见图 2-44。

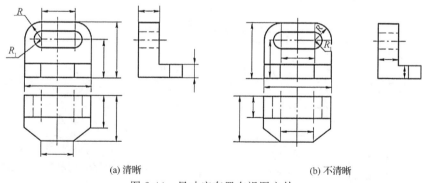

(a) 清晰　　　　　　　　　　(b) 不清晰

图 2-44　尺寸应布置在视图之外

②定形尺寸和定位尺寸要集中，并应注在反映形状特征和形体间位置较为明显的视图上，见图 2-45。

③圆柱及圆锥的直径尺寸，一般标注在非圆视图上。圆弧半径尺寸则应标注

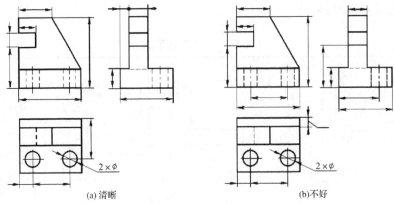

(a) 清晰   (b)不好

图 2-45　定形尺寸与定位尺寸应集中标注

在圆弧视图上,见图 2-46。

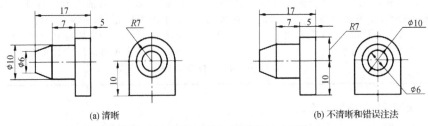

(a) 清晰   (b) 不清晰和错误注法

图 2-46　圆柱、圆锥、圆弧的尺寸注法

4.组合体尺寸标注的方法和步骤

标注组合体尺寸的基本方法是形体分析法,把组合体分解为若干基本部分,然后逐个注出每个部分的定形尺寸和定位尺寸,并标出总体尺寸。再运用形体分析法核对尺寸的正确性,调整布局。表 2-5 为轴承座的尺寸标注示例。

表 2-5　轴承座尺寸标注示例

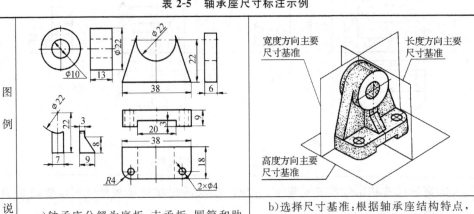

图例	
说明	a)轴承座分解为底板、支承板、圆筒和肋板四个部分,标注出这四部分的定形尺寸。	b)选择尺寸基准:根据轴承座结构特点,长度方向以左右对称面为基准,高度方向以底面为基准,宽度方向以背面为基准。

（续表）

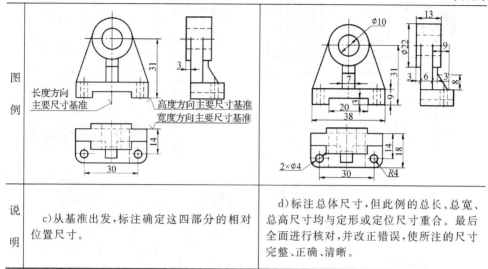

图例	长度方向主要尺寸基准　　高度方向主要尺寸基准　宽度方向主要尺寸基准	

说明	c)从基准出发,标注确定这四部分的相对位置尺寸。	d)标注总体尺寸,但此例的总长、总宽、总高尺寸均与定形或定位尺寸重合。最后全面进行核对,并改正错误,使所注的尺寸完整、正确、清晰。

四、识读组合体视图

画图是运用投影原理,将空间物体绘制成二维平面图形的过程;而看图则是根据二维平面图形,想象物体空间形状的过程,即看图是画图的逆过程。

1. 读图方法

形体分析法是读图的基本方法。形体分析法着眼点是体,它把视图中线框与线框的对应关系想象为体。通过逐个线框对投影,逐个地想象出其所示基本体形状,并确定其相对位置、组合形式和表面连接关系,从而想象整体形状。

当视图表达的形体较不规则或轮廓线投影相重合,应用形体分析法读图难予奏效时,则采用线、面分析法。线、面分析法着眼点是体上的面,把相邻视图中的线框与线框、线框与线段对应关系想象为面。通过逐个线框、线段对投影,逐个想象立体各表面形状、相对位置,并借助立体概念,想象出立体形状。

【例 2-11】 已知图 2-47(a)所示三视图,应用形体分析法想象立体形状。

①对投影分离线框　通过三视图对投影关系,把视图中的线框分离为三部分,即 1′、2′、3′和 1、2、3 及 1″、2″、3″,见图 2-47(a)。

②逐个线框想形体　线框 1、1′、1″相对应,以特征形线框 1 为主,配合线框 1″,想象底板Ⅰ,见图 2-47(b)。

线框 2、2′、2″对应,以特征形线框 2 为主,配合线框 2′,想象圆筒Ⅱ,见图 2-47(c)。

线框 3、3′、3″对应,以特征形线框 3′为主,配合线框 3 所示厚度,想象耳板Ⅲ,见图 2-47(d)。

③综合想象整体形状　以主、俯视图三个线框相互关系及表示方位,综合想象由三部分组成的整体形状,见图 2-47(e)。

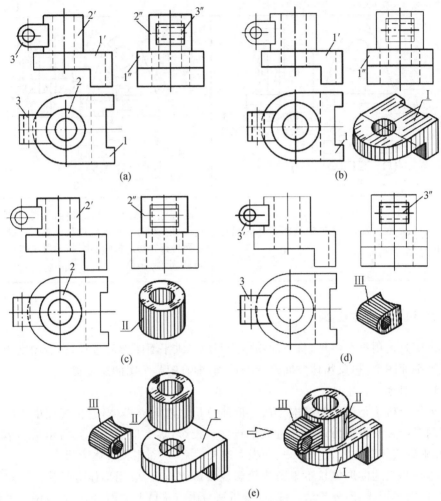

图 2-47　已知三视图,应用形体分析法想象立体形状

【例 2-12】　已知图 2-48(a)所示三视图,应用线面分析法想象立体形状。

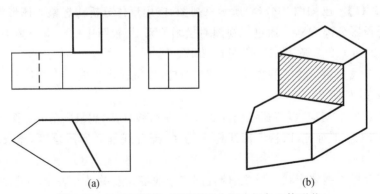

图 4-48　已知三视图,应用线面分析法想象立体形状

①看视图,分析基本形体 从图 2-48(a)来看,刀块是由一长方体切割而成的。

②分析面、线的空间位置 在视图中用粗线框所表示的平面为铅垂面,其投影特性是"一线两面",即在俯视图中积聚成一条直线,在主、左视图上都为类似性矩形。同理,形成刀尖的两个侧面也是铅垂面。

③综合想象整体形状 用铅垂面三次切割长方体,可综合想象出刀块的整体形状,如图 2-48(b)所示。

2.补画视图中漏线、补画第三视图

补画漏线和补画视图是培养和检验读图能力的一种有效方法。

【例 2-13】 补画图 2-49(a)所示三视图的漏线。

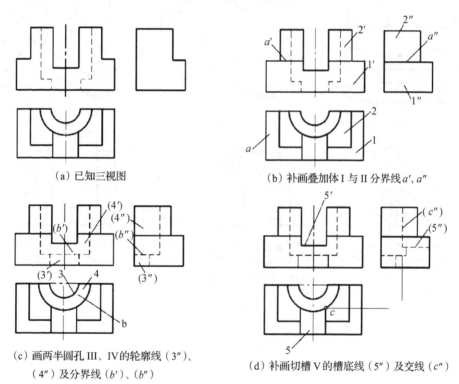

(a) 已知三视图

(b) 补画叠加体Ⅰ与Ⅱ分界线 a'、a''

(c) 画两半圆孔Ⅲ、Ⅳ的轮廓线($3''$)、($4''$)及分界线(b')、(b'')

(d) 补画切槽Ⅴ的槽底线($5''$)及交线(c'')

图 2-49 补视图的漏线

先读懂三视图,想出立体形状,然后应用线、面投影特性,补画视图的漏线。

通过对图 2-49(a)投影关系分析,想象线框 1、2 表示形体Ⅰ与Ⅱ为叠加体,线框 a 表示分界面 A 为水平面,主、左视图漏画线 a'、a'',见图 2-49(b)所示。

半圆线 3、4 对应线框($3'$)、($4'$),想象为上、下两个半圆孔,左视图漏画两个半圆孔的投影($3''$)、($4''$)及两孔分界面的投影线(b')、(b''),如图 2-49(c)所示。

线框 5 对应线 5′,想象为切槽 V,左视图漏画槽底线(5″)及交线(c″),如图 2-49 (d)所示。

【例 2-14】 已知图 2-50(a)主、俯视图,想象立体形状,画轴测草图,求作左视图。

通过主、俯视图对投影,分离线框 1、2、3 和 1′、2′、3′及其各自对应关系,想象出形体Ⅰ、Ⅱ、Ⅲ及整体形状。立体形状及正等轴测草图的作图步骤见图 2-50(b)～图 2-50(d)所示。求作左视图见图 2-50(e)、图 2-50(f)所示。

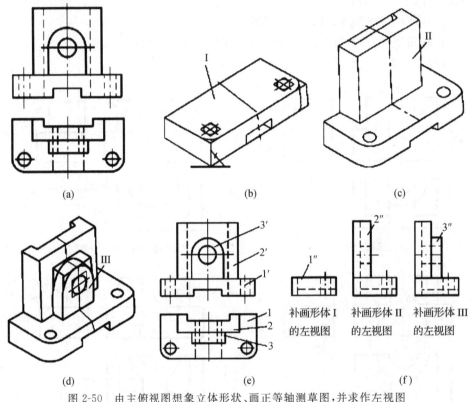

图 2-50 由主俯视图想象立体形状、画正等轴测草图,并求作左视图

项目训练

1.读下列三视图,找出对应的立体。

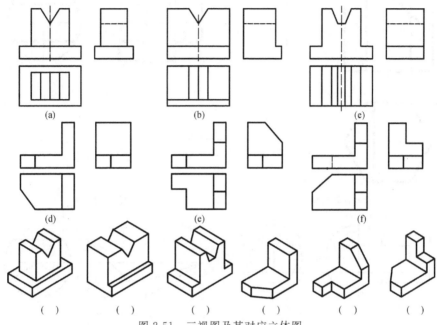

(a) (b) (c)

(d) (e) (f)

( ) ( ) ( ) ( ) ( )

图 2-51 三视图及其对应立体图

2.应用 AutoCAD 绘制组合体三视图并标注尺寸(图 2-52)。

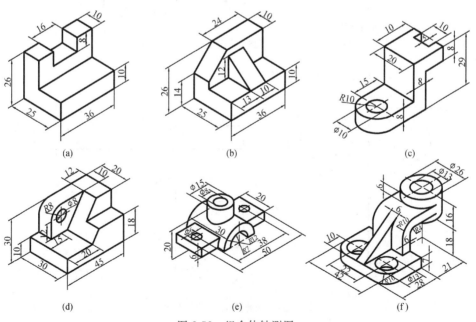

(a) (b) (c)

(d) (e) (f)

图 2-52 组合体轴测图

3.绘制图 2-53 所示截切体的投影图。

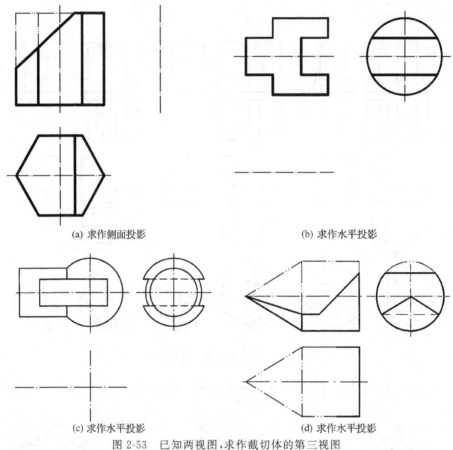

(a) 求作侧面投影　　　　　　　　　(b) 求作水平投影

(c) 求作水平投影　　　　　　　　　(d) 求作水平投影

图 2-53　已知两视图,求作截切体的第三视图

4.求作图 2-54 所示回转体的相贯线。

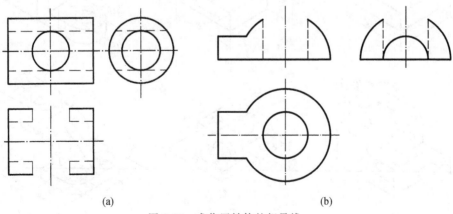

(a)　　　　　　　　　　　　　　(b)

图 2-54　求作回转体的相贯线

5.审核视图,补画第三视图。

①已知主视图和俯视图,补画左视图。

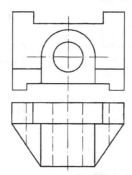

图 2-55 由已知两视图补画第三视图(一)

②已知主视图和俯视图,补画左视图。

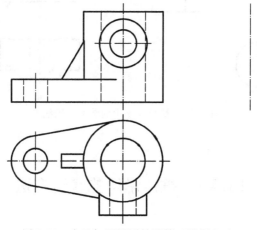

图 2-56 由已知两视图补画第三视图(二)

③已知主视图和左视图,补画俯视图。

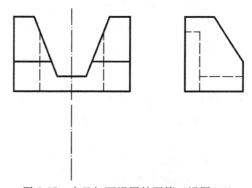

图 2-57 由已知两视图补画第三视图(三)

6.审核视图,补画视图中漏线。

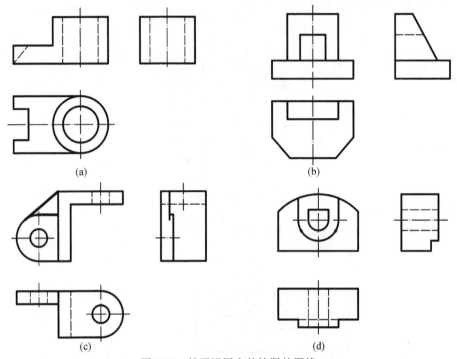

图 2-58　补画视图中的缺漏的图线

项目 2　机件常用的表达方法

项目描述

　　由于使用要求不同,机件的结构形状是多种多样的。为了准确、完整、清晰地表达机件内外结构形状,方便识图和画图,国家标准《技术制图》和《机械制图》规定了机件的多种表达方法,包括视图、剖视图、断面图、局部放大图和简化画法等。

项目驱动

　　1.通过本项目的学习和训练,使学生了解机件常用的表达方法,熟悉视图、剖视图、断面图、局部放大图等画法,能够综合应用机件表达方法进行识图和绘图。

　　2.能力目标

　　(1)了解　机件常用的表达方法。

　　(2)掌握　视图、剖视图、断面图和局部放大图的画法。

　　(3)会做　综合应用机件表达方法识图和绘图。

任务1　识读与绘制视图

任务描述

用正投影法所绘制出物体的多面正投影图,称为视图。对于形状比较复杂的机件,如果仍用前面叙述的三视图尚不能完整、清楚地表达它们的外部形状时,则可根据国家标准《技术制图　图样画法　视图》(GB/T17451—1998)的规定,用基本视图、向视图、局部视图和斜视图等多种方法来表达。

一、基本视图

机件向基本投影面投射所得的视图,称为基本视图。

当机件的外部形状较复杂时,可根据国标规定,在原有三个投影面的基础上,再增设三个投影面构成一个正六面体,这六个投影面称为基本投影面。将机件置于六面体中,分别向六个基本投影面投射,得到六个基本视图,如图2-59所示。除了主视图、俯视图和左视图外,在增设的三个投影面上得到的视图分别称为:从右向左投射所得视图——右视图;从下向上投射所得视图——仰视图;从后向前投射所得视图——后视图。

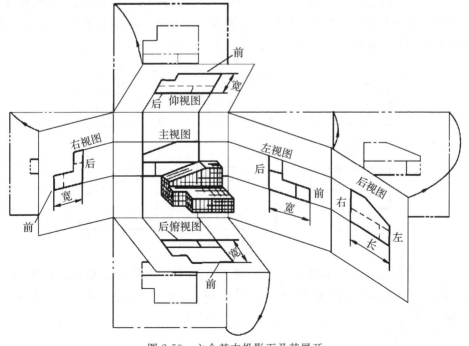

图2-59　六个基本投影面及其展开

六个基本视图在同一张图纸内按图 2-60 配置时,一律不注视图名称。六个基本视图的投影度量关系,仍然保持"三等"投影关系。

在实际画图中,一般并不需要将机件的六个基本视图全部画出,而是根据机件形状特点和复杂程度,选择适当的基本视图。优先采用主、俯、左视图。

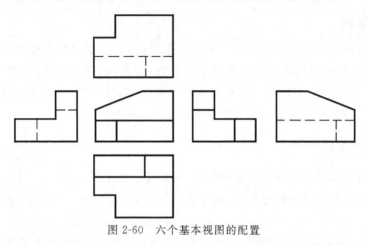

图 2-60 六个基本视图的配置

二、向视图

向视图是指可以自由配置的基本视图。

在实际绘图过程中,有时难以将六个基本视图按图 2-60 所示的形式配置,此时可采用向视图的形式配置。如图 2-61 所示,机件的右视图、仰视图和后视图没有按投影关系配置而成为向视图。

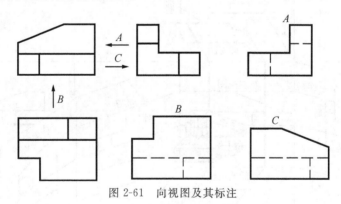

图 2-61 向视图及其标注

向视图必须标注。通常在向视图的上方用大写的拉丁字母标注视图的名称,在相应视图附近用箭头指明投射方向,并标注相同的字母,如图 2-61 所示。

三、局部视图

将机件的某一部分向基本投影面投射所得的视图,称为局部视图。

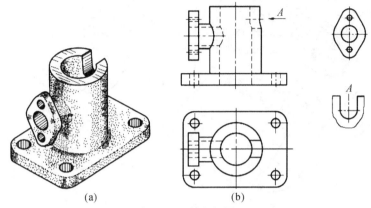

图 2-62　局部视图

图 2-62(b)所示机座的主、俯视图,已把主体结构表示清楚,但左边凸缘和右边槽形的特征形状尚未表示,假若再画左、右视图时,则主体形状重复表示。这时,可以采用只画凸缘和槽形这两部分的局部视图。这样画法可使图形的表达重点更为突出,也便于读图、简化作图。

局部视图通常按基本视图的配置形式配置(按投影关系配置),中间又没有其他视图隔开时,可省略标注,如图 2-62(b)中表示左边凸缘的局部视图。为了合理利用图纸,可将局部视图配置在图纸合适位置,并按向视图规定标注,如图 2-62(b)中"A"局部视图。

局部视图的断裂边界用波浪线(或双折线)表示,如图 2-62(b)的"A"局部视图。当所表示局部结构完整的,其图形的外部轮廓线自成封闭时,可省略波浪线,如左边凸缘的局部视图。

四、斜视图

机件向不平行于基本投影面的平面投射所得的视图,称为斜视图。

如图 2-63(a)所示夹板其倾斜部分在基本视图上不能反映其实形,给绘图和标注尺寸带来困难。为此,将机件的倾斜部分向辅助投影面(与机件上倾斜部分平行,且垂直于一个基本投影面的平面)上投射,便可得到反映该部分实形的视图,即斜视图。

图 2-63(b)所示为该夹板的一组视图。在主视图的基础上,采用斜视图清楚地表达出了其倾斜部分的实形,同时用局部视图代替俯视图和左视图,避免了倾斜结构在视图上的复杂投影。

斜视图断裂边界的画法与局部视图相同。斜视图通常按投影关系配置,如图

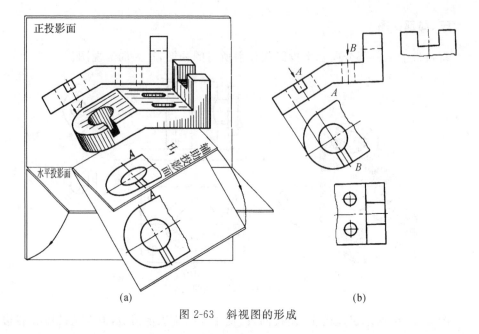

(a)   (b)

图 2-63　斜视图的形成

2-63(b)、图 2-64(a)所示。当配置有困难时,也可配置在适当的位置,但都应按向视图的形式标注。在不引起误解时,允许将斜视图旋转配置,标注视图名称的大写拉丁字母应靠近旋转符号的箭头端,如图 2-64(b)所示。

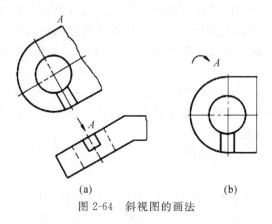

(a)   (b)

图 2-64　斜视图的画法

任务 2　识读与绘制剖视图、断面图和局部放大图

任务描述

机件内部形状比较复杂,视图中出现较多虚线,给读图、绘图及标注尺寸带

来不便。为了清晰表示机件内部形状,国家标准《图样画法》中规定了包括剖视图、断面图、局部放大图、简化画法和其他规定画法,以满足各种机件的图示要求。

一、剖视图

1. 剖视图的基本概念

假想用剖切面剖开机件,将处在观察者和剖切面之间的部分移去,而将其余部分向投影面投射所得的图形,称为剖视图,简称剖视,如图 2-65(b)、图 2-65(c)所示。由于剖切的结果,使机件内部原来不可见的形状变为可见,虚线变成了实线。

2. 剖视图的画法

(1)确定剖切面的位置　剖切面尽可能通过机件内腔、孔和槽的对称面或轴线,且要平行于投影面,使其剖切后内腔、孔、槽投影反映实形。避免剖切出现不完整结构要素。

(2)画剖视图　剖视是假想的作图过程,机件并非真实被剖开和移走一部分。因此,除剖视图外,其他视图仍按完整机件画出,如图 2-65(c)的俯视图。

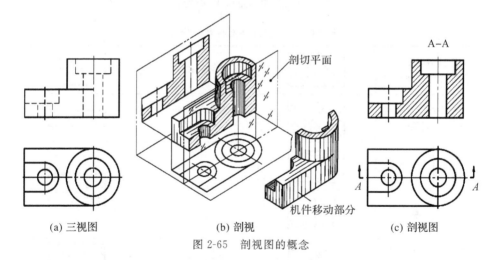

(a) 三视图　　　　(b) 剖视　　　　(c) 剖视图

图 2-65　剖视图的概念

剖切面后可见轮廓线,应全部画出,不能出现漏线和多线,见图 2-66 所示。

剖视图中一般不画虚线,对尚未表示清楚看不见的结构,或在保证图面清晰下,用少量的虚线可减少视图的数量时,可画虚线。

(3)画剖面符号　为了区分机件的空与实、远与近的结构,通常在剖切面与机件接触部分(剖面区域)画上剖面符号,以增强剖视图的表示效果。国标规定不同材料用不同特定的剖面符号,见表 2-6。

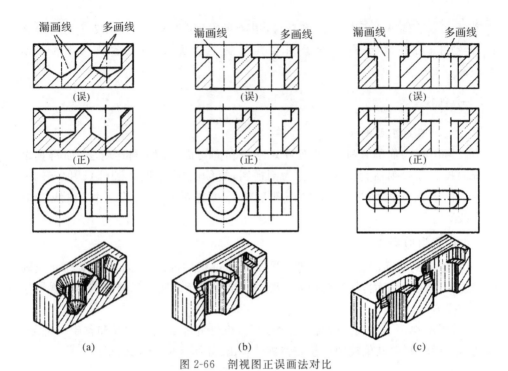

图 2-66 剖视图正误画法对比

表 2-6 材料特定剖面符号的分类

金属材料（已有规定剖面符号者除外）		液体	
非金属材料（已有规定剖面符号者除外）		木质胶合板（不分层数）	
木材	纵剖面	混凝土	
	横剖面		
玻璃及供观察用的其他透明材料		钢筋混凝土	
线圈绕组元件		砖	
转子、电枢、变压器和电抗器等的迭钢片		基础周围的泥土	
型砂、填砂、粉末冶金、砂轮、陶瓷刀片、硬质合金刀片等		格网（筛网、过滤网等）	

不需要表示材料类别的剖面符号及表示金属材料的剖面符号,可采用通用剖面线表示。通用剖面线以间隔相等的细实线绘制,最好与图形主要轮廓线或剖面区域的对称线成 45°角,见图 2-65(c)。

当图形主要轮廓线或对称线与水平线成 45°时,该图形的剖面线应画成与水平线成 30°或 60°的平行细线,其倾斜方向仍与其他图形的剖面线方向一致,见图 2-67 的主视图。

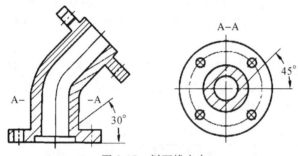

图 2-67 剖面线方向

(4)剖视图的配置和标注 剖视图一般按基本视图形式配置。必要时,按向视图形式配置在适当的位置。

剖视图的标注一般应含三个要素:在剖视图上方用字母标注剖视图的名称"×—×";在相应视图上用剖切符号粗短线表示剖切位置,并标注相同字母;在粗短线起、迄处垂直画上箭头表示投射方向,如图 2-65(c)所示。

当剖视图按投影关系配置,中间又没有其他图形隔开时,可省略箭头,见图 2-67。当单一剖切平面通过机件的对称平面或基本对称平面且剖视图按投影关系配置,中间又没有其他图形隔开,可省略标注,见图 2-68。

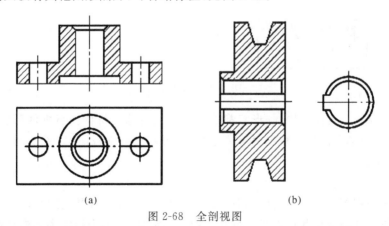

(a)　　　　　　　　　　　(b)

图 2-68 全剖视图

3.剖视图的种类

按机件被剖切范围划分,剖视图可分为全剖视图、半剖视图和局部视图三种。

（1）全剖视图

用剖切面完全剖开机件所得的剖视图，称为全剖视图，如图 2-65(c)、图 2-67、图 2-68 所示。

全剖视图主要用于表达外形简单、内形复杂的不对称形机件。对于外形简单的对称机件（尤其是回转体），也常采用全剖视图。

（2）半剖视图

当机件具有垂直于投影面的对称平面时，在该投影面上投射所得的图形，可以对称中心线为界，一半画成剖视图，另一半画成视图，这种组合图形称为半剖视图。

如图 2-69 所示的机件，半剖的主视图以左、右对称中心线为界，把视图和剖视图各取一半组合而成，这样就在同一视图上清楚地表达出机件的内外结构形状。俯视图、左视图也是半剖视图。

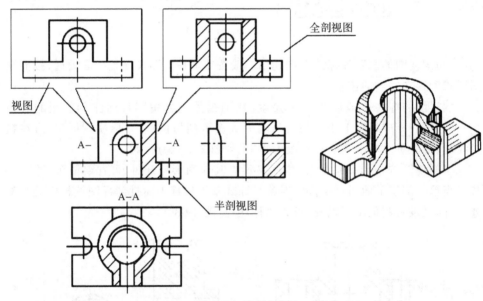

图 2-69　半剖视图

半剖视图主要用于内、外形状都需要表示的对称形机件。当机件形状接近对称，且不对称部分已另有视图表示清楚时，也可画成半剖视图，见图 2-70(a)、图 2-70(b) 所示。

画半剖视图应注意：

①半个视图和半个剖视图的分界线为点画线，不能画成其他图线。

②机件的内部形状已在半个剖视图中表示清楚时，半个视图中不应再画虚线，但对孔、槽应画出中心线的位置，见图 2-70(a)、图 2-70(b) 所示。

③半剖视图的标注方法与全剖视图相同。

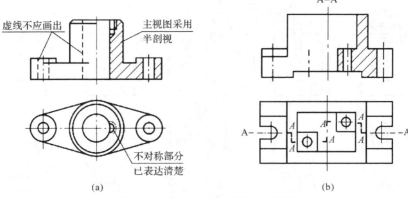

图 2-70 接近对称机件的半剖视图

（3）局部剖视图

用剖切面局部地剖开机件所得的剖视图，称局部剖视图，如图 2-71 所示。

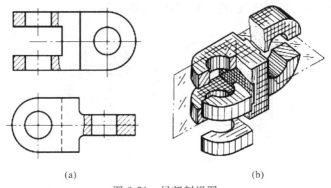

图 2-71 局部剖视图

局部剖视图不受机件是否对称的限制，可根据机件结构、形状特点，灵活选择剖切位置和范围，所以它应用广泛，常用于下列几种情况：

①不对称形机件，既需要表示外形又需要表示内形时。

②机件上仅需要表示局部内形，但不必或不宜采用全剖视时。

③对称形机件的内形或外形的轮廓线正好与图形对称中心线重合，不宜采用半剖视时。

画局部剖视图需注意：

①局部剖视图的剖视和视图用波浪线分界。波浪线不能与视图上其他图线重合，如图 2-72；波浪线不能画到实体范围之外，如图 2-73 所示。

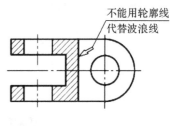

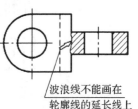

图 2-72 波浪线的错误画法

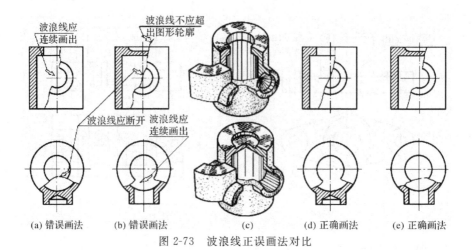

图 2-73　波浪线正误画法对比

②剖切位置明显的局部剖视图,一般省略剖视图的标注,见图 2-71 和图 2-73 (d)、(e)。若剖切位置不明确,应进行标注,见图 2-74。

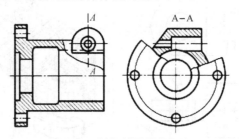

图 2-74　局部剖视图的标注

③如有需要,允许在剖视图中再作一次局部剖。采用这种画法,两个剖面区域的剖面线同方向、同间隔,但要互相错开,见图 2-75。

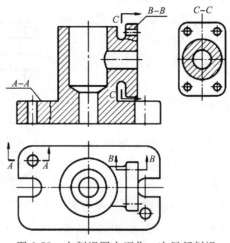

图 2-75　在剖视图中再作一次局部剖视

4. 剖切面

由于机件内部结构复杂多变,为了适应这种需要,常选用不同数量、位置、范围及形状的剖切面剖切机件,以使机件的内形表达更清晰。

无论采用哪种剖切面都可以得到全剖视图、半剖视图和局部剖视图。绘图时,应根据机件的结构特点恰当地选用剖切面。常用的剖切面种类和剖切方法如下。

(1)单一剖切面

单一剖切面通常指平面或柱面。它是最常用的剖切形式。

图 2-76 是用单一柱面剖切机件所得的全剖视图。

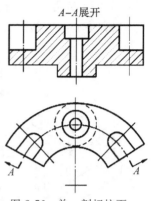

图 2-76　单一剖切柱面

采用柱面剖切机件时,剖视图应展开绘制,并在图中加注"展开"二字。

图 2-77(a)是用不平行于任何基本投影面的单一剖切平面完全地剖开机件所得的剖视图,它用来表达机件倾斜部分的结构形状。画这种剖视图一般按投影关系配置,必要时允许将图形旋转配置,但必须标注旋转符号,见图 2-77(b)、图 2-77(d)所示。

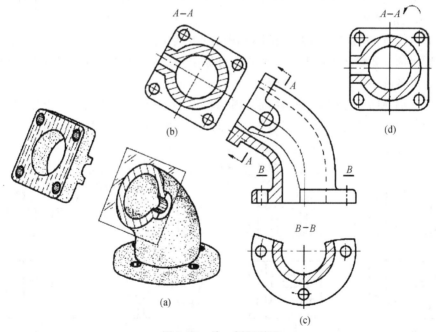

图 2-77　单一剖切平面

(2)几个平行的剖切平面

当机件上有若干不在同一平面上而又需要表达的内部结构时,可采用几个平行的剖切平面剖开机件。

图 2-78 是用三个互相平行的剖切平面剖开机件所得的剖视图。它用来表达机件对称中心线上的孔、槽及空腔分布在几个互相平面上的内形。

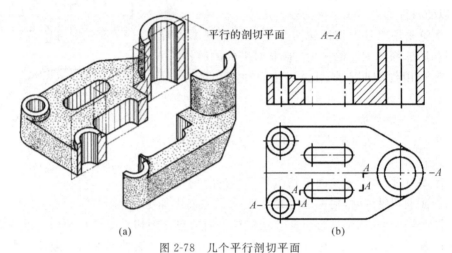

图 2-78　几个平行剖切平面

采用几个平行的剖切平面画剖视图时需注意：

①由于剖切机件是假想的,在剖视图上剖切平面转折处不应画线。如图 2-79(b)所示是错误画法。

②选择剖切位置时,应注意在剖视图中不要出现不完整要素,如图 2-79(d)所示。

③当两个要素在图形上具有公共的对称中心线或轴线时,可以对称中心线或轴线为界各画一半,如图 2-80 所示。

④在剖视图上方用字母标注剖视图的名称"×—×",在相应视图上用剖切符号表示剖切平面的起、迄和转折及投射方向,并注上相同字母,见图 2-78(b)。注意粗短线不与轮廓线重合,见图 2-79(c)。

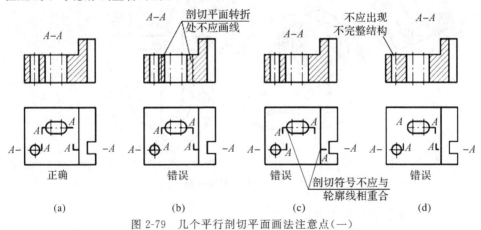

图 2-79　几个平行剖切平面画法注意点(一)

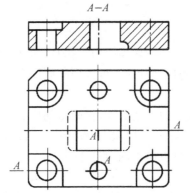

图 2-80　几个平行剖切平面画法注意点(二)

(3)几个相交剖切面

当机件上的孔、槽等结构不在同一平面上,但却沿机件的某一回转轴线分布时,可采用几个相交于回转轴线的剖切面(平面或曲面)剖开机件,以表达这些结构的形状。

图 2-81 是用两个相交的剖切平面(其交线垂直于 W 面)将机件剖开所得的剖视图。

几个相交的剖切面常用来表达具有明显回转轴线、分布在几个相交平面上的内形,如盘、轮、盖呈辐射状分布的孔、槽、轮辐等结构。

采用几个相交剖切面画剖视图时需注意:

①先假想按剖切位置剖开机件,然后将被剖切面剖开的结构及有关部分旋转到与选定的投影面平行后再进行投影,如图 2-81(b)所示。

②在剖切面后的其他结构,一般仍按原来的位置投射。

③在剖视图上方用字母标注剖视图名称"×—×",在相应视图上用粗短线标明剖切面的起、迄和相交及投射方向,并标注相同字母。当相交处地方很小时,可省略字母。注意粗短线端部与其垂直的箭头表示剖切面绕交线旋转后的投射方向(箭头不能误标)。

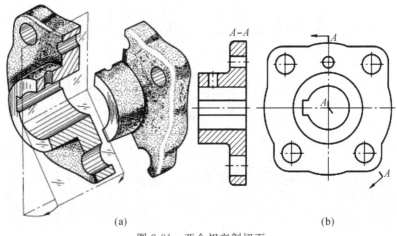

(a)　　　　　　　　　　　　　　　　(b)

图 2-81　两个相交剖切面

二、断面图

当图样上只需表达机件某些局部结构形状时,如轴上的键槽、销孔,机件的肋、轮辐结构,以及型材、杆件的断面形状,可采用断面图表示。

1.断面图的概念

假想用剖切平面将机件的某处切断,仅画出剖切面与机件接触部分的图形,称为断面图。从图 2-82 可以看出,轴上键槽和销孔的结构形状,用断面图表达,其图形显得更为清晰、简洁,同时也便于标注尺寸。

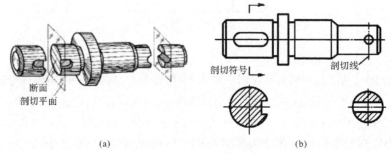

图 2-82 断面图的概念

2.断面图的种类

(1)移出断面图

画在视图之外的断面图形,称移出断面图。其轮廓线用粗实线绘制,见图 2-82(b)。

移出断面图应尽量配置在剖切符号或剖切线的延长线上,如图 2-82(b)和图 2-83(b)、图 2-83(c)所示。必要时,可配置在其他适当位置,如图 2-83(a)、图 2-83(d)所示 A—A、B—B 断面图。当断面图形对称时,移出断面图可配置在视图中断处,如图 2-84 所示。

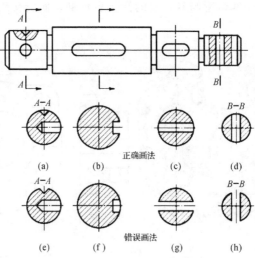

图 2-83 移出断面图正误画法对比

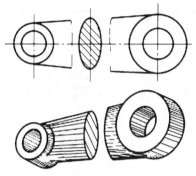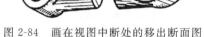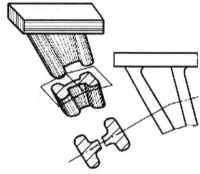

图 2-84 画在视图中断处的移出断面图　　图 2-85 两相交平面剖切的断面图

画移出断面图时需注意：

①剖切平面通过回转面形成的孔或凹坑的轴线时，这些结构也按剖视图绘制，见图 2-83(a)、(d)所示。

②剖切平面通过非圆孔，会导致出现完全分离的两个断面，这些结构也按剖视图画，见图 2-83(c)所示。

③剖切平面应垂直于机件主要轮廓线，由两个或多个相交剖切平面所得到移出断面图，中间一般应断开，如图 2-85 所示。

移出断面图名称及剖切位置的标注（见表 2-7）。移出断面图一般用剖切符号表示剖切位置，用箭头表示投射方向，并注上字母，在断面图上方用同样字母标出相应的名称"×—×"，如图 2-83(a)、(d)所示 A—A、B—B。

表 2-7　移出断面图的标注举例

断面图配置位置	断面形状及标注	
	不对称的移出断面图	对称的移出断面图
不画在剖切符号或剖切线的延长线上	*A—A* 图	*A—A* 图
	标注剖切符号、箭头、字母	省略箭头
投影关系配置	*A—A* 图	*A—A* 图
	省略箭头	省略箭头

（续表）

断面图配置位置	断面形状及标注	
	不对称的移出断面图	对称的移出断面图
画在剖切符号或剖切线的延长线上	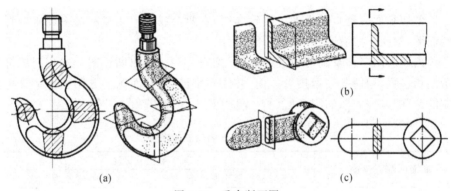	
	省略字母	用剖切线（细点画线）表示剖切位置，省略箭头、字母

（2）重合断面图

画在视图内的断面图，称为重合断面图。重合断面图的轮廓线用细实线绘制，见图 2-86。

图 2-86　重合断面图

当视图轮廓线和重合断面图轮廓线重叠时，视图的轮廓线仍按连续画出，不可中断，见图 2-86（b）。

不对称重合断面应标注剖切符号和箭头，见图 2-86（b）。对称重合断面图，省略标注，见图 2-86（a）、图 2-86（c）。

三、其他表示方法

为了使图形清晰及简化绘图，国家标准规定局部放大图和简化表示法，以供绘图时选用。

1.局部放大图

将机件的部分结构，用大于原图形所采用的比例画出的图形，称为局部放大图。

局部放大图可根据需要画成视图、剖视或断面，与被放大部位的表示方式无关，如图 2-87 的Ⅰ、Ⅱ局部放大图。为看图方便,局部放大图尽可能配置在放大部位附近。

局部放大图的比例仍为图形与实物相应要素的线性尺寸之比,与原图形采用比例无关。

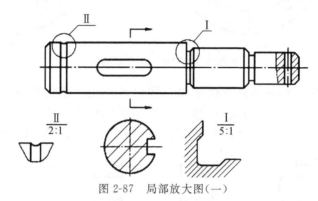

图 2-87　局部放大图(一)

局部放大图的标注方式:用细实线(圆或长圆)圈出被放大的部位。当同一机件有几个部位需要放大时,必须用罗马数字依次标明被放大部位,并在相应局部放大图上方标明相同罗马数字和所采用的比例,如图 2-87 所示。

必要时可用几个图形同时表达同一被放大部位的结构,如图 2-88 所示。从图中可以看出,当机件仅有一个部位被放大时,在局部放大图上只需注明所采用的比例。

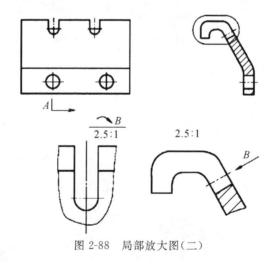

图 2-88　局部放大图(二)

2.简化画法(GB/16675.1—1996)

(1)规定画法

①在不致引起误解时,对于对称机件的视图可只画一半或四分之一,并在对称中心线的两端画出对称符号(两条与其垂直的平行细实线),如图 2-89 所示。

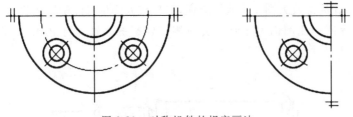

图 2-89　对称机件的规定画法

②对于机件的肋、轮辐及薄壁等,如按纵向剖切,这些结构都不画剖面符号,而用粗实线将它与其邻接部分分开,如图 2-90 所示肋板的左视图。但横向剖切,反映板状厚度的剖视图上,应画出剖面符号,如图 2-90 所示肋板的俯视图。

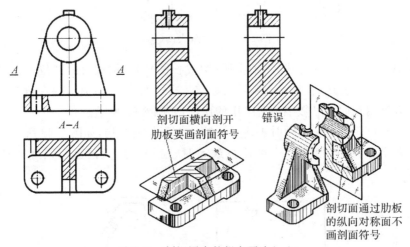

图 2-90　剖视图中的规定画法(一)

当机件回转体上均布的肋、轮辐、孔等结构不处于剖切平面上时,可假想将这些结构旋转到剖切平面上画出,如图 2-91 所示。

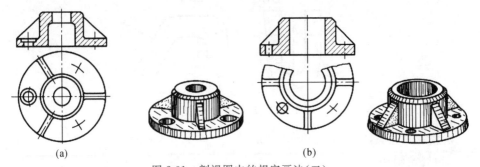

图 2-91　剖视图中的规定画法(二)

③当图形不能充分表示平面时,可用平面符号(相交的两条细实线)表示,如图 2-92(a)所示。如果其他视图已把平面表示清楚,则平面符号允许不画,如图 2-92

（b）所示。

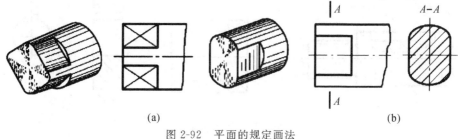

(a)　　　　　　　　　　　　　　　　　(b)

图 2-92　平面的规定画法

　　④较长机件（轴、杆、型材、连杆等）沿长度方向的形状一致或按一定规律变化时，可断开后缩短绘出，但尺寸仍按实长标注，如图 2-93 所示。

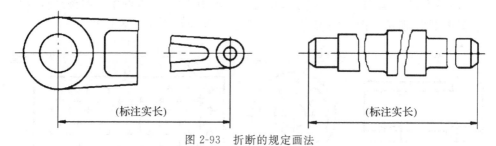

（标注实长）　　　　　　　　　　　　　（标注实长）

图 2-93　折断的规定画法

　　⑤与投影面倾斜角度小于或等于 30°的圆或圆弧，其投影可用圆或圆弧代替，如图 2-94 所示。

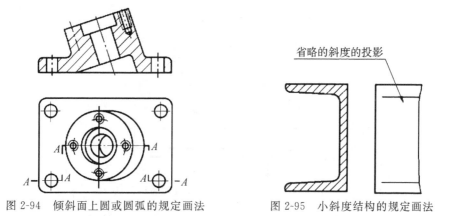

图 2-94　倾斜面上圆或圆弧的规定画法　　　图 2-95　小斜度结构的规定画法

　　⑥机件上斜度较小的结构，若已在一个图形表达清楚时，其他图形可按小端画出，如图 2-95 所示。

　　⑦机件上对称结构的局部视图，可按图 2-96 所示方法绘制。

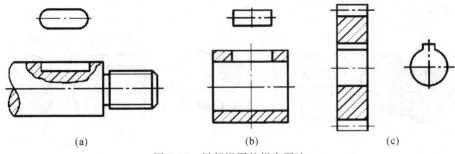

图 2-96 局部视图的规定画法

（2）省略画法

①当机件具有若干相同结构（齿、槽等），并按一定规律分布时，只需画出几个完整的结构，其余用细实线连接或画中心线表示中心位置，在图中注明该结构的总数，如图 2-97 所示。图 2-98 所示为圆柱形法兰盘均布孔的省略画法。

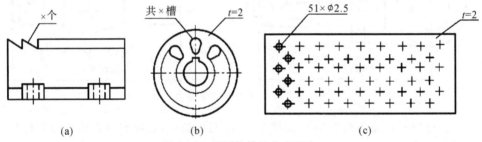

图 2-97　相同结构的省略画法

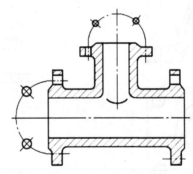

图 2-98　圆柱形法兰盘均布孔的省略画法

②机件上较小结构，若已在一图形表达清楚时，其他图形可省略画出，如图 2-99 所示。

③在不致引起误解时，零件图中的小圆角、锐边的小倒角或 45°小倒角允许省略不画，但必须注明尺寸或在技术要求中加以说明，如图 2-100 所示。

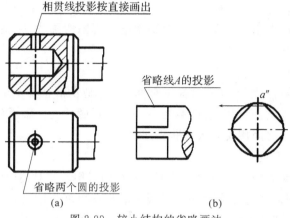

图 2-99 较小结构的省略画法

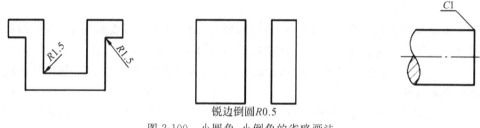

图 2-100 小圆角、小倒角的省略画法

(3)示意画法

网状物、纺织物或机件上的滚花部分,可在轮廓线附近用细实线示意画出,并在零件图上或技术要求中注明这些结构的具体要求,如图 2-101 所示。

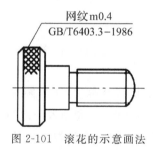

图 2-101 滚花的示意画法

四、机件表达方法的综合应用举例

当表达一个零件时,应根据零件的具体形状,恰当选用前面叙述介绍的机件常用的表达方法,力求所画的一组视图能准确、完整、清晰地表达出零件的形状。

1. 应用 AutoCAD 绘制机件视图

【例 2-15】 根据图 2-32(a)所给出轴承座的实物图,选择适当的表达方法绘出它的图样。

本例运用机件常用表达方法,结合轴承座三视图的画法,完整、清晰地表达出轴承座的结构形状。

(1)形体分析

轴承座左右对称,上下和前后都不对称。轴承座的底板是一块安装板,板底有一长方形的正垂通槽,底板左右两侧各有一个圆形螺栓孔。轴承座的上方是一个圆筒。圆筒与底板之间用支承板和肋板连接。

(2)拟定表达方案

主视图只需对底板上的螺栓孔局剖。左视图采用左右对称面纵向剖切的全剖视,将圆筒和底板以及与之连接的支承板和肋板得以展现清楚。俯视图采用横向剖切的全剖视,以清楚地显示出支承板和肋板的截面形状,同时又能完整地表达底板的形状。

(3)画底稿

根据视图表达方案,把图 2-41(f)所示轴承座的主视图画成局部剖视图,俯视图和左视图画成全剖视图,具体画法见图 2-102(b)所示。

①调用"样条曲线"命令,在底板螺栓孔处画出局剖范围的波浪线,剖切开来的螺栓孔画成粗实线。

②调用"修剪"命令,裁剪视图中的多余线段。剖切开来的圆筒内孔和底板正垂通槽画成粗实线。按纵向剖切的肋板用粗实线与邻接部分分开,特别注意肋板与圆筒之间的界线为圆柱轮廓线。

③在圆筒与底板之间某一位置处,对支承板和肋板进行横向剖切,标出剖切位置线和投射方向箭头。调用"删除"、"修剪"命令,去掉视图中的多余线段。剖切到的支承板和肋板画成粗实线。

(2)画剖面线

调用"图案填充"命令,绘制剖面区域内的剖面线。绘制工程图样中金属材料的剖面线应选用"ANSI31"。

单击"绘图工具栏"中的图标 ▦ ➢ 弹出"边界图案填充"对话框 ➢ 进入"图案填充"选项卡,用户可从中选用"填充图案"和输入合适的数值。

①在"图案"栏中,下拉列表点取样式名为"ANSI31"的填充图案。

②在"角度"栏中,输入填充图案的转角 0°或 90°。

③在"比例"栏中,输入合适的数值(视构成图案的线条密度而定)。

单击"拾取点"按钮 ➢ 进入屏幕,用十字光标在视图中的剖面区域内拾取一点,选中的区域其边界以虚线醒目显示,按"Enter"键 ➢ 返回"边界图案填充"对话框,单击"确定"。此时,在选中的剖面区域内,即可显示所要绘制的剖面符号,如图 2-102(c)所示。

(3)检查描深

完成底稿后,必须经过仔细检查。对于视图中已表达清楚的结构形状,其虚线可删除。最后再按规定线型描深,完成全图,如图 2-102(d)所示。

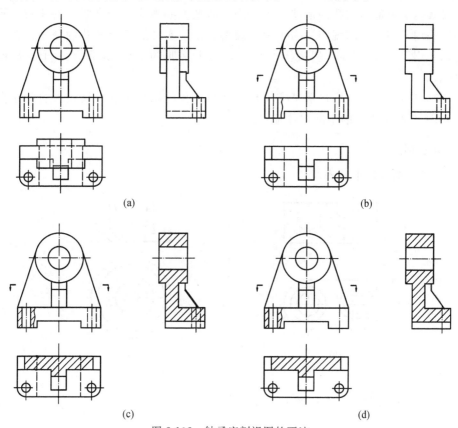

(a)   (b)

(c)   (d)

图 2-102 轴承座剖视图的画法

2.识读机件视图

【**例 2-16**】 识读图 2-103 所示机件的表达方法。

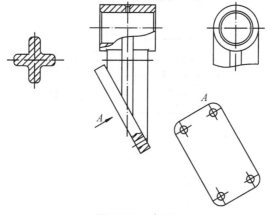

图 2-103 支座

为了表达机件的外部结构形状、上部圆柱上的轴孔和油孔以及下部斜板上的四个小通孔，主视图采用了局部剖视。它既表达了肋、圆柱和斜板的外部结构形状，又表达了内部结构孔的形状。为了表达清楚上部圆柱与十字肋板的相对位置关系，采用了一个局部视图。为了表达倾斜底板的实形及其上通孔的分布位置和数量，采用了一个"A 向"斜视图。为了表达十字肋的形状，采用了一个移出断面图。

综上所述，用四个图形清晰完整地表达出机件的结构形状。请读者自行想象出图 2-103 所示机件的空间立体形状。

项目训练

1.补画剖视图中的漏线。

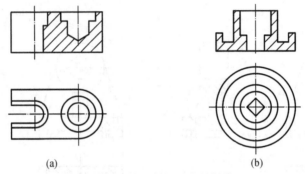

(a)   (b)

图 2-104 补画剖视图中的漏线

2.在主视图和俯视图中画局部剖视图。

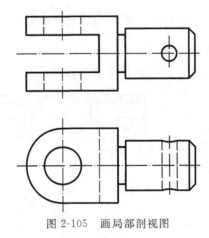

图 2-105 画局部剖视图

3.根据给定的视图,在指定位置上画主视图为半剖视图,并画出全剖视的左视图。

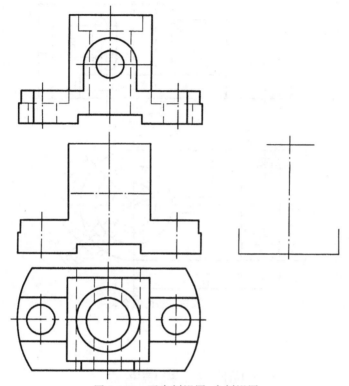

图 2-106 画半剖视图、全剖视图

4.在指定位置上画移出断面图(两键槽深度均为 4)。

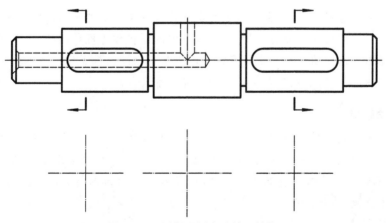

图 2-107 用断面图表达轴上结构

5.根据给出的视图,选择适当的表达方法画出它的图样,并标注尺寸。

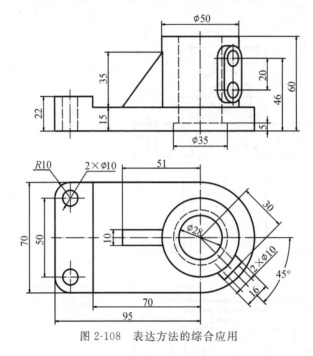

图 2-108　表达方法的综合应用

项目 3　机械图样

🔊 **项目描述**

任何一台机器或设备,都是由各种零件按照一定要求装配而成的。表示机器、设备以及它们的组成部分的形状、大小和结构的图样称为机械图样,主要包括零件图和装配图。这些图样用于指导零件的加工制造、检验,机器或设备的装配、检验、安装及使用和维修,它们都是生产中的重要技术文件。

项目驱动

1.通过本项目的学习和训练,使学生了解机械图样的作用和内容,能够按照国标规定的图样画法,表达零件结构形状及其连接、装配关系和技术要求,应用 AutoCAD 绘制零件图和装配图。同时,应具备一定的识图能力,能用"工程语言"进行技术交流、指导生产。

2.能力目标

(1)了解　机械图样的作用和内容。

（2）掌握 零件图和装配图的画法、尺寸标注和技术要求。

（3）会做 识读与绘制零件图和装配图。

任务 1 认知标准件、常用件的图示方法和内容

任务描述

在各种机器和设备中，除一般零件外，还会经常用到螺栓、螺母、垫圈、键、销、滚动轴承、齿轮、弹簧等标准件和常用件。由于这些零件用途广、用量大，为了便于批量生产和使用，对它们的结构型式和尺寸都已全部或部分实行了标准化。使用或绘图时，可在有关标准中查出相应的尺寸、结构和标记。

一、螺纹

螺纹是指在圆柱或圆锥表面上，沿着螺旋线所形成的具有相同剖面的连续凸起和沟槽。

螺纹是零件上常见的一种结构。螺纹分为外螺纹和内螺纹，成对使用。在圆柱或圆锥外表面上加工的螺纹称为外螺纹，如图 2-109 所示在车床上加工外螺纹。在圆柱或圆锥内表面上加工的螺纹称为内螺纹，如图 2-110 所示用丝锥加工内螺纹。

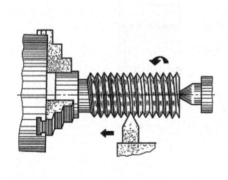

图 2-109 外螺纹加工

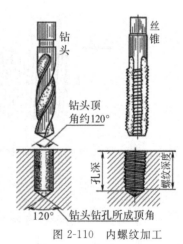

图 2-110 内螺纹加工

1. 螺纹的结构要素

（1）螺纹牙型

通过螺纹轴线剖切的断面轮廓形状称为螺纹牙型。螺纹牙型有三角形（60°、55°）、梯形、锯齿形等，如图 2-111 所示。

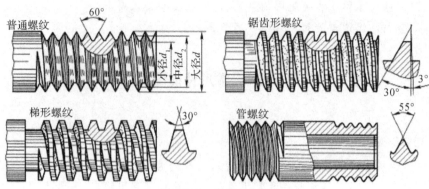

图 2-111 螺纹的牙型

（2）螺纹直径（图 2-112）

①大径　与外螺纹牙顶或内螺纹牙底相重合的假想圆柱或圆锥面的直径。内、外螺纹的大径分别用 D、d 表示。除管螺纹外，螺纹的大径即为公称直径。

②小径　与外螺纹牙底或内螺纹牙顶相重合的假想圆柱或圆锥面的直径。内、外螺纹的小径分别用 D_1、d_1 表示。

③中径　一个假想圆柱的直径，该圆柱母线（称为中径线）通过牙型上沟槽和凸起宽度相等的地方。内、外螺纹的中径分别用 D_2、d_2 表示。

其中，外螺纹的大径 d 和内螺纹的小径 D_1 亦称顶径。

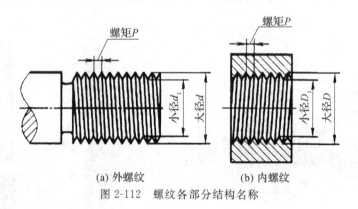

(a) 外螺纹　　　　　　　　　(b) 内螺纹

图 2-112　螺纹各部分结构名称

（3）线数（n）

沿一条螺旋线形成的螺纹称单线螺纹，沿两条或两条以上在轴向等距分布的螺旋线形成的螺纹称多线螺纹，线数用 n 表示，如图 2-113 所示。

（4）螺距（P）和导程（P_h）

相邻两牙在中径线上对应两点间的轴向距离称为螺距，用 P 表示；牙型上任一点绕轴线旋转一周，同一条螺旋线上相邻两牙在中径上对应两点间的轴向距离称为导程，用 P_h 表示，如图 2-113(a)、图 2-113(b)所示。

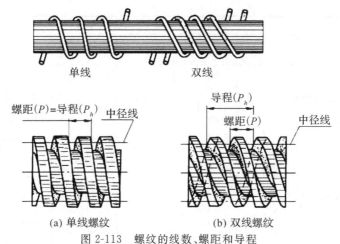

图 2-113　螺纹的线数、螺距和导程

多线螺纹导程＝螺距×线数，即 $P_h = P \times n$；单线螺纹导程与螺距相等，即 $P_h = P$。

（5）旋向

螺纹的旋向有左、右之分。顺时针旋转时旋入的螺纹，称为右旋螺纹；逆时针旋转时旋入的螺纹，称为左旋螺纹。生产实际中的螺纹大部分为右旋螺纹。

只有牙型、大径、螺距、线数和旋向等要素完全一致的内、外螺纹才能旋合在一起。

在螺纹的诸要素中，牙型、大径和螺距是决定螺纹结构规格的基本要素，称为螺纹三要素。凡是螺纹三要素符合国家标准的，称为标准螺纹（表 2-8 中所列的均为标准螺纹）；牙型不符合国家标准的，称为非标准螺纹。

表 2-8　常用标准螺纹的种类、标记和标注示例

螺纹类型	牙 型	螺纹代号				公差带代号		旋合长度代号	标注示例
		特征代号	公称直径	螺距[导程]	旋向	中径	顶径		
普通螺纹	粗牙 （60°）	M	24	3	右	5g	6g	S	M24-5g6g-S
	细牙		24	2	右	6H	6H	N	M24×2-6H

（续表）

螺纹类型	牙型	螺纹代号				公差带代号		旋合长度代号	标注示例
		特征代号	公称直径	螺距[导程]	旋向	中径	顶径		
梯形螺纹	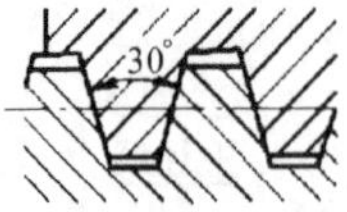	Tr	40	7[14]	左	7e	7e	N	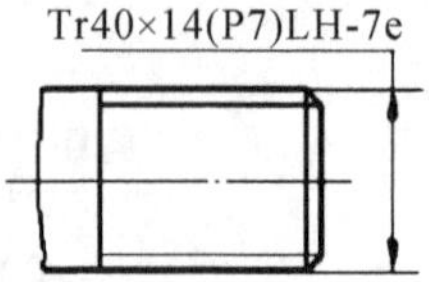 Tr40×14(P7)LH-7e
锯齿形螺纹	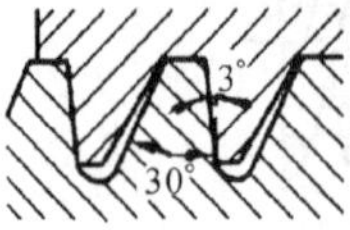	B	32	7	右	7c	7c	N	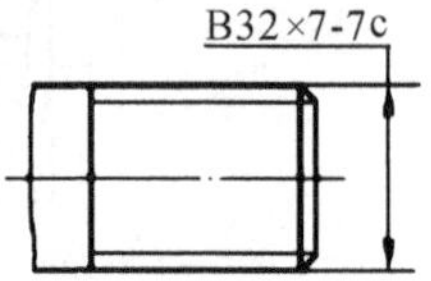 B32×7-7c
非螺纹密封管螺纹	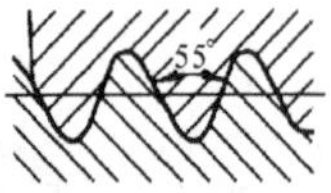	G	3/4	1.814	右	B			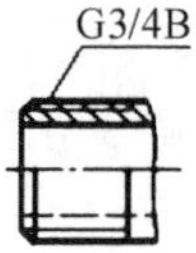 G3/4B G3/4
螺纹密封管螺纹	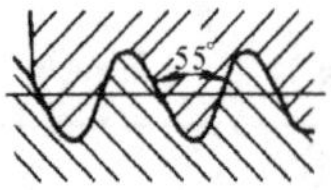	R	1/2	1.814	左	A			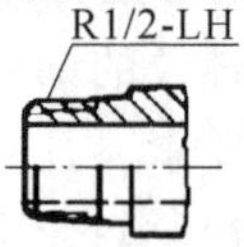 R1/2-LH
		R_P	3/4	1.814	右				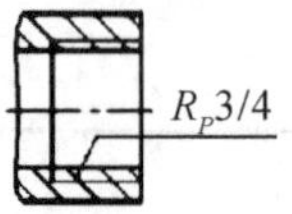 $R_P3/4$
		R_c	3/4	1.814	右				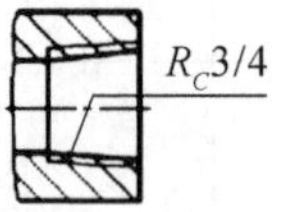 $R_c3/4$

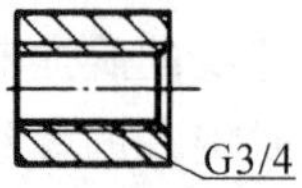

2. 螺纹的规定画法

螺纹一般不按其真实投影作图，而是采用规定画法以简化作图。

（1）外螺纹的画法

国家标准规定外螺纹的牙顶（大径）和螺纹终止线用粗实线表示，牙底（小径）用细实线表示（$d_1 \approx 0.85d$）。与轴线平行的视图上小径的细实线应画入倒角内，螺尾一般不画。投影为圆的视图上，表示牙底（小径）的细实线圆只画约 3/4 圈，倒角圆不画，如图 2-114(a)所示。外螺纹需要剖切的画法，如图 2-114(b)所示。

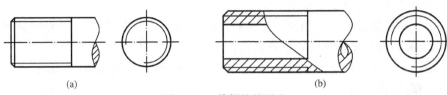

(a)　　　　　　　　　　　(b)

图 2-114　外螺纹的画法

（2）内螺纹的画法

内螺纹通常采用剖视画法，牙顶（小径）用粗实线表示，牙底（大径）用细实线表示，剖面线画到粗实线。螺纹终止线用粗实线表示。在投影为圆的视图上表示牙底（大径）的细实圆只画约 3/4 圈，孔口倒角圆省略不画，如图 2-115（a）所示。

画不通孔的内螺纹，一般将钻孔深度与螺纹部分深度分别画出，底部由钻头形成锥顶角按 120°画出，如图 2-115（b）所示。当内螺纹不剖时，所有图线用虚线绘制。

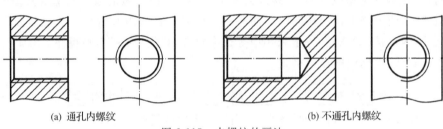

(a) 通孔内螺纹　　　　　　　　　　　(b) 不通孔内螺纹

图 2-115　内螺纹的画法

（3）螺纹连接的画法

画螺纹连接部分时，一般采用剖视图表示。旋合部分按外螺纹绘制，未旋合部分按各自规定绘制，如图 2-116 所示。此时要注意内、外螺纹牙顶和牙底的粗、细实线对齐，以表示互相连接的内、外螺纹具有相同的大径和小径。

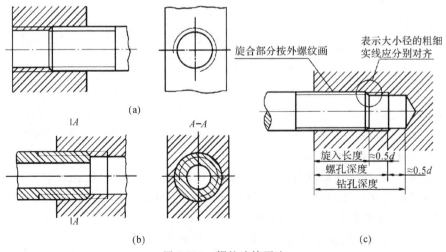

图 2-116　螺纹连接画法

3．常用螺纹的种类和标记

由于螺纹规定画法不能完全反映螺纹的种类和各基本要素，因此绘制螺纹图样时，必须按照国家标准所规定格式和相应的代号进行标注。

螺纹按用途不同分为连接螺纹(普通螺纹和管螺纹)和传动螺纹(梯形、锯齿形和方形螺纹)两大类。

(1)普通螺纹标记的规定格式

普通螺纹有粗牙和细牙之分，在相同大径下，细牙普通螺纹的螺距比粗牙普通螺纹螺距小，多用于薄壁或紧密连接零件上。

普通螺纹的特征代号用"M"表示；普通粗牙螺纹不必标注螺距；右旋不必标注旋向，左旋螺纹应标注"LH"。螺纹公差带代号由公差等级的数字及基本偏差的字母组成，当两公差带代号相同时只注写一个代号。普通螺纹的旋合长度规定了短(S)、中(N)、长(L)三组，一般采用中等长度旋合，其代号"N"省略标注。

(2)管螺纹标记的规定格式

管螺纹有非螺纹密封的管螺纹与用螺纹密封的管螺纹之分。

非螺纹密封的管螺纹的特征代号为 G。螺纹密封的管螺纹的特征代号：圆锥外螺纹用"R"表示，圆锥内螺纹用"Rc"表示，圆柱内螺纹用"R_P"表示。

管螺纹的尺寸代号是指管螺纹的通孔直径，单位为 in(英寸)。外螺纹应注公差等级代号(公差等级代号分为 A、B 两种)，内外螺纹只有一种公差带，不标注公差带代号。右旋螺纹不注旋向代号，左旋螺纹标注"LH"。

(3)梯形和锯齿形螺纹标记的规定格式

梯形螺纹特征代号用"Tr"表示，锯齿形螺纹特征代号用"B"表示。右旋不标注旋向代号，左旋螺纹标"LH"。两种螺纹只注中径公差带，旋合长度只分中(N)和长(L)两种，中等旋合长度"N"省略标注。单线螺纹只注螺距，多线螺纹需标注导程和螺距。

4．螺纹的标注

普通螺纹、梯形和锯齿形螺纹的公称直径是指大径，单位为 mm(毫米)，其标记应直接标注在大径的尺寸线上或其引出线上；管螺纹的标记一律标注在引出线上，引出线应由大径处引出或由对称中心处引出。

常用标准螺纹的种类、标记和标注示例，见表 2-8。

二、螺纹紧固件

常用螺纹紧固件有螺栓、双头螺柱、螺钉、螺母和垫圈等,如图 2-117 所示。它们的结构、尺寸都已标准化,使用或绘图时,可从相应的标准中查到它们的结构、尺寸和标记示例。

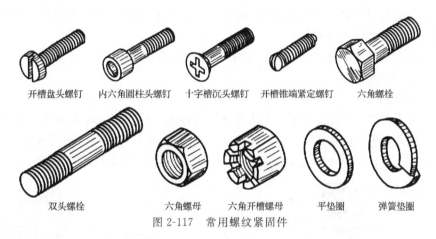

| 开槽盘头螺钉 | 内六角圆柱头螺钉 | 十字槽沉头螺钉 | 开槽锥端紧定螺钉 | 六角螺栓 |

双头螺柱　　　　六角螺母　　六角开槽螺母　　平垫圈　　弹簧垫圈

图 2-117　常用螺纹紧固件

(1)螺栓连接画法

螺栓连接用于连接两个不太厚的零件 δ_1、δ_2,被连接两零件必须先加工出光孔,孔径略大于螺栓公称直径(一般为 $1.1d$)。连接时,把螺栓穿入孔内,套上垫圈,拧上螺母。图 2-118 为螺栓连接图画法。

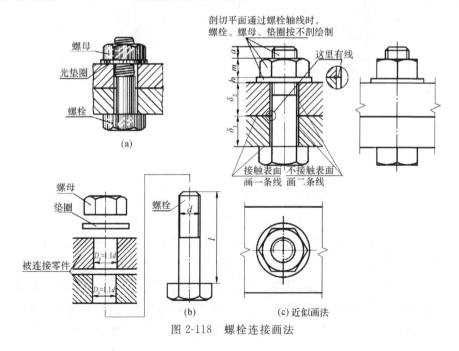

图 2-118　螺栓连接画法

螺栓长度 l 可按下式计算：

$l=(\delta_1+\delta_2)+h(垫圈厚度)+m(螺母厚度)+0.3\sim0.4d(螺纹伸出长度)。$

根据公式计算螺栓长度，再从标准长度系列中选取接近标准长度。

画连接图时必须遵守以下规定：

①零件的接触面只画一条线，不接触面必须画两条线。

②在剖视图中，相邻两零件的剖面线方向应相反，但同一零件在不同剖视图中的剖面线方向和间距应相同。

③当剖切平面通过螺栓、螺母、垫圈等标准件的轴线时，紧固件均按未剖切绘制，即只画外形。

(2)螺柱连接

当被连接件之一较厚不便加工出通孔或为使拆卸时不会损坏连接件上的螺孔，常采用螺柱连接。这时在较厚的零件上加工出螺孔，在另一零件上加工出通孔。连接时，插入、旋紧螺柱，套上弹簧垫圈，拧上螺母。图 2-119 为螺柱连接图画法。

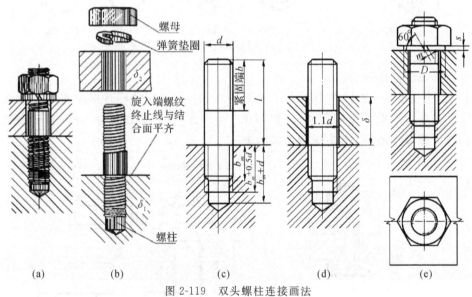

图 2-119 双头螺柱连接画法

螺柱长度 l 可按下式计算：

$l=\delta+0.15d(垫圈厚度)+0.8d(螺母厚)+0.3\sim0.4d(螺纹伸出长度)。$

根据算出有效长度值，再从标准长度系列中选取接近标准长度。

双头螺柱两端均加工螺纹，一端旋入螺孔内，称为旋入端；另一端与螺母旋合，称为紧固端。旋入端长度 b_m 的值与机件材料有关：对于钢和青铜 $b_m=d$；铸铁 $b_m=1.25d\sim1.5d$；铝 $b_m=2d$。旋入端螺纹终止线应与结合面平齐，以示旋入端已拧紧。

画图时，螺孔的螺纹深度可按 $b_m+0.5d$ 画出；钻孔时，其孔径为螺纹的小径$(0.85d)$，深度按 b_m+d 画出。孔底应画出钻头留下 120° 圆锥孔。弹簧垫圈 $D=$

$1.5d$、$s=0.2d$、$m=0.1d$，弹簧垫圈开槽方向与水平成左斜$60°$。

（3）螺钉连接

常用螺钉种类很多，按其用途可分为连接螺钉和紧定螺钉两类。

螺钉连接通常用于受力不大，不经常拆卸场合，它的连接图画法除头部形状以外，其他部分与螺柱连接画法相似。

画螺钉连接图时，螺纹终止线应在两被连接件的结合面之上。具有槽沟的螺钉头部，与轴线平行的视图上槽沟放正，而与轴线垂直的视图上画成与水平倾斜$45°$角，见图2-120(a)。

紧定螺钉可将轴、孔零件紧固在一起，防止轴向位移。紧定螺钉连接画法，如图2-120(b)所示。

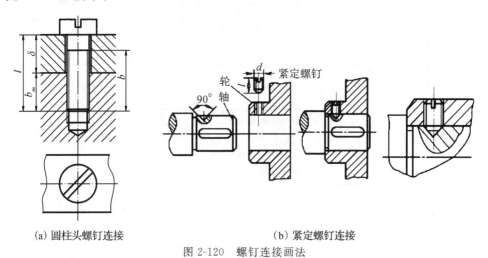

(a) 圆柱头螺钉连接　　　　　　　(b) 紧定螺钉连接

图 2-120　螺钉连接画法

三、键、销

1. 键连接

键通常用来连接轴和装在轴上的零件（如齿轮、带轮等），以传递扭矩。

键的种类很多，均已标准化。常见的有普通平键、半圆键、钩头楔键等，如图2-121所示。它们都是标准件，根据连接处的轴径 d 在有关标准中可查出相应的尺寸、结构和标记。表2-19为键的型式、画法及标记示例。

(a) 普通平键　　　　　　(b) 半圆键　　　　　　(c) 钩头楔键

图 2-121　键的种类

表 2-9　常用键的型式、画法和标记

名　称	标准号	图　例	标　记
普通平键	GB/T 1096—2003		圆头普通平键 $b=16mm$，$h=10mm$，$l=100mm$；键 16×100 GB/T 1096—2003
半圆键	GB/T 1099—2003		半圆平键 $b=6mm$，$h=10mm$，$d_1=25mm$，$l=24.5mm$；键 6×25 GB/T 1099—2003
钩头楔键	GB/T 1565—2003		钩头楔键 $b=18mm$，$h=11mm$，$l=100mm$；键 18×100 GB/T 1565—2003

　　要画好键连接图,首先应了解键槽的加工方法。轮上的键槽一般用插刀或拉刀在插床或拉床上加工而成,因此槽孔必须开通,如图 2-122(a)所示。轴上键槽是由米脂铣刀加工而成,铣刀直径与平键宽度相同,见图 2-122(b)。键安装时,先把平键嵌入轴的键槽内,再对准轮槽推入,轴上键槽长度与平键等长,使键不能在轴上位移。

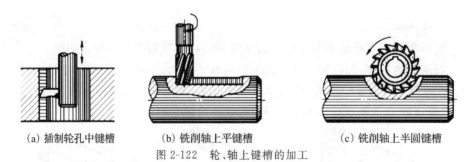

(a) 插制轮孔中键槽　　　　(b) 铣削轴上平键槽　　　　(c) 铣削轴上半圆键槽
图 2-122　轮、轴上键槽的加工

　　(1)平键连接画法
　　普通平键的两侧为工作面,在绘制连接图时,平键两侧面与轮和轴键槽侧面因紧密接触只画一条粗实线。但平键顶面与轮的槽顶没有接触,应留出间隙,如图 2-123(b)所示。

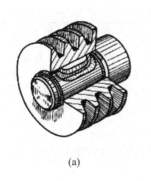

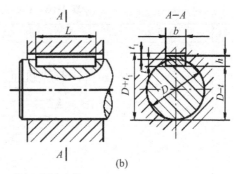

(a)

(b)

图 2-123   普通平键连接

（2）半圆键连接画法

半圆键连接轴上的半圆键槽是由半径与半圆键相同的盘铣刀铣削而成,见图
2-122(c)。其连接图画法与平键相似,见图 2-124(a)所示。

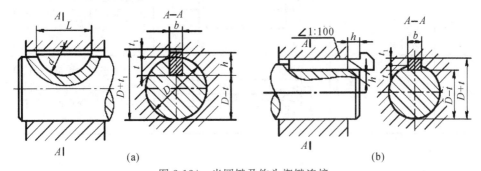

(a)

(b)

图 2-124   半圆键及钩头楔键连接

（3）钩头楔键连接画法

钩头楔键连接键的顶面有 1:100 的斜度,它靠顶面与底面接触受力而传递力
矩,绘图时,顶面、侧面不留间隙,只画出一条粗实线,如图 2-124(b)所示。

2.销连接

在机器中,销常用作定位、连接或锁紧之用。常用销的种类有圆柱销、圆锥销
和开口销等,它们都是标准件。表 2-11 列举了三种销的标记示例。

图 2-125 为圆柱销、圆锥销及开口销连接图。

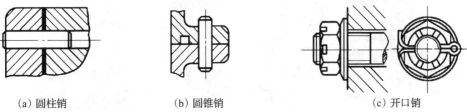

(a)圆柱销   (b)圆锥销   (c)开口销

图 2-125   销连接画法

表 2-10 销的型式、标记

名 称	标准号	图 例	标 记
圆锥销	GB/T 117—2000	A型(磨削)1:50 0.8 端面 6.3 d r_1 r_2 a 3.2 l a B型(车削或冷镦) $r_1 \approx d,\ r_2 \approx \dfrac{a}{2} + d + \dfrac{(0.021)^2}{8a}$	圆锥销公称直径 $d=$ 10mm、公称长度 $l=60$mm、材料为 35 钢、热处理硬度 28~38HRC、表面氧化处理 的 A 型: 销 GB/T 117—2003 10×60 (圆锥销的公称直径是指小端直径)
圆柱销	GB/T 119.1—2000	1.6 15° d c c l	公称直径 $d=8$mm、公称长度 $l=30$mm、公差为 m6、材料为钢、不经淬火、不经表面热处理的圆柱销: 销 GB/T 119.1—2000 8m6 ×30
开口销	GB/T 91—2000	b l a c d	公称直径 $d=5$mm、长度 $l=50$mm、材料为低碳钢、不经表面热处理的开口销: 销 GB/T 91—2000 5×50

四、齿轮

齿轮是机器中广泛应用的一种传动件,常用于将一根轴动力传递给另一根轴或改变轴的转速和旋转方向。齿轮的参数中只有模数、压力角已标准化,它属于常用件。齿轮的种类很多,图 2-126 是常见的三种齿轮传动形式。

圆柱齿轮传动——用于两平行轴之间的传动,见图 2-126(a)、图 2-126(b);

圆锥齿轮传动——用于两相交轴之间的传动,见图 2-126(c);

蜗杆蜗轮传动——用于两交叉轴之间的传动,见图 2-126(d)。

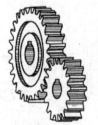   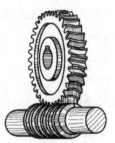

(a)直齿圆柱齿轮　(b)斜齿圆柱齿轮　(c)直齿圆锥齿轮　　(d)蜗轮蜗杆

图 2-126 常见的齿轮传动

　　圆柱齿轮有直齿、斜齿、人字齿等。其中常用的直齿圆柱齿轮(简称直齿轮),其结构一般由轮体(轮毂、轮辐、轮缘)及轮齿组成。轮齿的齿廓曲线有渐开线、摆线或圆弧线组成。目前常见为渐开线齿形。

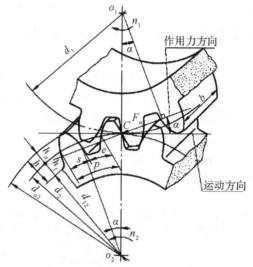

图 2-127　齿轮各部分名称与代号

　　1. 直齿圆柱齿轮各部分名称、代号及尺寸关系(见图 2-127)。

　　(1)齿顶圆　通过齿轮齿顶的圆称为齿顶圆,其直径用 d_a 表示。

　　(2)齿根圆　通过齿轮齿根的圆称为齿根圆,其直径用 d_f 表示。

　　(3)分度圆　通过齿轮上齿厚等于齿槽宽度处的圆称为分度圆,其直径用 d 表示。分度圆是设计齿轮时进行各部分尺寸计算的基准圆,也是加工齿轮的分齿圆。

　　(4)齿高、齿顶高和齿根高

　　齿顶圆和分度圆之间的径向距离称为齿顶高,用 h_a 表示;

　　齿根圆和分度圆之间的径向距离称为齿根高,用 h_f 表示;

　　齿顶圆与齿根圆之间的径向距离称为齿高,用 h 表示,且 $h = h_a + h_f$。

　　(5)齿距和齿厚　分度圆上相邻两齿廓对应点之间的弧长称为齿距,用 p 表示。每个齿廓在分度圆上的弧长称为齿厚,用 s 表示。对于标准齿轮来说,齿厚为齿距的一半,即 $s = p/2$。

　　(6)齿数　齿轮的轮齿个数称为齿数,用 z 表示。

　　(7)模数　模数是设计和制造齿轮的一个重要参数,用 m 表示。

　　当齿轮的齿数为 z 时,分度圆周长 $\pi d = pz$,即 $d = zp/\pi$,令 $m = p/\pi$,则 $d = mz$。其中 m 称为齿轮的模数,单位为毫米。

　　两啮合齿轮的模数 m 必须相等。加工不同模数的齿轮要用不同模数的刀具,为了便于刀具的设计加工,国标已经将模数标准化,其标准数值见表 2-11。

表 2-11 模数的标准系列

第一系列	1,1.25,1.5,2,2.5,3,4,5,6,8,10,12,16,20,25,32,40,50
第二系列	1.75,2.25,2.75,(3.25),3.5,(3.75),4.5,5.5,(6.5),7,9,(11),14,18,22,28,(30),36,45

由模数的计算式可知,模数 m 越大,则齿距 p 越大,随之齿厚 s 也越大,因而齿轮的承载能力也越大。

(8)压力角　一对啮合齿轮的轮齿齿廓在接触点 C 处的公法线与两分度圆的内公切线之间的夹角,称为压力角,用 α 表示。我国标准齿轮的压力角为 $20°$。

(9)中心距　只有模数和压力角相等的齿轮,才能正确啮合。一对啮合齿轮轴线之间的最短距离称为中心距,用 a 表示。

2.直齿圆柱齿轮各基本尺寸的计算

已知齿数 z 和模数 m,齿轮的各部分尺寸均可以计算出来,见表 2-12。

表 2-12 标准直齿圆柱齿轮各部分尺寸计算公式

名称及符号	计算公式	名称及符号	计算公式
齿顶高 h_a	$h_a = m$	齿根圆直径 d_f	$d_f = d - 2h_f = m(z-2.5)$
齿根高 h_f	$h_f = 1.25m$	齿距 p	$p = \pi m$
全齿高 h	$h = h_a + h_f = 2.25m$	齿厚 s	$s = p/2$
分度圆直径 d	$d = mz$	齿宽 b	$b = 2p \sim 3p$
齿顶圆直径 d_a	$d_a = d + 2h_a = m(z+2)$	中心距 a	$a = d_1/2 + d_2/2 = m(z_1 + z_2)/2$

3.圆柱齿轮的规定画法

(1)单个齿轮的画法

单个齿轮的画法,通常用两个视图来表示,轴线水平放置,如图 2-128(a)所示。也可以一个视图,再用一个局部视图表示孔和键槽形状,如图 2-128(b)所示。

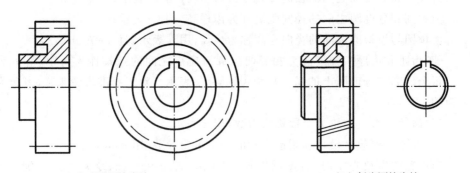

（a）直齿圆柱齿轮　　　　　　　　（b）斜齿圆柱齿轮

图 2-128　单个圆柱齿轮的规定画法

单个齿轮的画法规定:

①用粗实画齿顶圆和齿顶线。

②用点画线画分度圆和分度线。

③当剖切面通过齿轮轴线时,剖视图上的轮齿部分按不剖处理,齿根线画粗实线。

④当齿轮不剖时,用细实线画齿根圆和齿根线,也可省略不画。

⑤斜齿、人字齿轮在非圆外形视图上用三根与齿线方向相一致的细实线表示,如图 2-128(b)所示。

(2)两啮合齿轮的画法

①在投影为圆的视图上,啮合区内两齿轮的节圆相切;齿顶圆均画粗实线,也可省略不画,如图 2-129(a)、图 2-129(b)所示;两齿根圆省略不画。

②在非圆视图上,采用剖视图绘制时,啮合区内两节圆重合,用细点画线绘制;两齿根线都为粗实线;两齿顶线一条为粗实线,另一条为虚线(表示轮齿被遮挡)或省略不画,见图 2-129(a)。不采用剖视图时,节线重合,画成粗实线,见图 2-129(c)、图 2-129(d)。

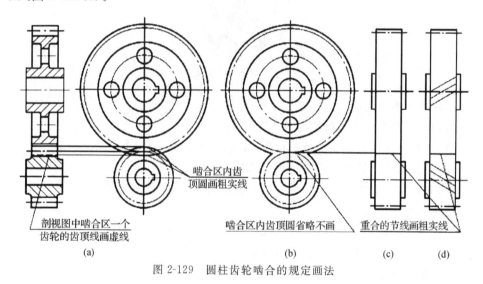

图 2-129 圆柱齿轮啮合的规定画法

一个齿轮的齿顶线与另一个齿轮的齿根线之间应有 0.25m 的间隙,如图 2-130 所示。

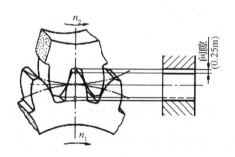

图 2-130 齿轮啮合区在剖视图上的画法

五、滚动轴承

滚动轴承是一种支承传动轴的标准部件,它具有结构紧凑、摩擦力小、转动灵活和便于维修等特点,在机械设备中被广泛应用。

滚动轴承一般由外圈、内圈、滚动体及保持架四部分组成,如图 2-131 所示。其外圈装在机座孔内,内圈套在转动轴上。一般外圈固定不动,内圈随轴一起转动。

图 2-131　滚动轴承的结构

1. 滚动轴承的类型

滚动轴承按其承受载荷情况分为三类:

(1)向心轴承　主要承受径向载荷,如深沟球轴承。

(2)推力轴承　只能承受轴向载荷,如推力球轴承。

(3)向心推力轴承　能同时承受径向和轴向载荷,如圆锥滚子轴承。

2. 滚动轴承的代号

滚动轴承的代号是表示滚动轴承的结构、尺寸、公差等级和技术性能的产品特性符号。轴承代号一般打印在轴承端面上。

滚动轴承的代号由基本代号、前置代号和后置代号三部分组成,其排列顺序如下:

前置代号	基本代号	后置代号

前置代号和后置代号是指当轴承的结构形状、尺寸等有改变时,在其基本代号左右添加的补充代号。前置代号和后置代号的详细说明请查阅有关国家标准。

(1)基本代号(滚针轴承除外)

基本代号是表示滚动轴承的基本类型、结构和尺寸,是轴承代号的基础。基本代号由轴承类型代号、尺寸系列代号和内径代号构成,其排列顺序如下:

类型代号	尺寸系列代号	内径代号

①类型代号　用阿拉伯数字或大写拉丁字母表示,见表 2-13。

表 2-13　滚动轴承的类型代号

代号	轴测类型	代号	轴测类型
0	双列角接触球轴承	6	深沟球轴承
1	调心球轴承	7	角接触球轴承
2	调心滚子轴承	8	推力圆柱滚子轴承
3	圆锥滚子轴承	N	圆柱滚子轴承
4	双列深沟球轴承	U	外球面球轴承
5	推力球轴承	QJ	四点接触球轴承

②尺寸系列代号　由轴承的宽(高)度系列代号和直径系列代号组合而成,一般用两位数字表示。左边的数字表示宽(高)度系列代号,右边的数字表示直径系列代号。尺寸系列代号表明同一内径的轴承所对应的外圈直径和宽度等可不同,其相应的承载能力也不同。

③内径代号　表示轴承的公称内径,用两位数字表示,见表 2-14。

表 2-14　滚动轴承的内径代号

轴承公称内径/mm	内径代号	示例
0.6～10 (非整数)	用公称内径毫米数直接表示,在其与尺寸系列代号之间用"/"分开	深沟球轴承 618/2.5 $d=2.5$mm
1～9 (整数)	用公称内径毫米数直接表示,对深沟及角接触球轴承 7、8、9 直径系列,内径与尺寸系列代号之间用"/"分开	深沟球轴承 625　$d=5$mm 深沟球轴承 618/5　$d=5$mm
10～17	10　00 12　01 15　02 17　03	深沟球轴承 6200 $d=10$mm
20～480 (22、28、32 除外)	公称内径除以 5 的商数,商数为个数,需在商数左边加"0",如 08	圆锥滚子轴承 30308 $d=40$mm
≥500 以及 22、28、32	用公称内径毫米数直接表示,但在与尺寸系列代号之间用"/"分开	调心滚子轴承 230/500 $d=500$mm 深沟球轴承 62/22 $d=22$mm

3.滚动轴承的标记

滚动轴承的完整标记内容有名称、代号和国标号。

标记示例:滚动轴承　61804　GB/T276—1994

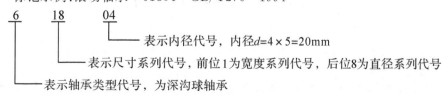

4.滚动轴承的画法

滚动轴承一般不单独画出零件图,仅在装配图上根据代号,在标准中查得外径 D、内径 d、宽度 B(或 T)等几个主要尺寸绘图。

国家标准规定了滚动轴承的简化画法(通用画法和特征画法)和规定画法,见表 2-15。

表 2-15 滚动轴承的简化画法和规定画法

轴承类型	简化画法		规定画法
	通用画法	特征画法	
深沟球轴承	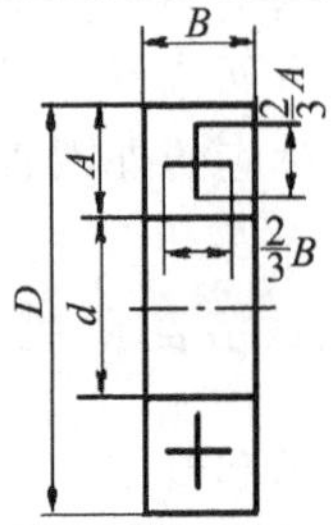	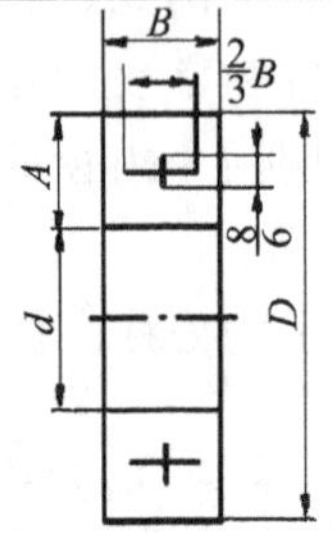	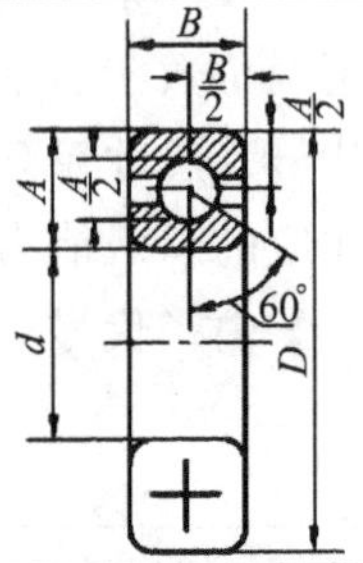
推力球轴承	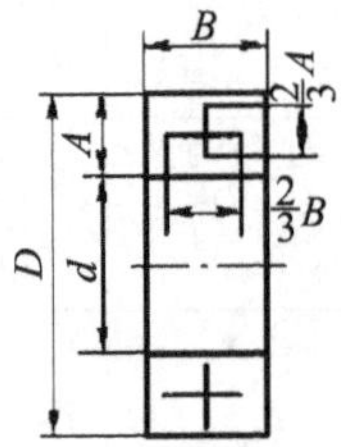	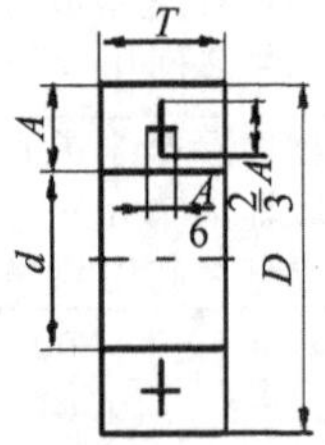	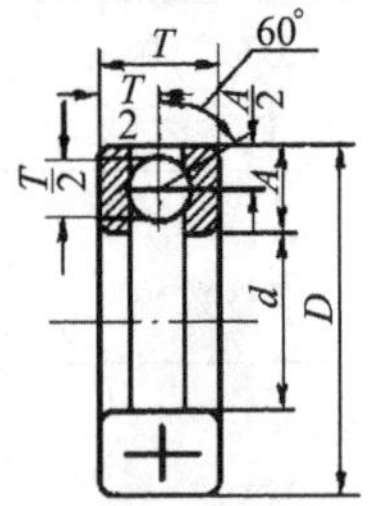
圆锥滚子轴承	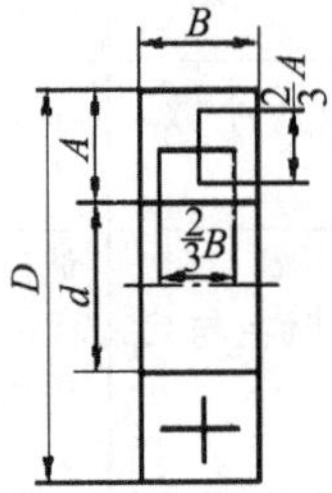	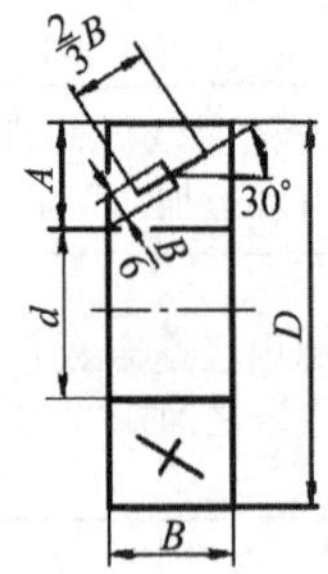	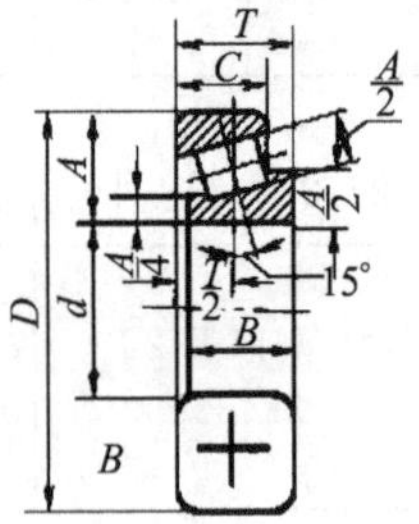

任务 2 识读与绘制零件图

表示零件结构、大小及技术要求的图样称为零件图。零件图是制造和检验零件的依据,是指导零件生产的重要技术文件。

读、绘零件图是从事各种专业工作的技术人员必须具备的基本技能之一。

一、零件图的内容

图 2-132 是对焊法兰零件图,它表示了对焊法兰的结构形状、大小和要达到的技术要求等。制造对焊法兰时,要经过铸造、切削加工过程等,每道工序中都要依据该零件图进行,最后还要依据零件图对零件进行质量检验。因此,零件图应反映零件在生产过程中的全部要求。一张完整的零件图应包括下列内容。

1.一组图形　用一定数量的视图、剖视图、断面图等,完整、清晰、简洁地表示出零件的结构和形状。

2.足够的尺寸　正确、完整、清晰、合理地标注出零件在制造、检验中所需的全部尺寸。

3.必要的技术要求　标注或说明零件在制造、检验中要达到的各项质量要求。如表面粗糙度、尺寸公差、形位公差及热处理等。

4.标题栏　说明零件的名称、材料、数量、比例及责任人签字等。

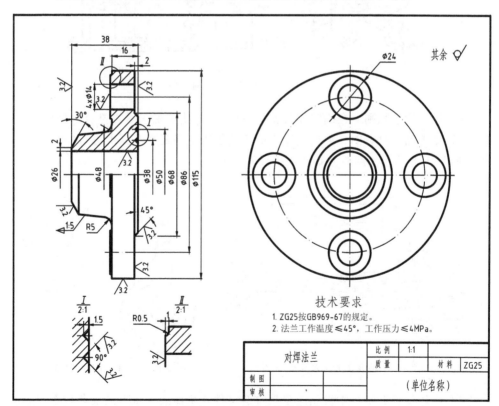

图 2-132　对焊法兰零件图

二、零件图的视图选择

为了将零件的结构和形状正确、完整、清晰地表示出来,便于读图和绘图,必须合理地选择图示方案。

1. 主视图的选择

主视图是零件图中最重要的视图,选择得合理与否,将直接影响到读图和画图是否方便。因此,画零件图时,必须首先选好主视图。选择主视图所依据的原则是:

(1)形状特征原则 主视图是零件表达方案的核心,应把最能反映零件结构形状特征的方向,作为主视图的投射方向,使主视图更多、更清楚地反映零件的结构和形状。如图 2-133 所示的传动器箱体,分别从 A、B、C 方向投射,显然 A 向作为主视图的投射方向最佳。

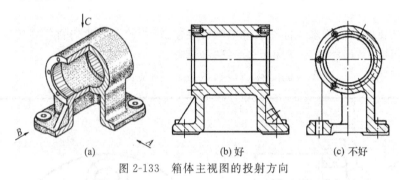

图 2-133 箱体主视图的投射方向

(2)加工位置原则 在确定零件安放位置时,应使主视图尽量符合零件的加工位置,以便于加工时看图。如轴类零件的主要加工工序是在车床上进行的,如图 2-134 所示,因此其主视图应按轴线水平放置绘制。

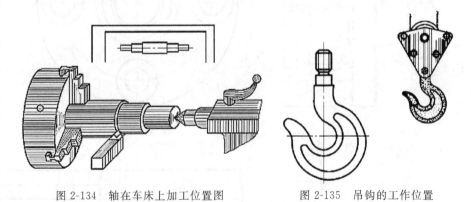

图 2-134 轴在车床上加工位置图   图 2-135 吊钩的工作位置

(3)工作位置原则 主视图应尽量符合零件在机器或设备上的安装位置,以便于读图时将零件和整台机器或设备联系起来,想象其工作情况,如图 2-133(b)所示箱体、图 2-135 吊钩的主视图,既显示它的形状特征,又反映它的工作位置。

此外,还应兼顾其他视图的选择,以及视图布局的合理性。

2.其他视图的选择

一般情况下,仅用一个主视图是不能把零件的结构和形状表达清晰的,还需要其他视图相互配合,彼此互补,使零件各结构形状完整而清晰地表示出来。

其他视图的数量及表达方法的选择,应视零件的具体结构特点和复杂程度而定。要把零件的整体和每一结构的内外形状,以及各结构的位置表达完全,使所选择的每个视图都有其存在的必要性,并有其明确的表示重点。既要避免视图过多过杂,又要避免把结构形状过多集中在一个视图,影响表达的清晰性,增加读图困难。

下面以几个典型零件为例,说明各类零件的视图表达特点。

【例 2-17】　轴类零件的视图表达特点。

轴类零件一般由若干段直径不同的圆柱体组成(称为阶梯轴),基本形体简单,通常只需一个基本视图(主视图)。但轴上常有的键槽、销孔、退刀槽、中心孔等结构,需采用局部视图、断面图、局部放大图等表达其细部结构。

图 2-136 所示阀杆的零件图是按加工位置选择主视图。其他视图选取一个移出断面图和一个"A 向"视图,反映阀杆两端切口情况。

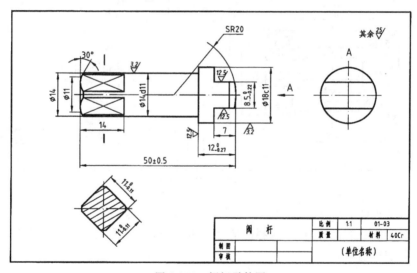

图 2-136　阀杆零件图

【例 2-18】　轮盘类零件的视图表达特点。

轮盘类零件一般采用两个视图表达,以非圆视图作为主视图。图 2-132 所示对焊法兰的零件图是按其轴线水平位置选择主视图,符合对焊法兰的主要加工位置和工作位置,也反映了其形状特征。主视图采用半剖视,基本上把法兰的内外结构形状表达清楚了。左视图表达对焊法兰的轮廓形状,凸台及孔的分布情况。同时,又选用了两个局部放大图,表达法兰密封面的型式、凸台及孔结构。

【例 2-19】　箱体类零件的视图表达特点。

　　箱体类零件结构形状较为复杂、加工位置多变,选择主视图时主要考虑工作位置,以及最能反映其各组成部分形状特征和相对位置,如图 2-133(b)所示。

　　图 2-137 是传动器箱体的零件图,主视图采用全剖视,重点表达其内部结构;左视图内外兼顾,既在外形上表达了箱体端面螺孔的数量和位置,又采用半剖视和局部剖视,表达了支承肋板及底板的结构和位置,同时表达了底板上凸台及孔结构;俯视图采用全剖视,表达了支承肋板和底板的形状、凸台及孔的分布情况。

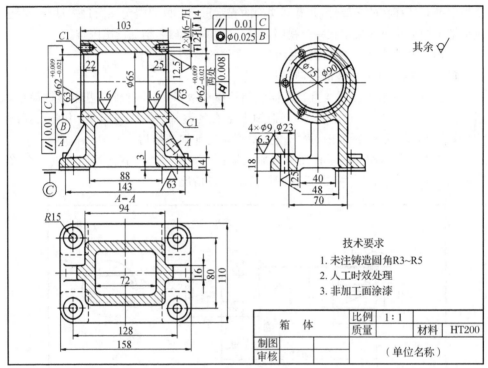

图 2-137　箱体零件图

　　零件的视图选择是一个具有灵活性的问题,同一零件可以有多种表达方案。每一方案可能各有优缺点,在选择时应多设想几种方案加以比较,力求用较好的方案将零件表达清楚。

三、零件图的尺寸标注

　　零件图上的尺寸是零件加工、检验时的重要依据,是零件图主要内容之一。在零件图上标注尺寸的基本要求是:正确、完整、清晰、合理。

　　所谓尺寸的合理性,是指所注尺寸既保证设计要求,又符合生产工艺要求。

　　1. 正确选择尺寸基准

　　标注零件图的尺寸要做到合理,首先要正确地选择尺寸基准,应符合零件的设计要求并便于加工和测量。

（1）设计基准和工艺基准

根据零件的结构特点和设计要求而选定的基准，称为设计基准；零件在加工、测量、安装时所选定的基准，称为工艺基准。

图 2-138 所示泵体的底面用于确定齿轮孔高度，它是高度方向的设计基准；泵体的对称面用于确定左、右两圆孔和凸缘的对称关系及两个安装孔的孔距，它是长度方向的设计基准。

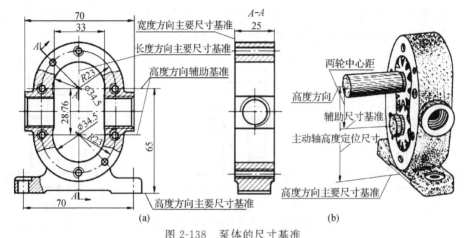

图 2-138 泵体的尺寸基准

有的零件的工艺基准与设计基准相重。如图 2-138 所示泵体的底面是设计基准，也是加工 φ34.5 圆弧孔的测量、安装的工艺基准。

图 2-139 所示阶梯轴的轴线，是径向设计基准，也是加工时径向工艺基准。阶梯轴在车床上加工时，均以右端面为测量轴向尺寸的起点，因此，右端面为轴向尺寸的工艺基准。

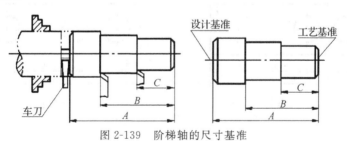

图 2-139 阶梯轴的尺寸基准

（2）主要基准和辅助基准

当零件结构形状比较复杂时，同一方向上的尺寸基准可能有几个，其中决定零件主要尺寸的基准，称为主要基准，为了加工测量方便而附加的基准，称为辅助基准。

确定主要基准时，应尽量使设计基准和工艺基准重合。以确定零件在机器或部件中的位置、且首先加工或画线确定的对称面、装配面（底面、端面），以及回转体轴线等为主要基准。如图 2-138 所示泵体底面决定着 φ34.5 孔的中心高，而中心高是影响工作性能的主要尺寸。因此,泵体底面应作为高度方向尺寸的主要基准,两 φ34.5 孔轴线作为高度方向的辅助基准。

在确定辅助基准时,应注意基准与基准之间一定要有尺寸直接联系,如图 2-138 中的尺寸 65、28.76。

2.标注尺寸的注意事项

(1)主要尺寸应直接注出

如图 2-138 中的尺寸 65、28.76 及图 2-140 中的尺寸 a 都是影响部件工作性能的主要尺寸,制造时必须保证其加工精度,应直接注出。

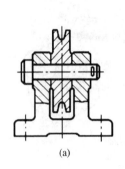

(a)

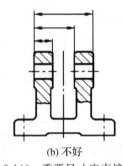

(b) 不好

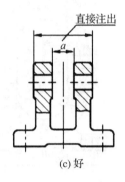

(c) 好

图 2-140　重要尺寸应直接注出

(2)避免出现封闭的尺寸链

如图 2-141 中的尺寸 A、B、C、D 首尾相接,构成一个封闭的尺寸链,这种情况应避免。因为封闭尺寸链中,任何一环的尺寸误差同其他各环的加工误差有关,为了使各段孔心距的误差总和小于或等于总长度的误差,应在封闭尺寸链中选择最次要的尺寸空出不注,如图 2-141 的尺寸 D,不然将会给加工带来困难。

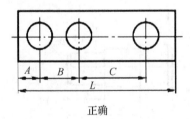

正确

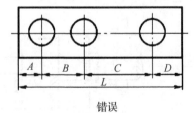

错误

图 2-141　尺寸不应注成封闭形式

(3)考虑加工方法,符合加工顺序

图 2-142 所示的输出轴,其加工方法主要是在车床上车削外圆,应按加工顺序标注尺寸。

(4)按测量方便和可能标注尺寸

图 2-143(b)所示套筒中,标注尺寸 B 不便测量,尺寸 A 不可能直接测量,图 2-143(a)所示尺寸才是合理注法。

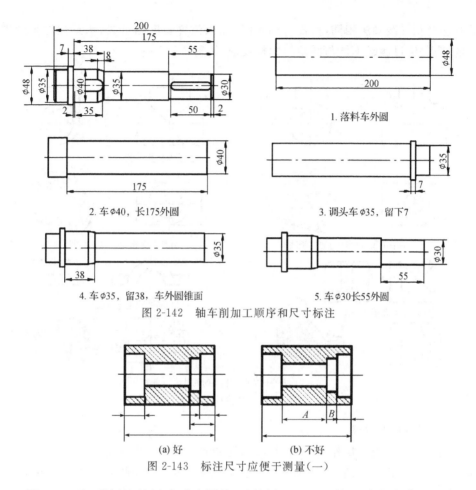

1. 落料车外圆

2. 车 φ40，长175外圆

3. 调头车 φ35，留下7

4. 车 φ35，留38，车外圆锥面

5. 车 φ30长55外圆

图 2-142　轴车削加工顺序和尺寸标注

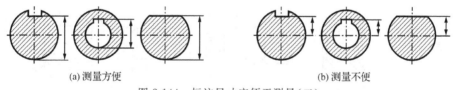

(a) 好　　　　(b) 不好

图 2-143　标注尺寸应便于测量（一）

图 2-144(b)所标注的尺寸无法测量，显然图 2-144(a)的尺寸注法才是正确的。

(a) 测量方便　　　　(b) 测量不便

图 2-144　标注尺寸应便于测量（二）

3. 零件上常见的工艺结构及其尺寸标注

(1) 铸造圆角和过渡线

为了满足铸造工艺要求，防止铸件产生裂纹和缩孔等缺陷，在铸件表面相交处应做成圆角过渡称为铸造圆角。圆角尺寸通常较小，一般为 2～5mm。铸造圆角尺寸常在技术要求中统一说明，如"全部圆角 R3"或"未注圆角 R4"等。

由于铸造圆角的存在，铸件表面的交线变得不很明显称为过渡线。为了区分不同表面，规定在相交处仍然画出理论上的交线，但两端不与轮廓线接触。过渡线的画法与相贯线画法相同,按没有圆角时,在原位置画出相贯线,示意性地画到理论的交点,但过渡线不能与圆角轮廓相接触,如图 2-145 所示。

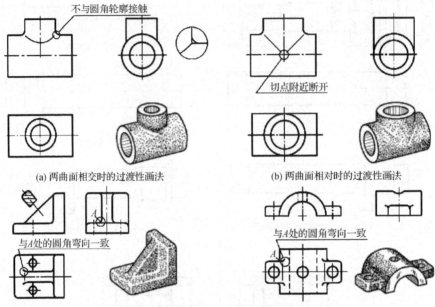

(a) 两曲面相交时的过渡性画法　　　　　(b) 两曲面相对时的过渡性画法

(c) 平面与平面或曲面相交时的过渡性画法

图 2-145　过渡线的画法

(2)倒角和退刀槽

为了便于装配和操作安全,在轴或孔的端部常常加工出倒角。常见 45°倒角的标注形式,见图 2-146(a)(图中 C 为 45°倒角符号);非 45°倒角的标注见图2-146(b)。

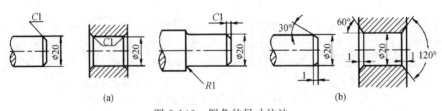

图 2-146　倒角的尺寸注法

在切削加工中,为了便于退出刀具或砂轮,以及装配时能与相关零件靠紧,常在待加工表面的台肩处加工出退刀槽(或砂轮越程槽)。其尺寸注法,见图 2-147。常见按"槽宽×槽深"或"槽宽×直径"的形式集中标注。

(3)光孔、沉孔和螺孔

光孔、沉孔和螺孔是零件上的常见结构,它们的尺寸标注分为直接注法和旁注法两种,见表 2-16。

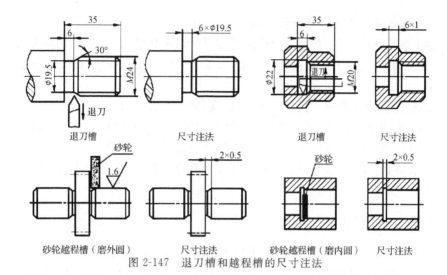

图 2-147　退刀槽和越程槽的尺寸注法

表 2-16　常见孔的尺寸注法

类型	普通注法	旁注法		说明
光孔	4×φ4 10	4×φ4▽10	4×φ4▽10	4 个光孔,"▽"为深度符号
螺孔	3×M6-6H	3×M6-6H	3×M6-6H	3 个螺纹通孔
	3×M6-6H 10 12	3×M6-6H▽10 孔▽12	3×M6-6H▽10 孔▽12	3 个不通螺孔,螺孔深 10,钻孔深 12
沉孔	90° φ128 6×φ6.6	6×φ6.6 ∨12.8×90°	6×φ6.6 ∨12.8×90°	"∨"为锪平符号,锪平深度不需标出
	φ11 4.7 4×φ6.6	4×φ6.6 ⊔φ11▽4.7	4×φ6.6 ⊔φ11▽47	"⊔"为锥形沉孔符号
	φ13⊔ 4×φ6.6	4×φ6.6 ⊔φ13	4×φ6.6 ⊔φ13	"⊔"为柱形沉孔符号,尺寸均需标出

4.标注零件图尺寸的方法和步骤

标注零件图尺寸时,首先要分析清楚零件的结构和形状,并了解零件在机器设备或部件中的装配情况及其他设计要求,了解零件的加工方法,然后按以下步骤标注尺寸。

(1)根据设计要求和工艺要求选择长、宽、高三个方向的尺寸基准。

(2)运用形体分析法,逐一注出每一结构的定位尺寸和定形尺寸。要做到注法正确、尺寸完整、布置清晰,并尽可能符合设计要求和工艺要求。

(3)检查,补漏、改错及调整。配合尺寸及其他重要尺寸,要加注公差代号或极限偏差数值。

四、零件图上的技术要求

零件图上除了表示零件结构形状与大小的一组视图和尺寸外,还应该表示出该零件在制造和检验中的技术要求,如表面粗糙度、极限与配合、材料及热处理等。它们有的用符号或代号标注在图中,有的用文字加以说明,如图 2-132、图 2-136、图 2-137 所示。

1.表面粗糙度

零件表面不论加工得多么精细,在放大镜或显微镜下观察,总会发现到高低不齐的状况,出现高起部分(峰)、低凹部分(谷),如图 2-148 所示。零件加工表面上具有的较小间距和峰谷所组成的微观几何形状特征称为表面粗糙度。它是表示零件表面质量的重要技术指标之一。

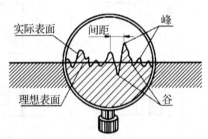

图 2-148 表面粗糙度的放大状况

零件的表面质量与机器零件的耐磨性、疲劳强度、接触刚度、密封性、抗腐蚀性、配合性质和稳定性等都有密切的关系,它直接影响机器的使用性能和寿命。

(1)表面粗糙度的符号和代号

表面粗糙度以代号形式在零件图上标注。其代号由符号和参数值及其他有关要求组成,如图 2-149 所示。

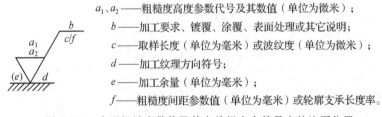

a_1、a_2——粗糙度高度参数代号及其数值(单位为微米);

b——加工要求、镀覆、涂覆、表面处理或其它说明;

c——取样长度(单位为毫米)或波纹度(单位为微米);

d——加工纹理方向符号;

e——加工余量(单位为毫米);

f——粗糙度间距参数值(单位为毫米)或轮廓支承长度率。

图 2-149 表面粗糙度数值及其有关规定在符号中的注写位置

①表面粗糙度的符号

表面粗糙度符号的意义和画法,见表 2-17。

表 2-17　表面粗糙度符号的意义和画法

符号	意义及说明	符号画法
$\sqrt{}$	基本符号,表示表面可用任何方法获得	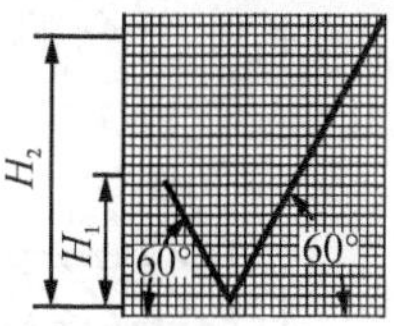
$\sqrt{}$	表示表面是用去除材料的方法获得,例如:车、铣、刨、磨、钻等。可称其为加工符号	$H_1 \approx 1.4h$　　$H_2 \approx 2.1h$
$\sqrt{}$	表示表面是不用去除材料的方法获得,例如:铸、锻、轧等。可称其为毛坯符号	h 为字体高度

②表面粗糙度的评定参数

国标规定了评定表面粗糙度的各种参数,其中较常用的参数为轮廓算术平均偏差 Ra(单位为微米)。Ra 的数值注写在符号上方,如 $\sqrt[3.2]{}$,$\sqrt[3.2]{}$,$\sqrt[3.2]{}$ 等。一般读作"表面粗糙度 Ra 的上限值为 $3.2\mu m$"。

Ra 值反映了对零件表面的要求,数值越小,零件表面越光滑,但加工工艺越复杂,成本越高。确定表面粗糙度时,应根据零件的工作条件和使用要求,并考虑加工工艺的经济性和可能性,合理地进行选择。常用 Ra 值的粗糙度代号及其相应的加工方法,见表 2-18。

表 2-18　常用表面粗糙度代号及加工方法

表面特征		代号	加工方法	应用
加工面	粗面	$\sqrt[50]{}$　$\sqrt[25]{}$　$\sqrt[12.5]{}$	粗车、粗铣、粗刨、钻孔等	非加工面,不重要的接触面
	半光面	$\sqrt[6.3]{}$　$\sqrt[3.2]{}$　$\sqrt[1.6]{}$	精车、精铣、精刨、粗磨等	重要接触面,一般要求的配合面
	光面	$\sqrt[0.8]{}$　$\sqrt[0.4]{}$　$\sqrt[0.2]{}$	精车、精磨、研磨、抛光等	重要的配合表面
	极光面	$\sqrt[0.1]{}$	研磨、抛光等特殊加工	特别重要的配合面,特殊装饰面
毛坯面		$\sqrt{}$	铸、锻、轧等,经表面清理	自由表面

(2)表面粗糙度的标注规则

①表面粗糙度代号一般注在可见轮廓线、尺寸界线、引出线或它们的延长线上。符号的尖端必须从材料外指向零件表面,如图 2-150(a)所示。代号中的符号和数值方向,按图 2-150(b)所示标注。

②零件的所有表面,都应有确定的表面粗糙度要求。可以将使用较多的一种代号注在图样的右上角,并加注"其余"两字,如图 2-150(a)、图 2-150(c)所示。当所有表面具有相同的表面粗糙度要求时,其代号可在图样右上角统一标注,如图 2-150(d)所示。统一标注的代号和文字大小,应为图中代号和文字的 1.4 倍。

③零件的每一表面,其粗糙度只标注一次。不连续的同一表面,可用细实线连接后只标注一次,如图 2-150(c)所示。同一表面有不同粗糙度要求时,须用细实线分界,并注出相应的表面粗糙度代号和尺寸,如图 2-150(e)所示。

④螺纹、齿轮的工作表面粗糙度代号可按图 2-150(f)、(g)标注。中心孔、键槽的工作面、倒角、圆角的表面粗糙度代号,可简化标注,如图 2-150(h)所示。

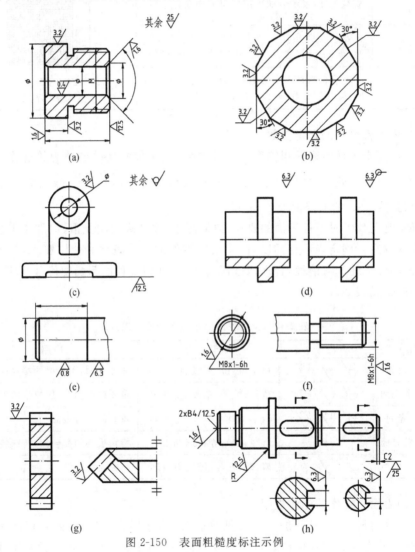

图 2-150　表面粗糙度标注示例

2. 极限与配合

(1)尺寸公差

①极限尺寸

零件在加工过程中,对图样上标注的基本尺寸不可能做到绝对准确,总会存在一定偏差。为了保证零件的使用性能,必须将偏差限制在一定的范围内,因此规定了极限尺寸。

极限尺寸是指允许零件尺寸变动的两个极限值。其中,较大的那个尺寸称为最大极限尺寸,较小的那个尺寸称为最小极限尺寸。如图 2-151(a)所示,孔的最大极限尺寸为 φ50.064,最小极限尺寸为 φ50.025。如图 2-151(b)所示,轴的最大极限尺寸为 φ49.975,最小极限尺寸为 φ49.950。实际尺寸应位于极限尺寸内,也可达到极限尺寸。

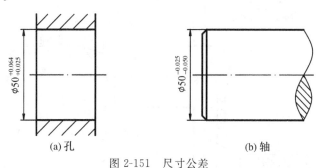

(a)孔   (b)轴

图 2-151　尺寸公差

②极限偏差

极限尺寸减其基本尺寸所得的代数差称为极限偏差。

最大极限尺寸减其基本尺寸之差称为上偏差;最小极限尺寸减其基本尺寸之差称为下偏差。上偏差和下偏差统称为极限偏差。

国家标准规定,孔的上、下偏差代号分别用大写字母 ES、EI 表示;轴的上、下偏差代号分别用小写字母 es、ei 表示。由图 2-152 可计算得到孔、轴的极限偏差。

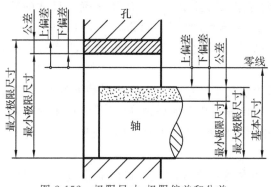

图 2-152　极限尺寸、极限偏差和公差

孔:上偏差(ES)=50.064-50=+0.064　　轴:上偏差(es)=49.975-50=-0.025
　　下偏差(EI)=50.025-50=+0.025　　　　下偏差(ei)=49.950-50=-0.050

上偏差和下偏差为代数值,可以为正、负或零,但上偏差必须大于下偏差。

③尺寸公差(简称公差)

尺寸公差是指允许尺寸的变动量。

公差=最大极限尺寸-最小极限尺寸=上偏差-下偏差,是正数。由图 2-152

可计算得到孔、轴的公差。

孔的公差 $=50.064-50.025=(+0.064)-(+0.025)=0.039$

轴的公差 $=49.975-49.950=(-0.025)-(-0.050)=0.025$

(2)公差带及其代号

公差带是指由上、下偏差的两条直线所限定的一个区域,如图 2-152、图 2-153 所示。

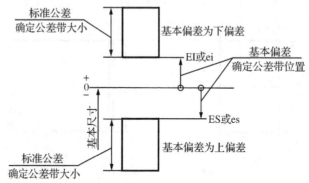

图 2-153　标准公差和基本偏差

公差带包含两个要素:一个是"公差带大小",另一个是"公差带相对零线的位置"。国标规定用"标准公差"确定公差带的大小,用"基本偏差"确定公差带相对于零线位置,如图 2-153 所示。

①标准公差

标准公差是用以确定公差带大小的任一公差值。其具体数值由基本尺寸和公差等级来决定(见附录表 1),其中公差等级用来确定尺寸的精确程度。国标规定的标准公差等级为 20 个等级,即 IT01,IT0,IT1,IT2,…,IT18,其中 IT01 级的公差值最小而精度最高。随后数值越大,公差值越大,尺寸精度越低。

②基本偏差

基本偏差是指确定公差带相对于零线位置的上偏差或下偏差,一般指靠近零线的那个偏差。国家标准对孔和轴分别规定了 28 种基本偏差,用拉丁字母表示,大写字母表示孔,小写字母表示轴,如图 2-154 所示。

③公差带代号

公差带代号由基本偏差代号(字母)和标准公差等级(数字)组成,如 H8、f7。根据基本尺寸和公差带代号,可查表确定孔和轴的上、下偏差。

例如,由 φ20H8 查孔的极限偏差表(见附录表 2),其上偏差为 $+0.033$,下偏差为 0;由 Φ20f7 查轴的极限偏差表(见附录表 3),其上偏差为 -0.020,下偏差为 -0.041。

(3)配合

基本尺寸相同的、相互结合的孔和轴公差带之间的关系称为配合。

①配合种类

根据工作性能和使用要求,孔与轴之间的配合有松有紧。有的具有间隙(孔的

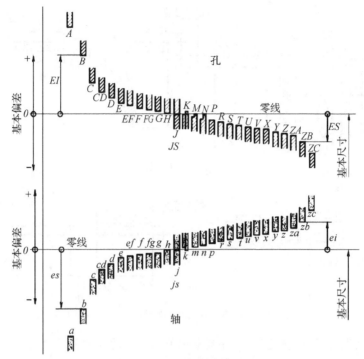

图 2-154　基本偏差系列

尺寸大于相配合的轴的尺寸),有的具有过盈(孔的尺寸小于相配合的轴的尺寸)。因此国标规定了三种不同的配合:间隙配合、过渡配合和过盈配合。

具有间隙(包括最小间隙等于零)的配合称为间隙配合。此时,孔的公差带在轴的公差带之上,如图 2-155(c)所示。

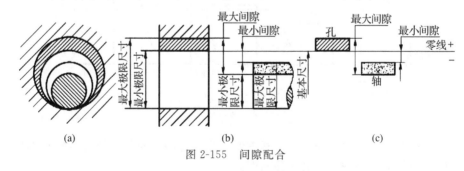

图 2-155　间隙配合

具有过盈(包括最小过盈等于零)的配合称为过盈配合。此时,孔的公差带在轴的公差带之下,如图 2-156(c)所示。

可能具有间隙也可能产生过盈的配合称为过渡配合。此时,孔的公差带与轴的公差带相互交叠,如图 2-157(a)所示。

②配合制度

国家标准规定了两种配合制度,即基孔制配合和基轴制配合。

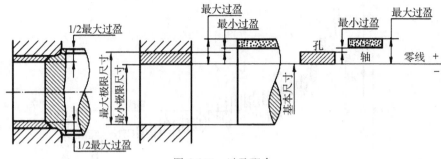

图 2-156　过盈配合

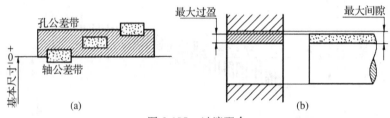

图 2-157　过渡配合

基孔制配合(简称基孔制)——基本偏差为一定的孔的公差带与不同基本偏差的轴的公差带形成各种配合的一种制度。

基孔制的孔也称基准孔,其基本偏差代号为 H,基准孔的下偏差为 0。基孔制中,轴的基本偏差 a~h 用于间隙配合,j~zc 用于过渡配合或过盈配合,如图 2-158 所示。

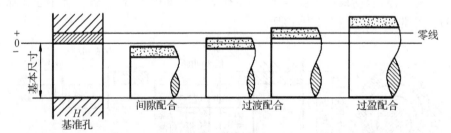

图 2-158　基孔制配合

基轴制配合(简称基轴制)——基本偏差为一定的轴的公差带与不同基本偏差的孔的公差带形成各种配合的一种制度。

基轴制的轴称基准轴,其基本偏差代号为 h,基准轴的上偏差为 0。基轴制中,孔的基本偏差 A~H 用于间隙配合,J~ZC 用于过渡配合或过盈配合,如图 2-159 所示。

(4)极限与配合的标注与识读

①配合代号的识读

配合代号由孔和轴的公差带组成,写成分数形式,分子为孔的公差带代号,分母为轴的公差带代号。标注时,将配合代号注在基本尺寸之后。例如:

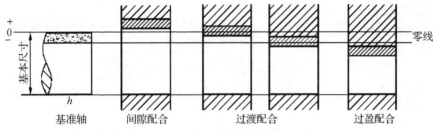

图 2-159　基轴制配合

$$\phi 20 \frac{\text{H8}}{\text{g7}}, \phi 20 \frac{\text{H7}}{\text{t6}}, \phi 20 \frac{\text{M7}}{\text{h6}} \text{ 或写作 } \phi 20\text{H8/g7}, \phi 20\text{H7/t6}, \phi 20\text{M7/h6}$$

如果配合代号的分子是孔的基本偏差代号 H,说明孔为基准孔,则为基孔制配合;如果配合代号的分母是轴的基本偏差代号 h,说明轴为基准轴,则为基轴制配合。根据配合代号中孔与轴的公差带代号,分别查出并比较孔和轴的极限偏差,则可判断配合的松紧程度。

例如,在上述配合代号中,$\phi 20\text{H8/g7}$ 为基孔制间隙配合,$\phi 20\text{H7/t6}$ 为基孔制过盈配合,$\phi 20\text{M7/h6}$ 为基轴制过渡配合。

②极限与配合在图样上的标注

在装配图上,配合尺寸应在基本尺寸后面标注配合代号,如图 2-160 所示。

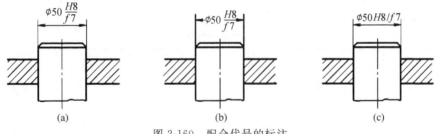

图 2-160　配合代号的标注

在零件图上,与其他零件有配合关系的尺寸、或其他重要尺寸,应在基本尺寸后面加注公差带代号或极限偏差数值,也可将二者同时注出,如图 2-161 所示。

标注极限偏差时应注意以下几点:

——极限偏差的字高要比基本尺寸的字高小一号;

——上偏差注在基本尺寸的右上方,下偏差应与基本尺寸注在同一底线上;

——上下偏差的小数点必须对齐,小数点后的位数也必须相等,小数点后均为三位数。当某一偏差为零时,数字"0"应与另一偏差小数点前的个位数对齐;

——当上下偏差符号相反、绝对值相同时,以"基本尺寸±极限偏差绝对值"形式标注,如 50±0.310。

3.形状和位置公差

对零件的实际形状和实际位置与零件理想形状和理想位置之间的误差规定了

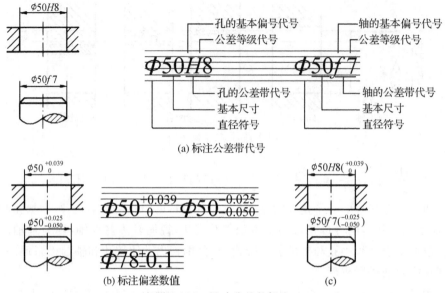

(a) 标注公差带代号

(b) 标注偏差数值

(c)

图 2-161 尺寸公差的标注

一个允许的变动量,这个规定的变动量称为形状和位置公差,简称形位公差。

(1)形位公差的项目及符号

国家标准规定形状和位置公差分为两类共 14 项。形位公差的特征项目及符号,见表 2-19。

表 2-19 形位公差的特征项目及符号

分类	名称	符号	分类		名称	符号
形状公差	直线度	—	位置公差	定向	平行度	//
	平面度	▱			垂直度	⊥
	圆度	○			倾斜度	∠
	圆柱度	⌀		定位	同轴度	◎
					对称度	═
	线轮廓度	⌒			位置度	⊕
				跳动	圆跳动	↗
	面轮廓度	⌓			全跳动	↗↗

（2）形位公差的标注

国家标准规定用代号来标注形位公差。形位公差代号由形位公差特征项目符号、框格和指引线、形位公差数值和其他有关符号以及基准代号等组成。符号、公差数值和基准代号等内容注在公差框格内。

①公差框格

公差框格是一个用细实线绘制、由两格或多格横向连成的矩形方框。公差框格画法如图 2-162(a)所示。框内各格的填写顺序自左向右为：

第一格——公差特征项目符号；

第二格——公差数值；

第三格及以后各格——表示基准的大写字母。

注：h为图样所注尺寸数字的字高
符号和框格的线宽d为h/10

(a) 公差框格　　　　　　　　(b) 基准符号

图 2-162　形位公差代号及基准代号的规定

②被测要素的标注

由公差框格一端引出指引线（细实线）指向被测要素，端部画箭头，如图 2-162(a)所示。当被测要素为中心要素，如轴线、对称平面或球心时，指引线箭头应与尺寸线对齐。

③基准要素的标注

位置公差必须指明基准要素，基准要素通过基准符号标注。基准符号由短粗线、圆圈、连线及大写字母组成，基准代号的大写字母水平注写在圆圈内，与位置公差框格内表示基准的字母相对应，如图 2-162(b)所示。当基准要素是轴线或中心平面时，基准符号中的连线应与尺寸线对齐。

【例 2-20】　读图 2-163 所示气门阀杆中各形位公差的含义。

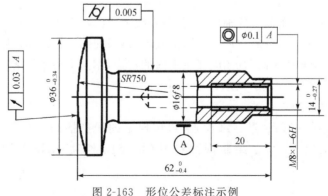

图 2-163　形位公差标注示例

$\boxed{\not\bowtie \quad 0.005}$：表示 $\phi16f8$ 圆柱面的圆柱度公差为 $0.005mm$。

$\boxed{\nearrow \quad 0.03 \quad A}$：表示 SR750 的球面对 $\phi16f8$ 轴线的圆跳动公差为 $0.03mm$。

$\boxed{\odot \quad \Phi0.1 \quad A}$：表示 M8×1－6H 螺孔轴心线对 $\phi16f8$ 轴线的同轴度公差为 $\phi0.1mm$。

4.材料、热处理及表面处理

制造零件的材料,应填写在零件图的标题栏中,常用的材料牌号及用途,见附录表 4。

零件的热处理(如淬火、退火、回火、调质等)及表面处理(如渗碳、表面淬火、表面涂层等)的方法和要求,一般写在技术要求中。常见热处理及表面处理的方法和应用,见附录表 5。

五、应用 AutoCAD 绘制零件图

【例 2-21】　根据图 2-164 所给出的阀杆实物模型,应用 AutoCAD 绘制其零件图。

图 2-164　阀杆

1.拟定表达方案

阀杆的基本形体是由两段直径不等的同轴圆柱体组成,主要加工工序是在车床上进行的。主视图应符合阀杆的加工位置,按轴线水平放置绘制,同时兼顾反映阀杆结构形状信息量最多的方向作为主视图投射方向。选取移出断面图和向视图,反映阀杆两端切口情况。

2.定比例,选图幅

根据阀杆的表达方案及其形状大小,确定绘图比例为 2∶1(放大比例)。选用标准图幅 A4(横置)“样板图”文件。

3.定基准,画底稿

(1)画出各个视图的主要轴线、对称中心线和作图基准线,如图 2-165(a)所示。

(2)画出零件各部分的图形。先画主视图,再画细部结构。移出断面图画在剖切符号的延长线上;“A 向”视图画在主视图的右边,用箭头指明投射方向并标注出相同字母 A,如图 2-165(b)所示。

4.校核、描深图形

完成底稿后,必须经过仔细检查,再按规定的线型描深。然后,在移出断面图中,用“图案填充”命令绘制剖面符号(填充图案为“ANSI31”),如图 2-165(c)所示。

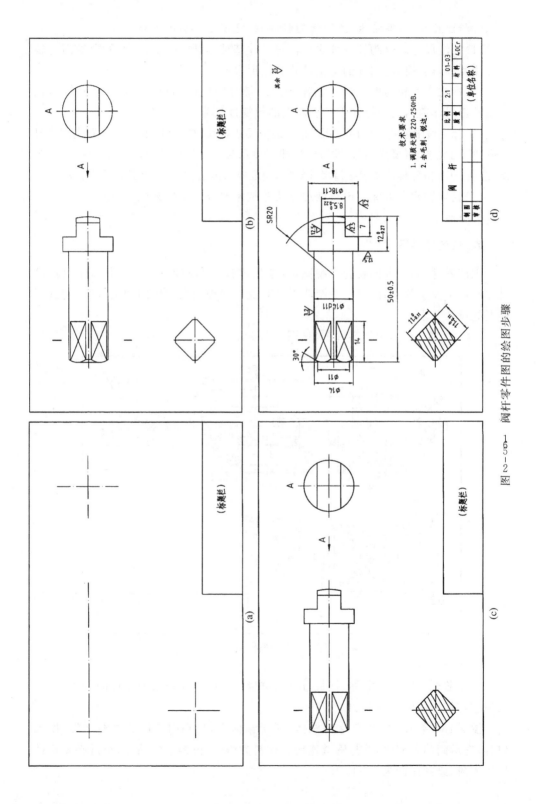

图 2-5-1　阀杆零件图的绘图步骤

5.标注尺寸,注写技术要求,填写标题栏,见图 2-165(d)所示

(1)标注尺寸。以阀杆的轴线为径向尺寸基准,以圆柱(φ18c11)的左端面为轴向尺寸基准,逐一标注阀杆的定位尺寸和定形尺寸。

(2)标注表面粗糙度代号。创建并插入带有属性的图块(见例 1-5),键盘输入属性值(Ra 值),逐一标注零件表面上的粗糙度代号。

(3)标注极限偏差。使用"特性"命令编辑尺寸对象(如 12、11 和 8.5)。双击图中已生成的尺寸对象,屏幕弹出"特性"窗口,即可显示修改对象特性。在"特性"窗口的"公差"选项卡中,按照标注要求编辑尺寸对象,使之成为由上、下偏差组成的尺寸实体。

(4)在标题栏上方注写出热处理方法等技术要求。填标题栏等内容。

6.全面审核,完成全图。

六、识读零件图

识读零件图,一方面要看懂视图,想象出零件的结构形状;另一方面还要看懂尺寸和技术要求等内容,以便在制造零件时能正确地采用相应的加工方法,达到图样上的设计要求。

【例 2-22】 识读阀体零件图(见图 2-166)。

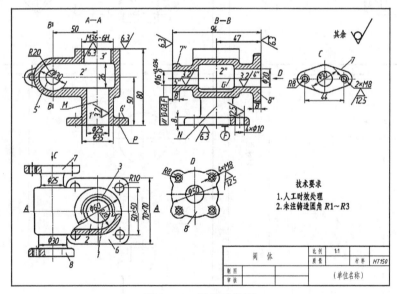

图 2-166 阀体零件图

1.概括了解

从标题栏了解零件名称、材料、比例、重量、件数等,联想典型零件的分类、初步认识它在机器中的用途和加工方法。

图 2-166 所示的零件名称为阀体,属于箱体类,是阀门部件的主要零件,用来包容、支承阀门各零件,并与管道连接。材料为铸铁,由铸造成毛坯,经过必要机械加工而成,绘图比例为 1∶1。

2.分析表达方案,搞清视图间的关系

首先在各视图中找出反映零件结构形状信息量最多的主视图,然后确定其他视图名称、剖切方法和位置,各视图之间的对应关系和表示目的。

图 2-166 所示阀体采用了 5 个基本视图的表达方案。主视图为 A－A 全剖视图,表示阀体的空腔与垂直交叉两孔(ϕ16,ϕ25)轴线位置;左视图为 B－B 全剖视图,反映空腔与在同一轴上两孔(ϕ16,ϕ20)的关系;俯视图采用局部剖视,既反映阀体壁厚,又保留了部分外形。C 及 D 的局部视图反映左端和后端凸缘的不同形状。

3.分析视图,想象零件形状

在看懂视图关系的基础上,运用形体分析法和线面分析法逐个分析零件的内外结构形状。根据上面初步分析,可把阀体分为两个主体部分进行分析想象,如从 A－A 全剖视图对应局部俯视图及 A－A 剖切标记,可知沿轴线 M 从下而上为圆孔Ⅰ、拱形内腔Ⅱ、螺纹孔Ⅲ,及底板Ⅵ的形状;从主视图 B－B 剖切标记对应 B－B 全剖左视图,可知沿轴线 G 前后为圆孔Ⅳ、Ⅴ,中间方形内腔Ⅱ,并进一步证实 G 轴线与 M 轴线垂直交叉;从 D、C 局部视图确定在 ϕ16 和 ϕ20 的孔口凸缘Ⅶ、Ⅷ的形状。综合上述分析,想象出如图 2-167 所示阀体。

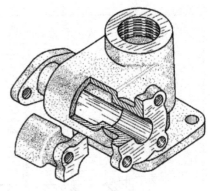

图 2-167　阀体轴测图

4.分析尺寸和技术要求

根据零件类型及尺寸标注的特点,先找出零件长、宽、高三个方向上的尺寸基准,图 2-169 阀体长度方向的尺寸以轴线 M 为基准;宽度方向尺寸以通过 ϕ25 孔轴线的平面 N 为基准;高度方向的尺寸以底平面 P 为基准。然后从基准出发,弄清各部分的定型尺寸和定位尺寸,分清主要尺寸与次要尺寸,检查尺寸标注是否齐全、合理。

对零件图中标注的表面粗糙度、尺寸公差、热处理等技术要求,应逐项识读。如阀体中孔 $\phi16^{+0.043}_{0}$ 注出了极限偏差和表面粗糙度 Ra 值 $3.2\mu m$,其精度和表面粗糙度要求比其他孔和面高,该孔的轴线与底平面 P 有平行度要求等。通过文字技术要求可知阀体需经过时效处理后方可进行机械加工,以及零件铸造圆角均为 $R1\sim R3$。

5.归纳总结

综合上面的分析,对零件结构形状,尺寸关系以及制造该零件技术要求,有一个全面的完整的清晰的认识,达到识图的要求。

任务 3　识读与绘制装配图

🔖 任务描述

表示机器或部件及其组成部分的连接、装配关系的图样称为装配图。装配图是指导产品生产的重要技术文件,是产品设计、安装、调试、使用和维修的重要技术资料。

读、绘装配图是从事各种专业工作的技术人员必须具备的基本技能之一。

一、装配图的内容

图 2-168 是球阀装配图,它表示了球阀的构造、工作原理、结构特点、零件间的装配关系和主要零件的结构形状,以及在装配、检验、安装时所需要的尺寸数据和技术要求。一张完整的装配图应包括下列内容。

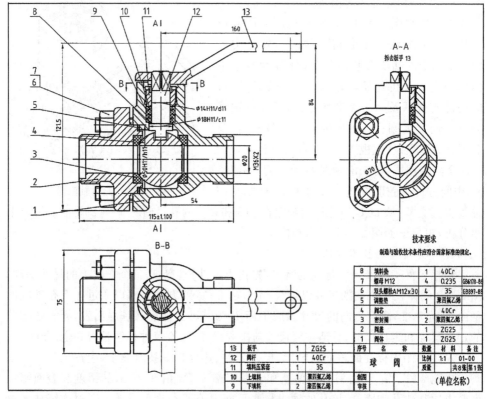

图 2-168　球阀装配图

1.一组图形

用以表达机器(或部件)的工作原理和结构特点、各组成零件之间的相对位置以及装配关系、主要零件的结构形状等。

2.必要的尺寸

标注出机器(或部件)的规格性能及装配、检验、安装所必需的尺寸。

3.技术要求

用文字或符号注写出机器(或部件)的质量、装配、检验、调试、使用等方面的要求。

4.零部件序号、明细栏和标题栏

根据生产组织和管理工作的需要,按一定的格式将零、部件进行编号,并填写明细栏和标题栏。

二、装配图的表达方法

装配图是以表达机器(或部件)的工作原理和装配关系为中心,采用适当的表达方法把机器(或部件)的内外结构形状和零件的主要结构表示清楚。因此,绘制装配图时,除了前面所介绍的各种表达方法外,还有一些表达机器(或部件)的特殊表达方法和装配图的规定画法。

1. 规定画法

(1)两相邻零件的接触面或配合面,规定只画一条轮廓线,如图 2-169(a)所示。相邻两个零件的非接触面或非配合面(基本尺寸不同),不论其间隙大小,都应画两条轮廓线,以表示存在间隙,如图 2-169(b)所示。

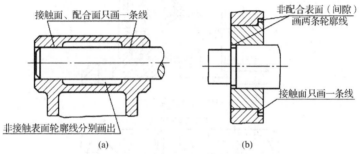

图 2-169 接触面与非接触面画法

(2)两个相邻零件被剖切时,它们的剖面线倾斜方向应相反。几个相邻零件被剖切时,可用剖面线的间隔(密度)、不同倾斜方向或错开等方法加以区别。但在同一张图纸上同一个零件在不同的视图中的剖面线方向、间隔应相同。如图 2-169(b)、图 2-170 所示。

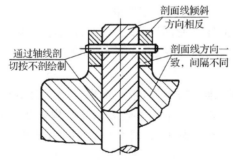

图 2-170 装配图中剖面线画法

断面厚度小于 2mm 时,允许用涂黑代替剖面线,见图 2-172 中纸垫圈。

(3)对于紧固件以及轴、手柄、连杆、拉杆、球、键、销等实心零件,若按纵向剖切,且剖切平面通过其对称平面或轴线时,则这些零件均按不剖绘制;若横向剖切上述零件时,照常画出剖面线。

2.特殊画法

(1)拆卸画法

当装配体某些零件的结构和装配情况需要表示,但又被另一些零件遮盖,或有的零件重复表示时,可以假想将某些遮盖零件拆卸后,再绘制那些被遮盖(挡)住零件的结构或装配关系。但必须在该视图上方,注明"拆去××件"等,如图 2-168 左视图拆去扳手 13、图 2-171 俯视图拆去轴承盖、上轴衬等零件。

(2)沿结合面剖切

在装配图中,可假想沿某些零件的结合面剖切,此时零件结合面不画剖面线,但被剖切到的零件结构部分仍应画剖面线,见图 2-171 中的俯视图。

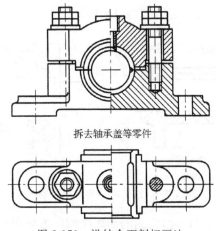

拆去轴承盖等零件

图 2-171　沿结合面剖切画法

(3)假想画法

在装配图上表示某些运动零件的运动范围和极限位置时,可用双点画线画出其极限位置外形,见图 2-168 俯视图中的扳手。

在装配图中,与本部件有关,但不属于本部件的相邻零件,可用双点画线画出其轮廓形状以表示连接关系,如图 2-172 的铣刀盘。

(4)夸大画法

当装配中遇到薄片、细小的零件,带有很小斜度或微小间隙时,若按全图统一的比例难于绘画,或按正常绘出不能清晰表示其结构以及造成图线密度难于区分的,可将零件或间隙适当夸大画出,如图 2-172 的纸垫圈厚度及轴颈与端盖孔的间隙等。

(5)展开画法

为了表示传动机构的传动路线和装配关系,若按正常的规定画法,在图中会产生互相重叠的空间轴系,此时,假想沿传动顺序的各轴线剖开,并将其展开在一个平面上(平行某一投影面)而得剖视图,并在剖视图上标注"×—×展开",如图 2-173 所示。

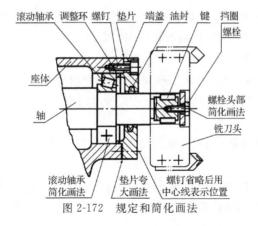

图 2-172　规定和简化画法

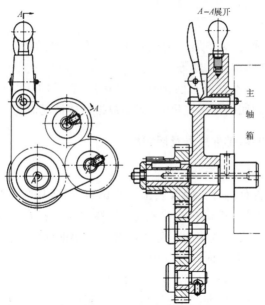

图 2-173　三星轮展开画法

三、装配图上的尺寸标注

装配图是设计和装配时使用的图样,与零件图不同,不必要注出所有尺寸,只要注出与装配、检验、安装或调试等有关的尺寸及其他重要尺寸。下面以图 2-168 所示球阀装配图为例,说明装配图中的几类尺寸。

1.性能(规格)尺寸

表示机器(或部件)的性能和规格的尺寸,在设计时就已确定。它也是设计、了解和选用机器(或部件)的依据,如球阀的公称直径 $\phi20$。

2.装配尺寸

(1)配合尺寸

表示两个零件之间配合性质的尺寸,如阀盖和阀体的配合尺寸 $\phi50H11/h11$,阀杆和填料压紧套的配合尺寸 $\phi14H11/d11$ 等。

（2）相对位置尺寸

表示装配机器（或部件）时需要保证的零件间相对位置的尺寸,如阀杆与阀体之间的轴向尺寸 54,四个螺柱的周向分布尺寸 $\phi70$ 等。

3. 安装尺寸

表示机器（或部件）安装时所需要的尺寸,如球阀与管道系统连接的尺寸 $M36\times2$ 等。

4. 外形尺寸

表示机器（或部件）外形轮廓的尺寸,即总长、总宽、总高尺寸。它为包装、运输和安装过程所占的空间大小提供了依据,如图 2-168 中球阀的总长、总宽和总高分别为 115 ± 1.100、75 和 121.5。

5. 其他重要尺寸

它是在设计中确定,又不属于上述几类尺寸的一些重要尺寸。如运动零件的极限尺寸、主体零件的重要尺寸等。

以上五类尺寸,并不是所有装配体都应具备,有时同一个尺寸可能有不同含义,因此,装配图上到底要标哪些尺寸,需要根据具体情况而定。

四、装配图中的零、部件序号及明细栏

1. 编写零、部件序号的方法

（1）在所指零、部件的可见轮廓内画一小圆点,然后从圆点开始用细实线画出指引线,在指引线的另一端画一水平线或圆（细实线）,在水平线上或圆内注写序号。序号的字高应比尺寸数字大一号或两号。对很薄的零件或涂黑的剖面,可在指引线末端画出箭头,并指向该部分的轮廓。

（2）指引线尽可能分布均匀且不要彼此相交,也不要过长。指引线通过有剖面线的区域时,要尽量不与剖面线平行,必要时可画成折线,但只允许弯折一次。同一连接件组成装配关系清楚的零件组,可采用公共指引线。

（3）每一种零件在各个视图上只编一个序号。对同一标准部件（如滚动轴承、电机等）,在装配图上只编一个序号。

（4）零、部件序号应沿水平或铅垂方向按顺时针（或逆时针）次序编列,做到排列整齐、分布均匀。

2. 明细栏

明细栏是机器或部件中全部零件的详细目录,国标没有统一规定它的内容和形式。

明细栏应画在标题栏的上方,零、部件序号应自下而上填写。假如地位不够,可将明细栏分段画在标题栏的左方。在特殊的情况下,明细栏也可以不画在装配图内,而单独编制在另一张纸上,编写顺序是从上往下,并可连续加页,但在明细栏下方应配置与装配图完全一致的标题栏。

五、应用 AutoCAD 绘制装配图

【例 2-23】 根据图 2-174 所给出的球阀实物模型,以及图 2-136、图 2-175 和图 2-190 所示球阀的零件图,应用 AutoCAD 绘制球阀装配图。

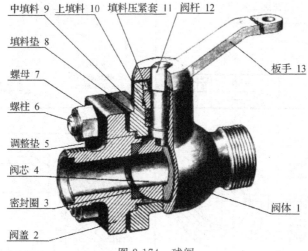

图 2-174 球阀

1. 了解部件的装配关系和工作原理

球阀是管道系统中用于启闭和调节流量的一种部件。它的阀芯是球形的。其装配关系是:阀体 1 和阀盖 2 均带有方形凸缘,它们用四个双头螺柱 6 和螺母 7 连接起来,并用合适的调整垫 5 调节阀芯 4 与密封圈 3 之间的松紧程度。在阀体上部有阀杆 12,阀杆下部有凸块,榫接阀芯 4 上的凹槽。为了密封,在阀体与阀杆之间加进填料垫 8、填料 9 和 10,并且旋入填料压紧套 11。

球阀的工作原理是:扳手 13 的方孔套进阀杆 12 上部的四棱柱,当扳手处于如图 2-168 所示的位置时,则阀门全部开启,管道畅通;当扳手按顺时针方向旋转 90°时(扳手处于如装配图的俯视图中双点画线所示的位置),则阀门全部关闭,管道断流。阀体 1 顶部定位凸块的形状为 90°的扇形,该凸块用以限制扳手 13 的旋转位置。

2. 拟定表达方案

(1)选择主视图

球阀的安放位置,应与部件的工作位置相符合,一般是将其通路放成水平位置。选用以能清楚地反映主要装配关系和工作原理的视图作为主视图,并采取全剖视,其中阀杆按不剖绘制,扳手画成局部剖视图。

(2)选择其他视图

根据确定的主视图,再选取能反映其他装配关系、外形及局部结构的视图。如选取左视图,并拆去扳手 13,补充反映了球阀的外形结构;选取俯视图,并作 $B-B$ 局部剖视,反映扳手与定位凸块关系。

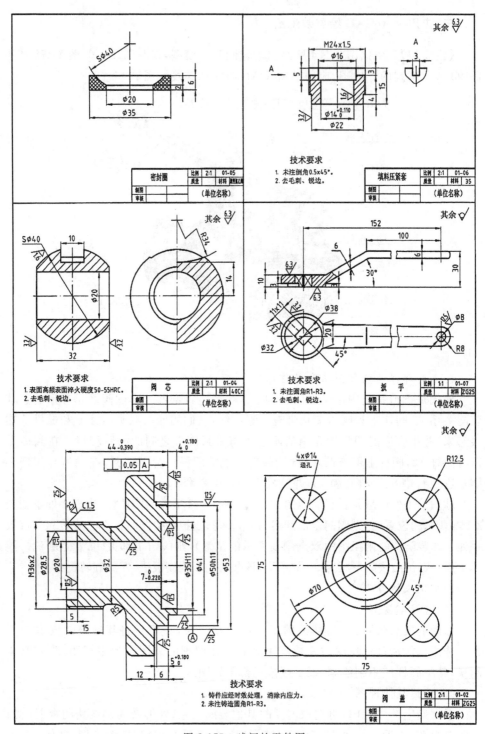

图 2-175 球阀的零件图

3.画装配图

(1)定比例,选图幅

根据球阀的表达方案及其形状大小,确定绘图比例为1∶1。选用标准图幅A3(横置)"样板图"文件。

(2)定基准,画底稿

①画出各个视图的主要轴线、对称中心线及作图基准线,如图 2-176(a)所示。

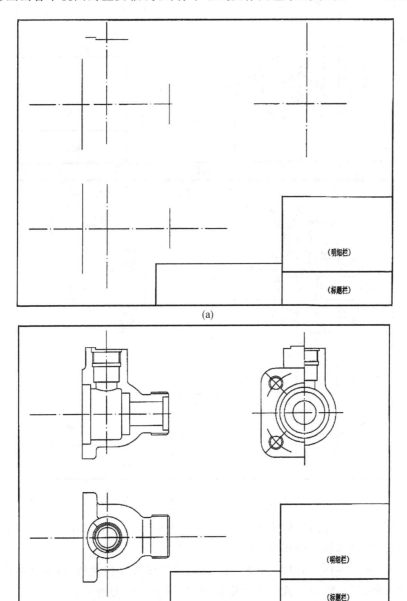

(a)

(b)

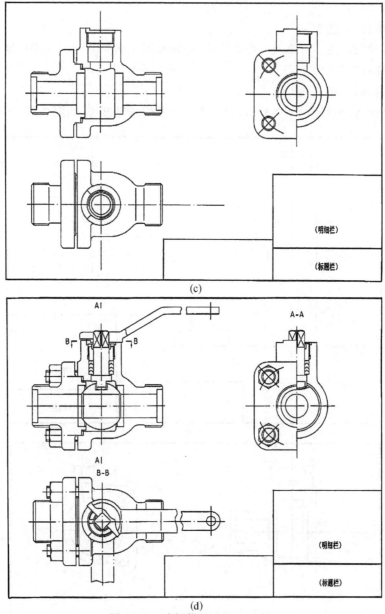

图 2-176　球阀装配图的绘图步骤

②先画主要零件阀体的轮廓线,三个视图要联系起来画,如图 2-176(b)所示。

③画出与阀体相连的阀盖三个视图,如图 2-176(c)所示。

④画出其他零件,如球芯、阀杆、填料垫、填料压紧套和填料,以及密封圈、调整垫、螺柱和螺母等,再画出扳手的极限位置,如图 2-176(d)所示。

(3)校核底稿,描深图线,全面审核,完成全图(见图 2-168)

①完成底稿后,必须经过仔细检查,再按规定线型描深。

②在剖面区域内,绘出通用剖面符号。被剖切的两相邻零件的剖面线倾斜方向应相反;在同一张图纸上的同一零件,在不同的视图中的剖面线方向、间隔应相同。

③标注规格、装配、安装及外形尺寸。

④编写零件序号、明细栏。

⑤填写标题栏和技术要求。

采用 AutoCAD 绘制装配图时,可先绘制出各个零件视图,再按拆装顺序把各零件视图逐一地"拼制"成装配图。在"拼制"图形过程中,经常使用"删除"、"修剪"、"延伸"等命令来修改编辑图线,最终按照装配图的绘制要求完成全图。

六、识读装配图

识读装配图主要是了解机器或部件的名称、用途、性能和工作原理,分析各零件间的装配关系及拆装顺序,以及各零件的主要结构形状和作用。

【例 2-24】 识读齿轮油泵装配图(见图 2-177)。

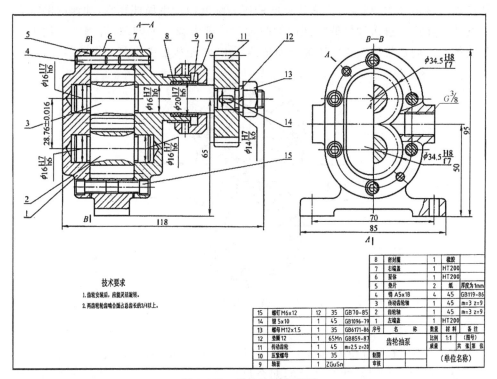

图 2-177 齿轮油泵装配图

1.概括了解

齿轮油泵是机器中输送润滑油的一个部件。图 2-177 所示的齿轮油泵是由泵体、左右端盖、传动齿轮和齿轮轴、密封零件以及标准件等组成。对照零件序号和明细栏可以看出,齿轮油泵是由 15 种零件装配而成的。

齿轮油泵的装配图,采用两个视图表达。全剖视的主视图反映了组成齿轮油泵各个零件间的装配关系。左视图是采用沿左端盖 1 与泵体 6 结合面剖切后移去垫片 5 的半剖视图 B-B,它清楚地反映出齿轮油泵的外部形状、齿轮的啮合情况以及吸、压油的工作原理,再以局部剖视反映进、出油螺纹接口以及安装孔的情况。

2.了解装配关系及工作原理

泵体 6 是齿轮油泵中的主要零件之一,它的内腔中容纳了一对吸油和压油的齿轮。两侧有左端盖 1 和右端盖 7 支承泵体内齿轮轴 2、传动齿轮轴 3 的旋转运动。由销 4 将左、右端盖与泵体定位后,再用螺钉 15 将端盖与泵体连成整体。为了防止泵体与端盖结合面以及传动齿轮轴 3 伸出端漏油,分别用垫片 5 及密封圈 8、轴套 9 和压紧螺母 10 密封。

齿轮轴 2、传动齿轮轴 3 和传动齿轮 11 是油泵中的运动零件。当传动齿轮 11 按逆时针方向转动时,通过键 14 将扭矩传递给传动齿轮轴 3,经过齿轮啮合带动齿轮轴 2 作顺时针方向转动。图 2-178 是齿轮油泵的工作原理图。当一对齿轮在泵体内作啮合运动时,啮合区内右边空间的压力降低而产生局部真空,油池内的油在大气压力作用下进入油泵低压区内的吸油口。随着齿轮的转动,齿槽中的油不断地沿箭头方向被带至左边的压油口而把油压出,送至机器中需要润滑的部位。

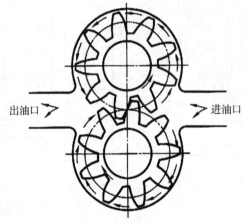

图 2-178　齿轮油泵的工作原理

3.分析尺寸

传动齿轮 11 与传动齿轮轴 3 之间的配合尺寸为 $\phi14H7/k6$,这是基孔制的过渡配合。齿轮轴与端盖在支承处的配合尺寸是 $\phi16H7/h6$;轴套与右端盖的配合尺寸是 $\phi20H7/h6$;两齿轮的齿顶圆与泵体内腔的配合尺寸是 $\phi34.5H8/f7$。它们是什么样的配合,读者自行分析。

尺寸 28.76 ± 0.016 是一对啮合齿轮的中心距,这个尺寸准确与否将直接影响齿轮的啮合传动精度尺寸。65 是传动齿轮轴线距离泵体安装面的高度尺寸。28.76 ± 0.016 和 65 分别是设计和安装所要求的尺寸。

吸压油口的尺寸 G3/8 为性能规格尺寸;底板上两个螺栓孔之间的尺寸 70 为安装尺寸;齿轮油泵的总长 118、总宽 85 和总高 95 是外形尺寸。

4.分析零件的作用和结构形状

泵体呈腰圆形柱状结构,其内腔用以容纳一对吸油和压油齿轮,两端面开设销孔和螺孔用于泵盖安装定位和固定。两凸缘内的螺孔是进油和出油接口,底板上两个通孔是齿轮油泵的安装孔。

传动齿轮轴 3 为阶梯轴,中间一段为连体齿轮,其两侧轴颈用来支持轴上零件一起旋转,外伸端开设键槽和螺纹用来实现传动齿轮 11 的周向固定和轴向固定。

5.归纳总结

图 2-179　齿轮油泵装配轴测图

在分析装配关系和主要零件结构的基础上,还要对技术要求等进行研究,进一步了解部件的设计意图和装配工艺性。如齿轮油泵的装配顺序为:齿轮轴 2 和传动齿轮轴 3 装入泵体 6 内腔,在端盖与泵体结合面处放入密封垫片 5,然后用销 4 和螺钉 15 定位与紧固。密封圈 8、轴套 9 装入右端盖凸缘内腔,旋上压紧螺母 10。在传动齿轮轴 3 伸出端处,安装键 14 和传动齿轮 11,再用弹簧垫圈 12 和螺母 13 紧固。图 2-179 是齿轮油泵的装配轴测图,供对照参考。

任务 4　测绘部件

任务描述

对现有的部件实物进行绘图、测量和确定技术要求的过程,称为部件测绘。测绘时先了解测绘的对象和拆卸零、部件,然后画装配示意图,测绘零件(非标准件)草图。经过校核、整理、修改草图以及尺寸等数据,应用 AutoCAD 绘制部件装配图和零件工作图。

一、了解和分析测绘对象

通过现场观察实物,了解测绘部件的任务和目的,决定测绘工作的内容和要求。分析部件的构造、功用、工作原理和使用运转情况,以及有关技术性能指标和一些重要的装配尺寸。

图 2-180 所示的旋塞阀,是用来切断或接通管道内物流的装置。该部件由 7 种零件组成,主体零件为阀体。由手柄带动塞子旋转,以控制通道的开启和关闭;用填料进行密封,填料压盖通过螺钉与阀体连接并将填料压紧。

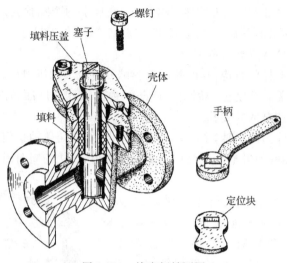

图 2-180　旋塞阀轴测图

二、拆卸部件、画装配示意图

测绘之前,应根据部件的复杂程度,制定出测绘进程计划,并准备拆卸工具,如扳手、锤子、铜棒、木棒、测量用钢直尺、卡尺及细铁丝、标签及简单绘图用品。

制定部件的拆卸顺序。根据部件的组成情况及装配工作特点,依次拆卸。旋塞阀的拆卸顺序是:先拆下手柄和定位块,旋下螺钉并拆下填料压盖,然后取出填料和塞子。

拆下的零件应妥善放置。对重要零件和作用表面,要防止碰伤、变形、生锈,以免影响其精度;对拆下的每一零部件编上件号并系上标签,分区分组放置,避免丢失,以便测绘后重新装配时能保证部件的性能和要求。

在拆卸显现出零件间的真实装配关系后,一边记录各零件间的装配关系,一边画出示意图,对各个零件编号,确定标准件的规格尺寸和数量,及时标注在示意图上。画装配示意图时,一般

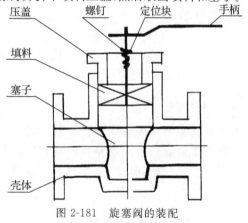

图 2-181　旋塞阀的装配

从主要零件入手,然后按装配顺序再把其他零件的大致轮廓逐个画出。旋塞阀的装配示意图,如图 2-181 所示。

三、画零件草图、测量尺寸

1. 画零件草图

草图是根据目测实物尺寸,选择图形比例,徒手绘制的图形。组成部件的每一个零件(标准件除外)都应画出零件草图,如图 2-182 所示为旋塞阀五个非标准零

件的草图。

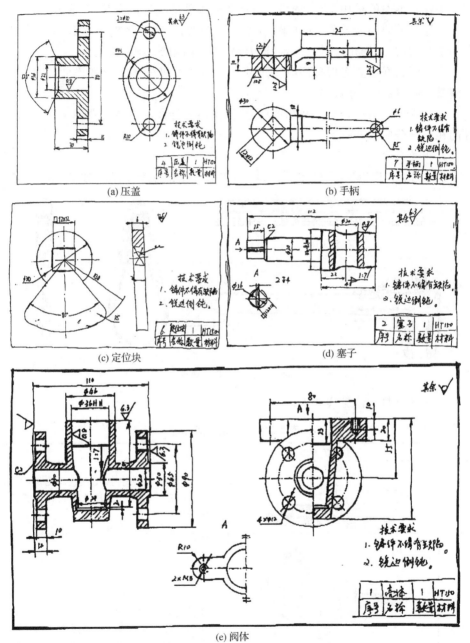

(a) 压盖　　　　　　　　　　　(b) 手柄

(c) 定位块　　　　　　　　　　(d) 塞子

(e) 阀体

图 2-182　旋塞阀非标准零件的草图

　　标准件(如螺栓、螺母、键、销等)不必画零件草图,但要测量其主要数据,并作详细记录,然后查有关标准确定其标记。如旋塞阀中有 2 个内六角圆柱头螺钉(标准件),其标记为 GB/T 70—2000。

画零件草图应注意以下几点：

①针对零件的结构特点，选用一组视图使零件的表达既完整、又清晰。

②零件上的制造缺陷，如砂眼、裂痕及破旧磨损等，画图时不必画出。但零件上的工艺结构，如倒角、凹坑、凸台、推刀槽、铸造圆角等，则应画出。

③视图画好后要考虑标注哪些尺寸。在视图上可先画出全部尺寸线，然后统一测量，逐一填写尺寸数字。

④对零件上的配合尺寸和相关尺寸，测量后要标注在有关的草图上，其配合零件的相应部分应协调一致。

2. 测量尺寸

尺寸测量常用的量具有钢直尺、钢卷尺、外卡钳、内卡钳、游标卡尺等，如图 2-183 所示。

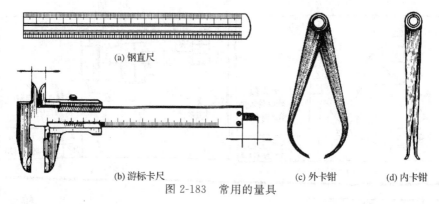

(a) 钢直尺

(b) 游标卡尺　　　　(c) 外卡钳　　　　(d) 内卡钳

图 2-183　常用的量具

常用的测量方法见表 3-21。

表 2-21　常用的测量方法

尺寸	测量方法	说明
直线尺寸		线性尺寸一般可直接用钢直尺测量，如图中的 L_1；必要时也可以用三角板配合测量，如图中的 L_2
直径尺寸		外径用外卡钳测量，内径用内卡钳测量，再在钢直尺上读出数值，如图中的 D_1、D_2。测量时应注意，外（内）卡钳与回转面的接触点，应是直径的两个端点

(续表)

尺寸	测量方法	说明
壁厚尺寸	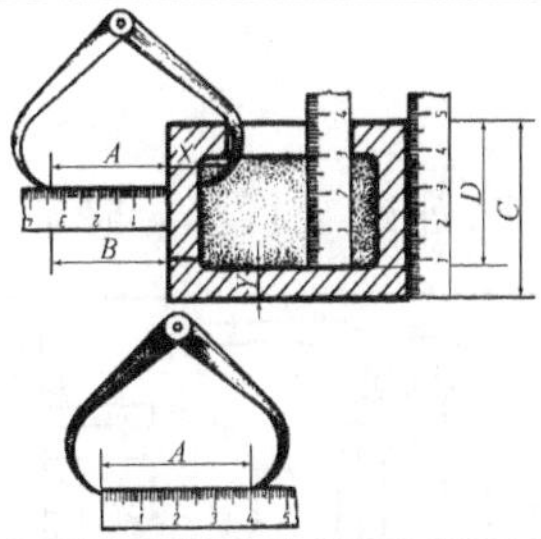	在无法直接测量壁厚时,可把外卡钳和钢直尺合并使用,将测量分两次完成,如图中的 $X=A-B$;或用钢直尺测量两次,如图中的 $Y=C-D$
中心高的尺寸	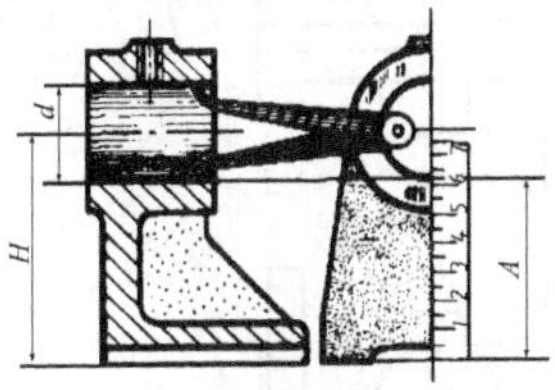	用内卡钳配合钢直尺测量,如图中的中心高 $H=A+d/2$
螺纹	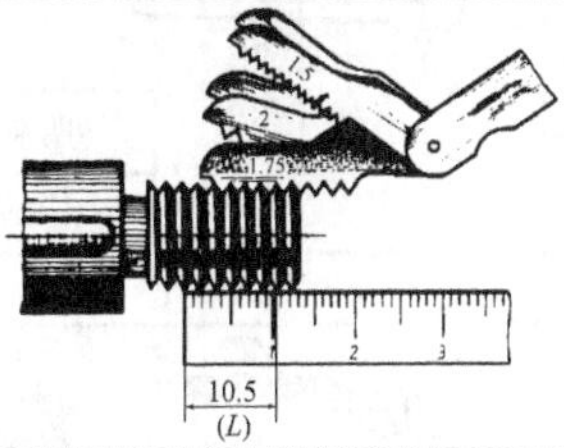	可用游标卡尺测量大径,用螺纹规测得螺距,或用钢直尺量取几个螺距后,取其平均值。如图中钢直尺测得螺距为 $P=L/6=1.75$;然后根据测得的大径和螺距,查对相应的螺纹标准,最后确定所测螺纹的规格

四、画部件装配图

零件草图绘制完毕后,根据零件草图和装配示意图画出部件装配图。画装配图的过程是一次检验、校对零件形状、尺寸的过程。若草图中零件的形状、尺寸有不妥之处,应及时改正,以保证零件间的装配关系能在装配图中准确地反映出来。旋塞阀装配图的绘图步骤如下。

1.分析所画的对象

画图之前通过实物及有关资料作进一步地分析,搞清部件的性能、结构特点、工作状态和装配关系,为设计机器或部件、修配零件和准备配件创造条件。

2.确定表达方案

(1)主视图的选择

主视图应能较多地反映装配体中各零件间的装配关系和工作(运动)状况,并尽可能按部件的工作位置,画出主视图(一般画成剖视图)。

(2)其他视图的选择

主视图选定之后,可根据部件的复杂程度选择其他视图及表达方法,以补充主视图尚未表达清楚的结构、工作(运动)状况和装配关系。

3.选定比例和图幅

根据部件的大小和复杂程度,以表达清楚主要结构为前提来选定绘图比例。

选定比例后,按照确定的表达方案选定图纸幅面。布置视图时,要考虑各视图间留有足够的空隙,以便标注尺寸和编写序号,同时还要留出标题栏、明细栏等各种表格和技术要求的位置。

4.画装配图

(1)画出各视图的中心线、轴线和作图基准线,如图 2-184(a)所示。

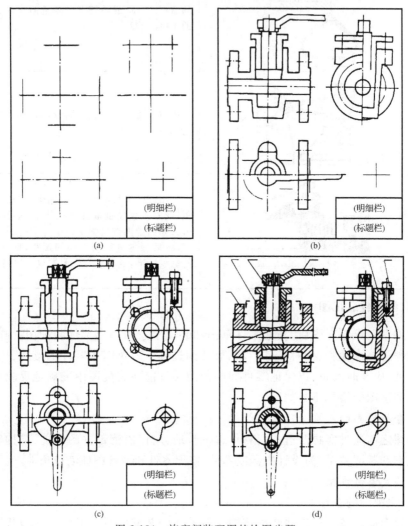

图 2-184 旋塞阀装配图的绘图步骤

(2)从主要零件的主视图开始,根据装配连接关系,采取先内后外(或先外后内)的方式逐个画出零件的视图,如图 2-184(b)所示。

(3)画出各零件的细部结构(如孔、槽、螺纹等),被遮住的图线一般可省略不画,如图 2-184(c)所示;按所选定的剖视或断面,在各视图中画出剖面符号,如图 2-184(d)所示。

(4)按装配图尺寸标注的要求,标注必要的尺寸,逐一编写各零(部)件的序号。

（5）校核、加深图线，填写明细栏、标题栏和技术要求，完成装配图，如图 2-185 所示。

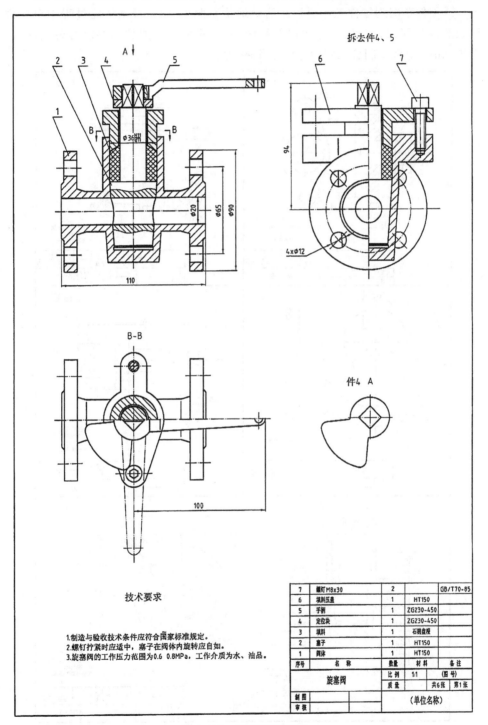

图 2-185 旋塞阀装配图

五、画零件工作图

从零件草图到零件工作图不是简单地重复照抄,而是根据测绘过程中对零件认识的逐步深入,调整、补充或修改视图表达、尺寸标注或技术要求等各项内容。应用 AutoCAD 绘制旋塞阀的零件工作图,如图 2-186 所示。

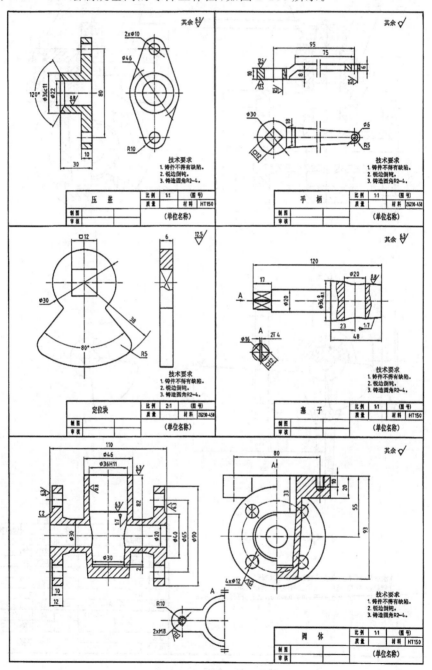

图 2-186　旋塞阀的零件图

项目训练

1.应用 AutoCAD 绘制螺纹连接图(旋合长度 20,比例 1：1)。

外螺纹大径 M20、螺纹长度 30、螺杆长 50、螺纹倒角 2×45°;内螺纹大径 M20、螺纹深度 30、钻孔深度 40、螺纹倒角 2×45°,如图 2-187 所示。

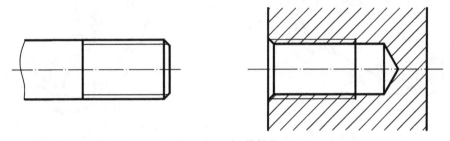

图 2-187　内、外螺纹

2.应用 AutoCAD 绘制螺栓连接图(比例 1：1)。

螺栓 GB/T5780－2000 M20×80,螺母 GB/T6170－2000 M20,垫圈 GB/T 79.1－1985 20－140HV,如图 2-188(a)所示。被连接零件如图 2-188(b)所示。

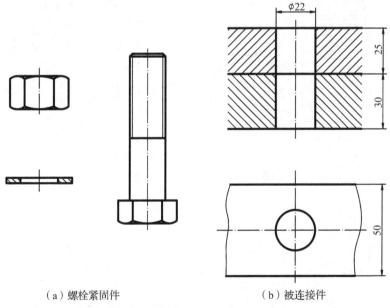

（a）螺栓紧固件　　　　　　　　　（b）被连接件

图 2-188　螺栓紧固件和被连接件

3.应用 AutoCAD 绘制图 2-189 所示零件的工作图(A4,比例 1∶1)。

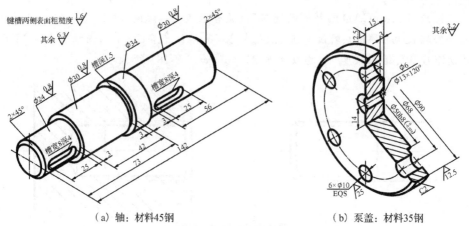

（a）轴：材料45钢　　　　　　　（b）泵盖：材料35钢

图 2-189　零件轴测图

4.识读零件图(见图 2-190),回答下列问题。

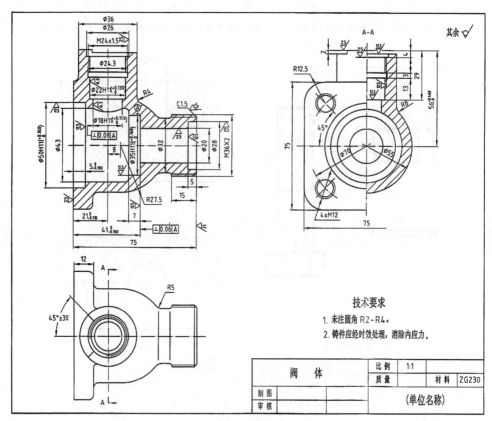

图 2-190　阀体零件图

（1）该零件的名称是_____，材料为_____，绘图比例为_____。

（2）零件图选取_____个视图表达，主视图采用_____剖视，主要表达_____结构形状；俯视图表达_____；左视图采用_____剖视，表达_____形状及_____的结构。

（3）在图中用指引线标出该零件长、宽、高三个方向的尺寸基准，并指明是哪个方向的尺寸基准。

（4）解释 $\phi50H11$ 含义：$\phi50$ 为 _____，H11 为 _____，上偏差是_____，下偏差是_____，最大极限尺寸为_____，最小极限尺寸为_____，公差值为_____。

（5）说明螺纹标记 M24×1.5 含义：_____。

（6）指出零件表面粗糙度要求最高的表面是_____，其 Ra 值为_____ μm。

（7）零件顶端的扇形限位凸块是用来控制_____的旋转，其角度定位尺寸是_____。

（8）零件水平轴线到顶端面的定位尺寸是_____，竖直轴线到左端面的定位尺寸是_____。

（9）指出零件工艺结构：该零件有_____处倒角，其尺寸为_____，有_____处退刀槽，其尺寸为_____。

（10）方形凸缘的定型尺寸为_____，其上均匀分布有_____个螺孔用于_____。

5.根据图 2-191 所给出的支顶装配示意图，以及图 2-192 所示支顶的零件图，应用 AutoCAD 绘制支顶装配图（A4，比例 1∶1）。

支顶工作原理

图示为机械式支顶，它是用来支起重物的机构。顶杆 2 和顶座 1 为粗牙螺纹连接，用螺栓 4 来紧固其连接；顶杆 2 的头部与顶碗 3 采用 Sϕ28 球面接触，可微量摆动，以适应不同的支撑情况。操作者使用扳手转动顶杆 2 上部的六角头结构来旋转顶杆，此时顶杆连同顶碗相对于顶座产生上、下移动，从而起到升降重物的作用。

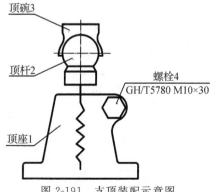

图 2-191 支顶装配示意图

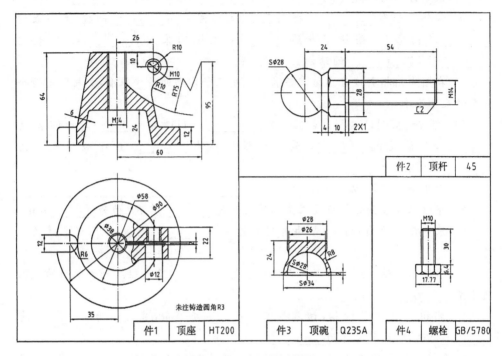

图 2-192 支顶的零件图

6.识读装配图(见图 2-193),回答下列问题。

(1)该装配体名称是_____,由_____种共_____个零件组成。绘图比例为_____,它表示装配体的实际大小比图样_____一倍。

(2)阀体 4 的材料是_____。

(3)主视图采用了_____剖视,用以表达_____关系;俯视图和左视图用以表达_____结构。

(4)主视图和左视图中的双点画线是用来表示_____,俯视图还采用了_____画法。

(5)芯杆 2 和气阀杆 6 是由_____连接。

(6)图中 3 是_____尺寸,其作用是_____。

(7)φ18H9/f8 是件_____和件_____的配合尺寸,H8 是_____的公差带代号,f7 是_____的公差带代号;H9/f8 是_____代号,表示基_____制_____配合。

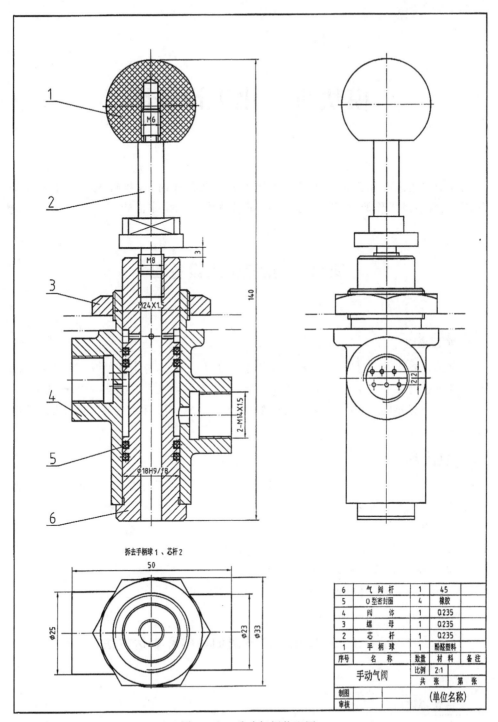

拆去手柄球1、芯杆2

6	气 阀 杆	1	45	
5	O 型密封圈	4	橡胶	
4	阀 体	1	Q235	
3	螺 母	1	Q235	
2	芯 杆	1	Q235	
1	手 柄 球	1	酚醛塑料	
序号	名 称	数量	材料	备注

手动气阀	比例	2:1	
	共 张	第 张	
制图		(单位名称)	
审核			

图 2-193　手动气阀装配图

模块Ⅲ 化工设备图

当你即将进入某化工企业从事生产技术和工艺操作时，你将首先了解化工设备的用途、构造及工作原理，熟悉化工设备的技术特性和操作性能。

项目1 绘制化工设备图

项目描述

化工设备是化工生产的重要技术装备。化工设备结构比较特殊，其图示方法和内容也较为独特。为表示化工设备构造、各零部件结构形状及其装配连接关系，应按照国家标准《技术制图》、《机械制图》及化工行业有关标准规定，绘制化工设备装配图。

项目驱动

1. 通过本项目的学习和训练，使学生了解化工设备图的图示方法和内容，熟悉化工设备装配图的画法，能够应用 AutoCAD 绘制化工设备装配图。

2. 能力目标

(1) 了解 化工设备图的图示方法和内容。

(2) 掌握 化工设备装配图的画法。

(3) 会做 应用 AutoCAD 绘制化工设备装配图。

任务1 认知化工设备图的内容和表达方法

任务描述

化工设备是用于化工产品生产过程中各种化工单元操作的装置和设备。常见的典型化工设备有：容器、反应器、换热器和塔器等，如图 3-1 所示。

(a) 容器

(b) 反应器

(c) 换热器

(d) 塔器

图 3-1 常见的化工设备

由于化工设备在结构和性能方面所具有的特点,化工设备装配图还有一些不同于一般机械装配图的独特内容和图示方法。

一、化工设备图的内容

图 3-2 为贮罐设备图。从图中可以看出,除了具有机械装配图所需的一组视图、必要的尺寸、零(部)件序号及明细栏、技术要求、标题栏等内容外,还有以下内容。

1. 管口符号和管口表

设备上所有的管口(物料进出口、仪表管口等)和开孔(视镜、人手孔等)均按字母顺序编注,并用管口表列出各管口或开孔的有关数据和用途等内容,供制造、检验、操作时使用。

2. 技术特性表

用表格形式列出设备的主要技术特性,如工作压力、工作温度、物料名称等内容,用以表明设备的重要特性指标。

二、化工设备的种类和结构特点

1. 化工设备的种类

化工设备的种类很多,常见的典型设备有以下几类(见图 3-1)。

(1)容器 用来贮存物料,以圆柱形容器应用最广。

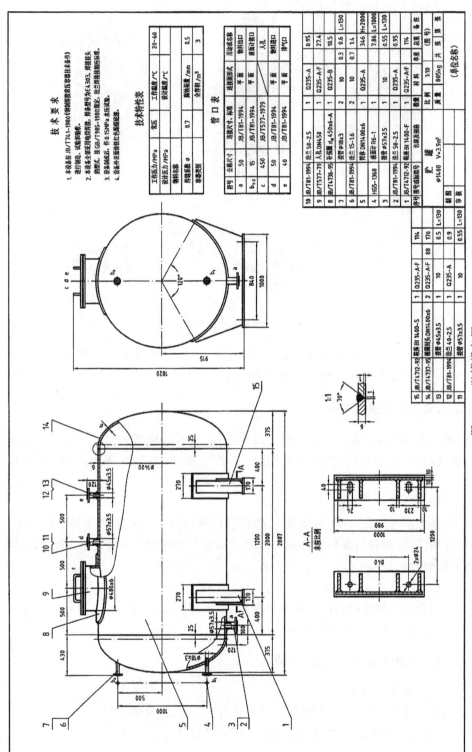

图 3—2 贮罐设备图

（2）换热器　　用来使两种不同温度的物料进行热量交换,以达到加热或冷却的目的。

（3）反应器　　用于物料进行化学反应,生成新的物质或使物料进行搅拌、沉降等操作。亦称反应罐或反应釜,常带有搅拌装置。

（4）塔器　　用于吸收、蒸馏等化工单元操作,其高度和直径一般都相差很大。

2.化工设备的结构特点

不同类型的化工设备,其结构虽各不相同,但从上述典型化工设备分析中,可归纳出它们具有如下的结构特点。

（1）薄壁回转体结构多

设备的主体（壳体）一般由钢板弯卷制成,设备的主体和主要零部件的结构形状大部分以回转体为主。

（2）管口和开孔多

为满足化工工艺的需要,在设备的壳体（筒体和封头）上有较多的开孔和接管口,用以装配各种零部件和连接管道。

（3）焊接结构多

化工设备中零部件的连接广泛采用焊接的方法。如图 3-2 中筒体和封头、接管、人孔、鞍座等的连接均是焊接而成的。

（4）标准化零部件多

化工设备上一些常用的零部件,大多已标准化、系列化,因此设计中一般都采用标准零部件和通用零部件。

（5）尺寸大小相差悬殊

设备的总体尺寸与某些局部结构（如壁厚、接管等）的尺寸相差悬殊。如图 3-2 中贮罐的总长为"2807"、直径为"1400",但筒体壁厚却只有"6"。

三、化工设备装配图的表达方法

1.视图及其配置

化工设备的主体结构多为回转体,故一般都采用两个基本视图。立式设备采用主、俯视图。卧式设备采用主、左视图,如图 3-2 所示。主视图一般都采用剖视的表达方法（采用全剖视较多）。

对于形体狭长的设备,当视图难于安排在基本视图位置时,可将俯（左）视图配置在图纸的其他空白处,但必须在视图上方标注大写拉丁字母"×",在主视图附近用箭头指明投射方向,并注上相同的字母。

化工设备结构较简单,且多为标准零部件,故允许零件图与装配图画在同一张图纸上。

2.化工设备装配图中的特殊表达方法

（1）结构多次旋转的表达方法

设备壳体周围分布着各种管口或零部件,为了减少视图和作图简便,主视图采用多次旋转的画法。假想将分布于设备上不同周向方位的管口及其他附件的结构,分别旋转到与主视图所在投影面平行的位置,然后进行投射,画出视图或剖视图,以表示它们的结构形状和各部位的高度。如图 3-3 所示的入孔 b 是按逆时针方向旋转 45°、液面计(a_1、a_2)按顺时针方向假想旋转 45°后,在主视图上画出。采用多次旋转的表达方法时,必须注意:

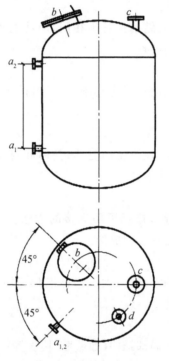

图 3-3 多次旋转的表达方法

①不能使主视图上出现图形重叠的现象。如图 3-3 中的管口 d 就不能再采用多次旋转的表达方法,其结构形状和相对位置,可另采用其他剖视的表达方法。

②化工设备图采用多次旋转的表达方法时,一般都不作标注。但这些结构的周向方位要以管口方位图(或俯视图)为准。

(2)管口方位的表达方法

化工设备上的管口及其附件,如果它们的结构在主视图(或其他视图)上能表达清楚时,则它们的方位可用管口方位图表示,以代替俯(左)视图。方位图中仅以中心线表示管口位置,以粗实线示意画出设备管口,在主视图和方位图上相应管口投影旁标明相同的小写拉丁字母,如图 3-4 所示。当俯(左)视图能将管口方位表达清楚时,可不必画管口方位图。

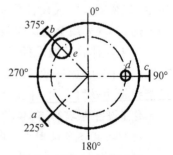

图 3-4 管口方位图示例

（3）局部结构的表示方法

化工设备上的某些细部结构（如法兰连接面、焊接结构等），按图样选定的比例无法表达清楚时，常采用局部放大画法。

局部放大图又称节点图，其画法和标注与机械制图相同。可根据需要采用视图、剖视、断面等表达方法，必要时还可采用几个视图表达同一细部结构，如图 3-5 所示。

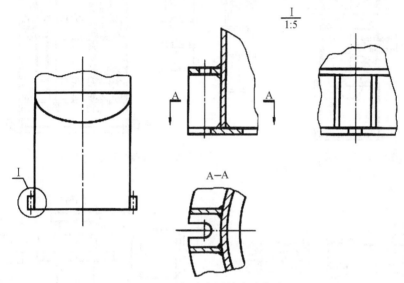

图 3-5　局部放大图的表达方法

（4）夸大画法

对于过小的尺寸结构（如薄壁、垫片等）或零部件无法按实际尺寸画出时，可采用夸大画法，如图 3-5 中壁厚即是未按比例夸大画出的。

（5）断开和分段（层）画法

当设备较长（或较高），且沿长度（或高度）方向相当部分的结构形状相同或按规律变化时，可采用断开画法，即用双点画线将设备从重复结构或相同结构处断开，使图形缩短，节省图幅、简化作图。图 3-6 为填料塔填料层处采用断开画法。

当设备较高又不宜采用断开画法时，可采用分段（层）的表达方法，如图 3-7 所示。

3.化工设备装配图中的简化画法

在化工设备图中，除采用国家标准《机械制图》中的规定和简化画法外，根据化工设备结构特点，还采用其他一些简化画法。

（1）标准零部件或外购零部件的简化画法

有标准图或外购的零部件，在装配图中可按比例只画出表示其外形特征的简图，如图 3-8 中的电动机、填料箱、人孔等。但须在明细栏中注明其名称、规格、标准号等。

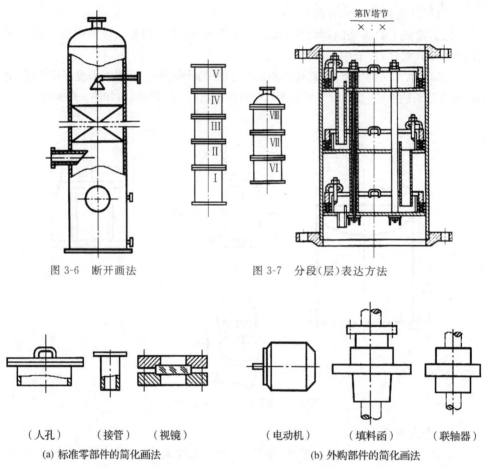

图 3-6 断开画法   图 3-7   分段(层)表达方法

（人孔）   （接管）   （视镜）   （电动机）   （填料函）   （联轴器）

(a) 标准零部件的简化画法   (b) 外购部件的简化画法

图 3-8   标准、外购零部件的简化画法

（2）管法兰的简化画法

化工设备装配图中,管法兰的画法均可简化成图 3-9 所示的形式。其规格、连接面形式及焊接形式(平焊、对焊等),可在明细栏及管口表中注明,如图 3-2 所示。

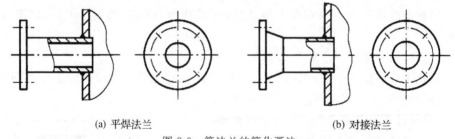

(a) 平焊法兰   (b) 对接法兰

图 3-9   管法兰的简化画法

（3）重复结构的简化画法

①螺栓孔和螺栓连接的表示法。螺栓孔可用中心线和轴线表示,而圆孔的投

影则可省略,如图 3-10(a)所示。装配图中的螺栓连接可用符号"×"和"＋"(用粗实线画)表示。若数量较多且均匀分布时,可只画几个符号表示其分布方位,如图 3-10(b)所示。

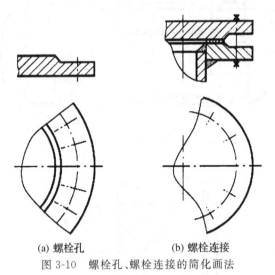

(a) 螺栓孔　　　　(b) 螺栓连接

图 3-10　螺栓孔、螺栓连接的简化画法

②多孔分布的表示法。多孔板上按规律分布的孔可按图 3-11 所示简化画出。

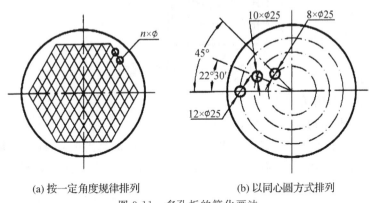

(a) 按一定角度规律排列　　　　(b) 以同心圆方式排列

图 3-11　多孔板的简化画法

③管束的表示法。当设备中有密集管子,且按一定规律排列或成管束时(如列管式换热器中的换热管),在装配图中可只画出其中一根或几根管子,而其余管子均用中心线(细点画线)表示,如图 3-12 所示。

④填充物的表示法。当设备中装有相同规格、材料和同一堆放方法的填充物时,在剖视图中,可用相交的细实线表示,并注写有关尺寸和文字说明;不同规格或规格相同但堆放方法不同的填充物须分层表示,并注明填充物的规格和堆放方法,如图 3-13 所示。

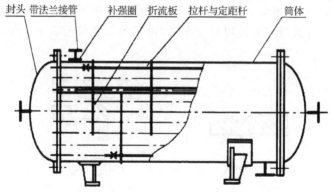

图 3-12　密集管子的简化画法

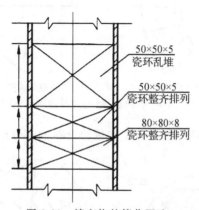

图 3-13　填充物的简化画法

（4）单线示意画法

设备上某些结构,在已有零部件图或另用剖视图、局部放大图等表达方法表达清楚时,装配图上允许用单粗实线表示,如图 3-12 中的折流板、拉杆与定距杆等。

为表达设备整体形状、有关结构的相对位置和尺寸,可采用示意画法画出设备的整体外形并标注有关尺寸。

4.化工设备装配图中焊缝的表示法

焊接是一种不可拆卸的连接,它是化工设备主要的连接方法。常见的焊接接头有对接、搭接、角接和 T 型接等四种基本形式,如图 3-14 所示。

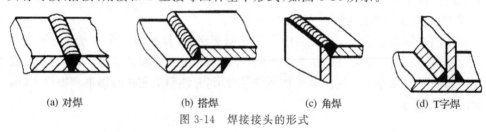

(a) 对焊　　　　　(b) 搭焊　　　　　(c) 角焊　　　　　(d) T字焊

图 3-14　焊接接头的形式

（1）焊缝的规定画法

需在图样中简易地绘出焊缝时，在视图中可见焊缝用细栅线（允许徒手绘制）表示，也允许用特粗线（$2d \sim 3d$）表示，但在同一图样中，只允许采用一种表达方式；在剖视图或断面图中，焊缝的金属熔焊区应涂黑表示，如图 3-15 所示。

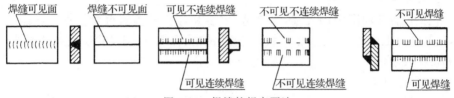

图 3-15　焊缝的规定画法

对于常压、低压设备，在剖视图上的焊缝，按焊接接头的形式画出焊缝的断面，剖面符号用涂黑表示；视图中的焊缝，可省略不画，如图 3-16 所示。

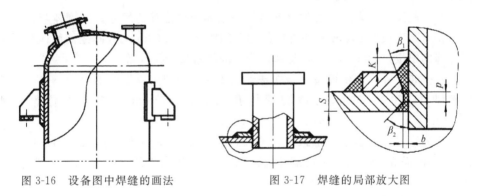

图 3-16　设备图中焊缝的画法　　　　图 3-17　焊缝的局部放大图

对于中压、高压设备或设备上某些重要的焊缝，则需用局部放大图（亦称节点图），详细地表示出焊缝结构的形状和有关尺寸，如图 3-17 所示。

（2）焊缝的标注

当焊缝分布较简单时，可不必画焊缝，只在焊缝处标注焊缝代号即可。焊缝代号由基本符号与指引线组成，如图 3-18 所示。必要时还可以加上辅助符号、补充符号和焊缝尺寸符号。具体规定可参见 GB/T324—1988 及有关资料。

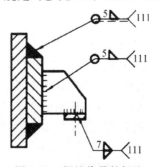

图 3-18　焊缝代号的标注

四、化工设备装配图的尺寸标注、技术要求及表格内容

化工设备图除了要表明设备的结构形状外,还要注明设备大小、规格及技术说明等内容。

1. 尺寸标注

化工设备装配图中的尺寸,是制造、安装和检验设备的重要依据。标注尺寸时,应结合化工设备的特点,尽量做到完整、清晰、合理,以满足化工设备的制造、检验和安装要求。

(1) 尺寸种类

化工设备装配图主要用来表示设备零部件之间的装配关系。下面以图 3-2 所示贮罐设备为例,说明化工设备装备图中的几类尺寸。

① 特性尺寸　反映化工设备的主要性能、规格和生产能力等数据。如贮罐筒体的内径 $\phi 1400$ mm、容积 $3 m^3$ 等。

② 装配尺寸　表示零部件之间装配关系和相对位置的尺寸。如罐体与支座底面的相对高度尺寸 915mm;两支座的轴向间距尺寸 1200mm;人孔距离筒体与封头环焊缝的定位尺寸 500mm,以及其余管口的相对位置尺寸等。

③ 安装尺寸　表示设备安装在基础上或其他构架上所需要的尺寸。如支座的底面尺寸 170 × 1000mm,地脚螺栓孔的直径 $\phi 24$ mm 及其相对位置尺寸 840mm 等。

④ 外形尺寸　表示设备总长、总高、总宽的尺寸,是安装、包装、运输及厂房设计时所必需的数据。如贮罐总长 2807mm、总高 1820mm、总宽为筒体外径 $\phi 1412$ mm。

⑤ 其他尺寸　根据需要注出的其他尺寸。一般包含标准零部件的规格尺寸,如人孔大小尺寸 $\phi 480 \times 6$ mm 等;设计计算确定的尺寸,如筒体壁厚尺寸 6mm 等。

(2) 尺寸基准

化工设备装配图上选取的尺寸基准,通常有以下几种。

① 设备筒体和封头的轴线。

② 设备筒体和封头焊接处的环焊缝。

③ 设备法兰的端面。

④ 设备支座底面。

⑤ 管口的轴线与壳体表面的交线。

图 3-19(a)所示的卧式容器,其横向尺寸是以筒体与封头的环焊缝(基准Ⅰ)为基准来定位的,高度方向尺寸则是以设备筒体与封头的轴线(基准Ⅱ)及支座的底面(基准Ⅲ)为基准来定位的。图 3-19(b)所示的立式容器,其竖向尺寸是以法兰的结合面(基准Ⅰ)及筒体与封头的环焊缝(基准Ⅱ)为基准来定位的。

2. 管口表

管口表是说明设备上所有管口的用途、规格、连接面形式等内容的一种表格,

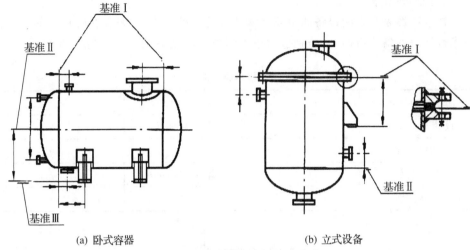

(a) 卧式容器　　　　　　　　　(b) 立式设备

图 3-19　化工设备常用尺寸基准

供备料、制造、检验或使用时参阅,也是读图时了解物料来龙去脉的重要依据。

　　管口表一般画在明细栏的上方,其格式如表 3-1 所示。填写管口表的注意事项:

　　①管口表"符号"栏内的字母应和视图中管口的符号相同,按 a、b、c……顺序填写。当管口规格、用途及连接面形式完全相同时,可合并成一项填写,见图 3-2 中的 $b_{1\sim2}$。

　　②"公称尺寸"栏内填写管口公称直径。无公称直径的管口,按管口实际内径填写。

　　③"连接尺寸、标准"栏填写对外连接管口的有关尺寸和标准;不对外连接的管口(如人孔、视镜等)不填写具体内容,用细斜线表示(见图 3-2);螺纹连接管口填写螺纹规格。

表 3-1　管口表

符号	公称尺寸	连接尺寸、标准	连接面形式	用途或名称

3.技术特性表

技术特性表是表明设备的主要技术特性的一种表格,一般放在管口表的上方。技术特性表的格式有两种,分别适用于不同类型的设备,如表 3-2、表 3-3 所示。

表 3-2　技术特性表(一)

工作压力/MPa		工作温度/℃	
设计压力/MPa		设计温度/℃	
物料名称			
焊缝系数		腐蚀裕度/mm	
容器类别			

表 3-3　技术特性表(二)

项目	管程	壳程	项目	管程	壳程
工作压力/MPa			换热系数		
工作温度/℃			焊缝系数		
设计压力/MPa			腐蚀裕度/mm		
设计温度/℃			容器类别		
物料名称					

4.技术要求

技术要求用于说明在图中不能(或没有)表示出来的内容,作为制造、装配、验收的技术依据。技术要求包括以下几方面的内容。

(1)设备在制造中依据的通用技术条件,如图 3-2 中技术要求第 1 条。

(2)设备在制造(焊接、机械加工)和装配方面的要求。通常对焊接方法、焊条型号等都作具体要求,如图 3-2 中技术要求第 2 条。

(3)设备的检验要求。包括焊缝质量检验和设备整体检验两类,图 3-2 中技术要求第 3 条属设备整体检验要求。

(4)其他要求。包括设备在保温、防腐蚀、运输等方面的要求,如图 3-2 中第 4 条技术要求。

5.零部件序号、明细栏和标题栏

(1)零部件序号及其编排方式

零部件序号的编排形式与机械装配图基本相同。序号一般都从主视图左下方开始,顺时针方向连续编号,整齐排列。序号若有遗漏或需增添时,则在外圈编排,如图 3-20 所示。

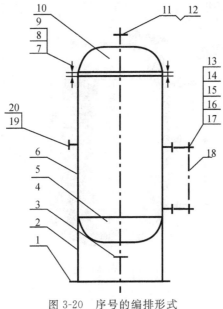

图 3-20　序号的编排形式

(2)明细栏和标题栏

明细栏是化工设备装配图所示设备各组成部分的详细目录,其内容包括:零件(或组件)的序号、名称、数量、规格、材料、图号或标准号等。明细栏绘制在标题栏上方,按零件(或组件)序号由下向上填写。位置不够时,可移至标题栏左侧延续。

标题栏用于填写设备名称、规格、比例、设计单位、图号、责任者签字等内容。

任务 2　绘制化工设备装配图

🔍 任务描述

表示化工设备形状、大小、结构、性能的图样,称为化工设备装配图。它是化工设备设计、制造、使用和维修中的重要技术文件。对于从事化工生产技术和操作人员应具备绘制化工设备装配图的能力,能查阅有关标准和选用化工设备常用标准化零部件。

一、化工设备常用的标准化零部件

化工设备的结构形状虽各有差异,但是许多零部件的作用是相同的,如图 3-21容器中的封头、支座、人孔、法兰等。这些零部件都有相应的标准,已成为化工设备的通用零部件。

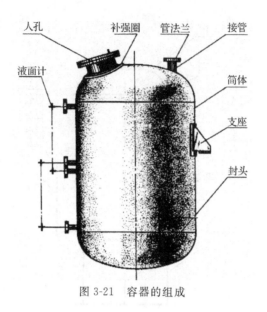

图 3-21 容器的组成

1. 筒体

筒体是化工设备的主体部分,一般为圆柱形,由钢板弯卷焊接而成。筒体的主要尺寸是直径、高度和壁厚。卷焊而成的筒体,其公称直径系指筒体内径。采用无缝钢管作筒体时,其公称直径系指筒体外径。筒体直径应在国家标准《压力容器公称直径》所规定的尺寸系列中选取,见表 4-4。

表 3-4　压力容器公称直径(摘自 GB/T 9010－1988)　　　　　(单位:mm)

钢板卷焊(内径)											
300	350	400	450	500	550	600	650	700	750	800	900
1000	1100	1200	1300	1400	1500	1600	1700	1800	1900	2000	2100
2200	2300	2400	2500	2600	2800	3000	3200	3400	3500	3600	3800
4000	4200	4400	4500	4600	4800	5000	5200	5400	5500	5600	5800
6000	—	—	—	—	—	—	—	—	—	—	—

无缝钢管(外径)					
159	219	273	325	337	426

【标记示例】某容器的公称直径为 1200mm,其标记为:

筒体 DN 1200　　GB/T 9010－1988

2. 封头

封头和筒体一起构成设备的壳体,它是设备的重要组成部分。封头与筒体可以直接焊接,也可分别焊上容器法兰,再用螺栓、螺母等连接。最常用的是椭圆形封头,如图 3-22(a)所示。

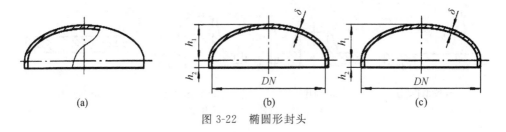

图 3-22 椭圆形封头

当筒体为钢板卷焊而成时,与之对应的椭圆封头公称直径为封头内径,其形式和尺寸如图 3-22(b)所示。无缝钢管作筒体时,与之对应的椭圆封头公称直径为封头外径,如图 3-22(c)所示。

【标记示例】封头的内径为 1200mm,名义厚度为 12mm,材质为 16MnR 的椭圆形封头,其标记为:

椭圆封头 $DN\ 1200\times12-16MnR$ JB/T 4737-1995

标准椭圆形封头的规格和尺寸系列,参见附录表 13。

3.法兰

法兰连接属于可拆连接,在化工设备上应用非常普遍。法兰连接是由一对焊于筒体、封头(或管子)的法兰、密封垫片和螺栓、螺母、垫圈等零件组成的,如图 3-23所示。

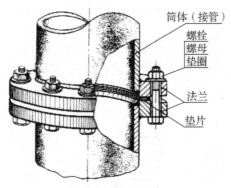

图 3-23 法兰连接

化工设备上用的标准法兰有管法兰和压力容器法兰两大类。前者用于管道的连接,后者用于设备筒体与封头的连接。

标准法兰的主要参数是公称直径(DN)和公称压力(PN)。管法兰的公称直径为所连接管子的外径,压力容器法兰的公称直径为所连接筒体(或封头)的内径。

(1)管法兰

管法兰按其与管子的连接方式分为:板式平焊法兰、对焊法兰、整体法兰和法兰盖等,如图 3-24 所示。

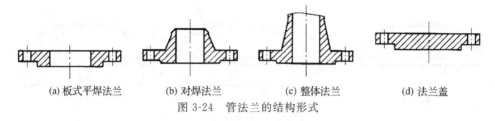

(a) 板式平焊法兰　　(b) 对焊法兰　　(c) 整体法兰　　(d) 法兰盖

图 3-24　管法兰的结构形式

管法兰的密封面形式主要有凸面、凹凸面、榫槽面和全平面,如图 3-25 所示。

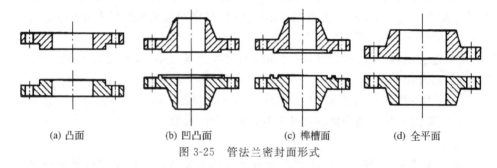

(a) 凸面　　　(b) 凹凸面　　　(c) 榫槽面　　　(d) 全平面

图 3-25　管法兰密封面形式

【标记示例】管法兰的公称通径为 100mm、公称压力为 2.5MPa、尺寸为系列 2 的凸面板式钢制管法兰(见附录表 14),其标记为:

法兰　100−2.5　JB/T 81−1994

(2)压力容器法兰

压力容器法兰的结构形式有三种:甲型平焊法兰、乙型平焊法兰和长颈对焊法兰。压力容器法兰的密封面形式有平密封面(分三种形式,代号分别为 PI、PII、PI-II),榫(S)、槽(C)密封面和凹(A)、凸(T)密封面等,其密封面结构如图 3-26 所示。

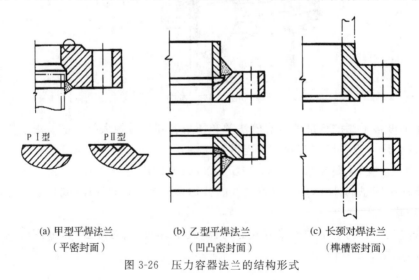

(a) 甲型平焊法兰　　　(b) 乙型平焊法兰　　　(c) 长颈对焊法兰
　(平密封面)　　　　　(凹凸密封面)　　　　　(榫槽密封面)

图 3-26　压力容器法兰的结构形式

【标记示例】压力容器法兰,公称压力为 1.6MPa,公称直径为 600mm,密封面为 PII 型平密封面的甲型平焊法兰(见附录表 15),其标记为:

法兰－PII　600－1.6　JB/T 4701－1992

4.人孔和手孔

为便于安装、检修或内部清洗,需要在设备上开设人孔或手孔。人孔与手孔的基本结构类同,如图 3-27 所示。

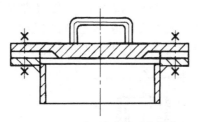

图 3-27　人孔、手孔的基本结构

手孔直径大小应考虑操作人员握有工具的手能顺利通过,标准中有 150mm 和 250mm 两种。人孔大小,主要考虑人的安全进出,又要避免孔过大影响器壁强度。圆形人孔最小直径 400mm,最大为 600mm。人(手)孔的结构尺寸,见附录表 16。

【标记示例】公称直径为 450mm,高度为 160mm 的常压人孔,施工图号为 2,其标记为:

人孔　DN 450,JB/T－577－1979－2

【标记示例】公称压力为 1.0MPa,公称直径为 250mm,高度为 190mm,A 型密封面的平盖手孔,施工图号为 2,其标记为:

手孔 A　PN 1.0,DN 250,JB/T－589－1979－2

5.补强圈

补强圈用于加强壳体开孔过大处的强度,其结构如图 3-28(a)所示。补强圈的厚度和材料一般都与设备壳体相同,它与壳体的连接情况如图 3-28(b)所示。补强圈的结构尺寸,见附录表 19。

【标记示例】接管公称直径 d_N 100mm,补强圈厚度为 8mm,坡口类型为 D 型,材料为 Q235－B,其标记为:

补强圈　d_N100×8－D－Q235－B　JB/T 4736－1995

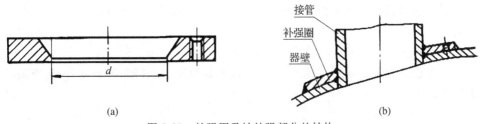

(a)　　　　　　　　　　　　　　(b)

图 3-28　补强圈及被补强部分的结构

6.支座

支座用来支承设备的质量、固定设备的位置。支座有多种形式,常用的支座有耳式支座和鞍式支座。

(1)耳式支座

耳式支座简称耳座,又称悬挂式支座,广泛用于立式设备。一般设备筒体周围均匀分布有四个耳座,小型设备也可有三个或两个耳座。

耳座有 A 型、AN 型(不带垫板)、B 型、BN 型(不带垫板)四种形式。

A 型(AN 型)适用于一般立式设备,B 型(BN 型)适用于带保温层的设备。耳式支座的结构如图 3-29 所示,其有关尺寸见附录表 17。

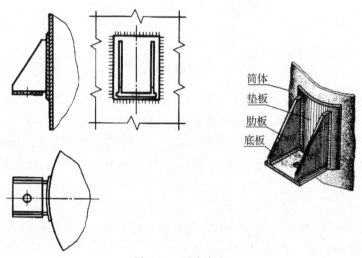

图 3-29　耳式支座

【标记示例】A 型,3 号耳式支座,带垫板,材料为 Q235-AF,其标记为:

JB/T 4725-1992,耳座 A3

(2)鞍式支座

鞍式支座应用于卧式设备,其结构如图 3-30 所示。鞍式支座分为轻型(代号 A)、重型(代号 B)两种。重型鞍座又有五种型号,代号为 BI～BV。每种类型的鞍座又分为 F 型(固定式)和 S 型(滑动式),且 F 型与 S 型常配对使用。F 型与 S 型除地脚螺栓孔不同外,其他结构及尺寸均相同。鞍座的结构尺寸,见附录表 18。

【标记示例】重型带垫板的滑动鞍式支座,公称直径为 900mm,120°包角,其标记为:

JB/T 4712-1992,鞍座　BIII　900-S

除上述几种常用的标准化零部件外,还有如视镜、填料箱、液面计等,可查阅有关标准。

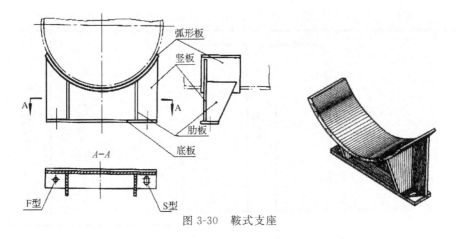

图 3-30　鞍式支座

二、应用 AutoCAD 绘制化工设备装配图

本例绘制的图样是贮罐设备装配图。贮罐设备的主体结构为薄壁圆筒和椭圆封头,并开设有进、出料孔,排气孔,人孔和液面计管孔,各零部件的连接均为焊接。设备采用鞍座支承和固定。

1.拟定表达方案

贮罐为卧式设备,采用两个基本视图、$A-A$ 剖视图和一个节点图的表达方案。其中主视图采用局部剖视,表达设备内外的结构形状、接管与筒体和封头的装配关系以及支座和管口的轴向位置;左视图表达接管和支座的周向方位;$A-A$ 剖视图表达支座的结构;局部放大图表达筒体与封头的焊缝结构。

2.定比例、选图幅、合理布图

根据设备表达方案,确定绘图比例为 1∶10(缩小比例)。选用标准图幅 A1(横置)"样板图"文件,画出明细栏、管口表和技术特性表。

保持绘图环境不变,用"缩放"命令将图面放大 10 倍,以便于按真实尺寸进行绘图和标注。此时对图中文字及数字大小按相应比例调整放大:注释文字的字体高度设定为 70;标注样式中的文字高度定为 50、箭头大小改为 50、尺寸界线超出尺寸线 20、文字位置从尺寸线偏移 15。

合理布置视图,留出标注尺寸、编写零部件序号和技术要求的位置,力求图样布局匀称、美观。

3.画底稿

(1)画作图基准线。用点画线画出设备的轴线和对称中心线。

(2)从主视图画起,几个视图联系起来画。先绘出筒体和封头轮廓图形,各管孔位置的中心线,如图 3-31 所示;然后,再逐个绘出各接管、法兰和鞍座等结构图形,注写出各个管口符号,如图 3-32 所示。

(3)绘出 $A-A$ 剖视图(未按比例)、局部放大图(1∶1),以及焊缝、液面计简图和剖面符号等,如图 3-33 所示。

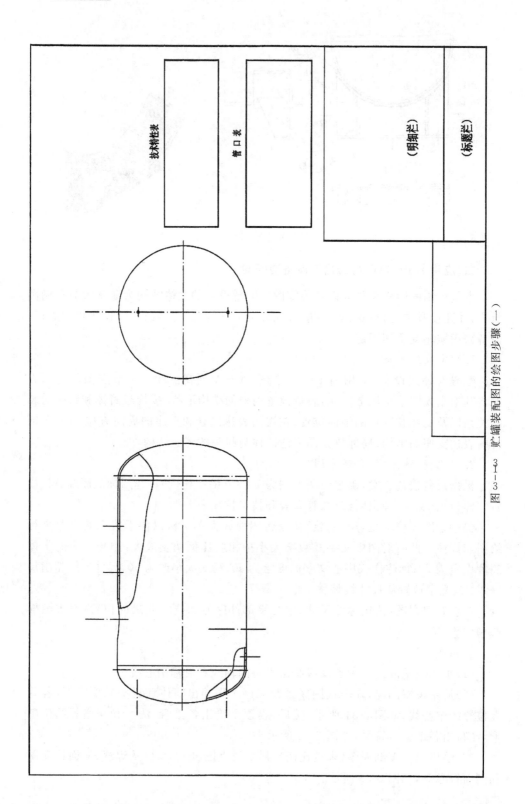

图 3—1—63　贮罐装配图的绘图步骤（一）

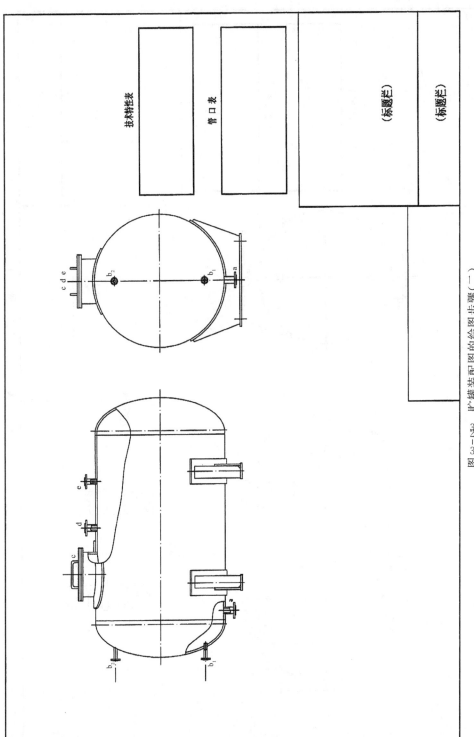

技术特性表

管口表

（标题栏）

（标题栏）

图 3—2—3　贮罐装配图的绘图步骤（二）

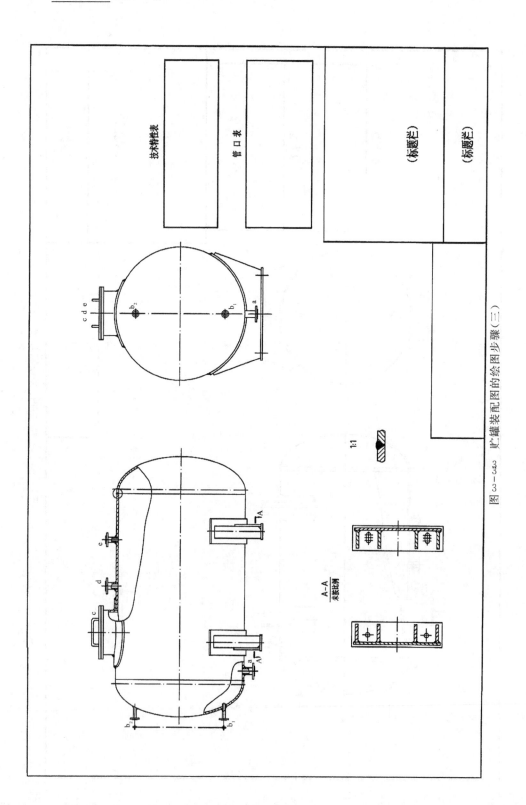

图 3-33 贮罐装配图的绘图步骤(三)

4.标注尺寸、编注零部件序号(详见图 3-2)

(1)尺寸基准

图中的横向尺寸是以筒体与封头的环形焊缝为基准来定位的;高度方向的尺寸则是以设备筒体和封头的轴线、支座的底面为基准来定位的。

(2)尺寸标注

标注装配图上的各类尺寸。贮罐内径 $\phi1400$(特性尺寸);罐体与支座的相对高度尺寸 915、支座与筒体的轴向位置尺寸 400、人孔与筒体的轴向位置尺寸 500(装配尺寸);支座的底面尺寸 170×1000,两支座间的距离 1200,地脚螺栓孔的直径 $\phi24$ 及其相对位置尺寸 840(安装尺寸);贮罐总长 2807、总高 1820、总宽为筒体外径(外形尺寸)。

此外,还应标注零部件的规格尺寸(如人孔 $\phi480\times6$ 等各个接管尺寸)、设计尺寸(如筒体壁厚 6)和其他一些尺寸。

(3)零部件序号从主视图左下方开始,顺时针方向连续编号,整齐排列。

5.编写管口表、技术特性表和技术要求(从略)

6.检查、修改、加深图线

对所画的视图底稿、尺寸等内容进行全面仔细的检查。核对无误后,加深图线,完成贮罐设备装配图,如图 3-2 所示。

项目 2　识读化工设备图

项目描述

化工设备图是化工设备设计、制造、使用和维修中的重要技术文件。对于从事化工生产技术和操作人员应具备阅读化工设备图的能力,能用"工程语言"进行技术交流、指导生产。

项目驱动

1.通过本项目的学习和训练,使学生了解识图基本要求和方法,能够分析化工设备的零部件结构及装配连接关系、工作特性、物料的流向和操作原理等。

2.能力目标

(1)了解　识图基本要求和方法。

(2)掌握　读图分析能力。

(3)会做　识读化工设备装配图和零部件图。

任务 1　识读换热器设备图

任务描述

换热器是用于冷、热流体进行热交换的设备。图 3-34 所示的空气预热器为列管式换热设备,"列管"是指设备中平行密集排列的管束。冷、热流体分别流经管束的管内和管间,通过管壁进行热交换,从而达到加热(或冷却)的目的。

现以图 3-34 空气预热器为例,说明化工设备图的阅读方法和步骤。

1. 概括了解

首先阅读设备图的标题栏、明细栏、管口表、技术特性表、技术要求等内容,并大致了解视图配置情况。初步了解设备名称、规格、绘图比例,零部件的数量、名称;概括了解设备的用途和性能。

从标题栏中了解到该图样为空气预热器装配图,该预热器的公称直径为400mm,全长为2937mm,图样采用缩小比例 1:5 绘制。从明细栏可了解到该设备共有 24 种零部件,其中 18 种为标准件。设备总重为 745.6kg。设备上共有 4 个管口。

2. 详细分析

(1)视图分析

分析图中采用的视图数量和表达方法,如采用了哪些基本视图、局部视图、剖视图和断面图等,明确各视图间的关系和表达意图。

设备装配图采用了一个基本视图(主视图)、一个阶梯剖切的 $A-A$ 半剖视图和五个节点图的表达方案。主视图采用断开画法,表达了设备内外的结构形状、接管与筒体的装配关系、折流板的位置以及支座和管口的轴向位置;$A-A$ 半剖视图主要表达列管的分布情况和管口的周向方位;局部放大图 I 表达了封头与法兰、筒体与管板的焊接结构;局部放大图 II 表达了管板与管子的连接关系;局部放大图 III 表达了定距管与折流板的连接关系;局部放大图 IV 表达了定距管与管板的连接关系;图中还采用了一个局部放大图来表达筒体的纵环焊缝。

(2)零部件分析

分析图中主要零部件的结构形状和连接方法,以及装配结构、规格、材料、数量、重量、标准号等。

设备的主体为筒体(件号 12),其轴线水平放置,两端与管板(件号 16)焊接。设备左、右两端是椭圆形封头(件号 3),右边封头加了一节筒节(件号 20)后与法兰(件号 4)焊接,再与筒体的管板以螺栓进行连接。法兰与管板间有垫片(件号 19)形成密封,防止泄漏,具体结构见局部放大图 I。

换热管(件号 14)在图中只画出一根,其余用中心线表示,其排列如 $A-A$ 剖视图所示,共有 108 根。换热管与管板的连接采用焊接,见局部放大图 II。折流板(件号 15)共 4 块,用定距管固定。拉杆(件号 11、21)左端螺纹旋入管板,拉杆上套上定距管(件号 9、10、22、23)用以确定折流板之间的距离,见局部放大图 III、IV。设备靠左右两个鞍式支座(件号 24)支承和固定。

(3)尺寸分析

分析图样中各类尺寸标注及代(符)号,明细栏和管口表中的相关数据。

装配图上表示了各主要零部件的定型尺寸。如筒体的直径为 $\phi 400mm$,壁厚为 8mm 等。

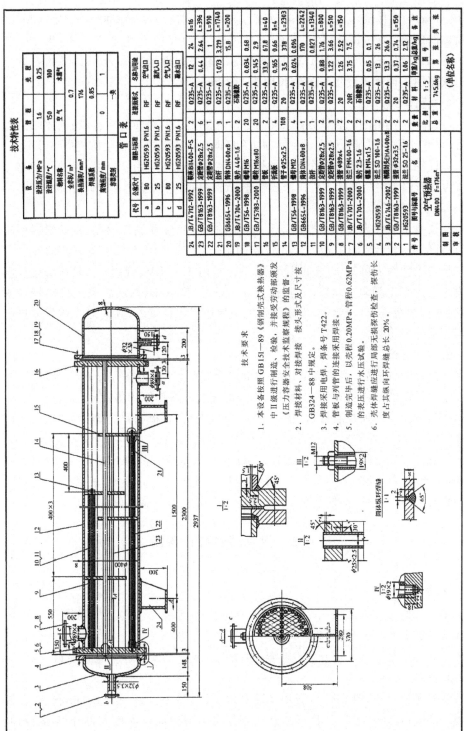

图 3-60 空气预热器设备图

图上标注了各零件之间的装配连接尺寸。如空气出口 a 到法兰密封面的距离为 130mm,到筒体的距离为 200mm;凝水出口 d 到法兰密封面的距离为 120mm,到筒体的距离为 150mm 等。设备上 2 个支座的螺栓孔中心距在长度方向为 1500mm,宽度方向为 280mm,这是安装设备事先预埋地脚螺栓所必需的安装尺寸。从图中还可读出设备总安装长度为 2937mm 等。

(4)管口分析

结合设备总体结构、管口方位视图与管口表和明细栏,分析每一管口的结构、形状、数目、大小和用途,以及管口在设备的轴向和径向位置,管口外接法兰的规格和形式。

该设备共有四个管口,各个管口的规格、连接面形式等可由管口表中得知。这四个管口为:a 管口为空气出口、b 管口为蒸汽进口、c 管口为空气进口、d 管口为凝水口。

(5)技术特性分析及技术要求

阅读技术特性表及技术要求,了解设备的工艺特性和设计参数,设备材料的选择、设计的依据和结构的选型;了解设备的制造、试验、验收和安装等方面的要求。

从技术特性表可知,设备的设计压力为管内 1.6MPa、管间 0.25MPa;设计温度为管内 150℃、管间 100℃;全容积为 0.70m³。设备按《钢制管壳式换热器技术条件》进行制造、试验和验收,设备制造完毕后还需水压试验,并要对壳体焊缝进行局部无损探伤检查。

3.归纳总结

通过详细分析后,将各部分内容加以综合归纳,得出设备完整的结构形象,进一步了解设备的结构特点、工作特性、物料的流向和操作原理等。

该设备为空气加热装置,设备主体由筒体、封头、管板和列管等构成,设备总厂为 2937mm,公称直径为 φ400mm。设备的工作过程如下:空气由 c 管口进入筒体,走换热管的管间,同时蒸汽由 b 管口进入管内,经换热管的管壁传热,使空气预热升温,气流由折流板阻挡曲折行走,使得空气得到较充分的预热,然后由 a 管口放出,而蒸汽经过一段时间散热后,变成冷凝水而由 d 管口流出设备。

任务 2 识读填料塔设备图

任务描述

填料塔是石油化工生产中广泛采用的传质、传热设备。图 3-35 所示的冷却塔为填料塔设备,"填料"是指设备中堆砌的气—液接触元件。气—液或液—液两相逆流并且在填料表面上进行充分接触,从而达到相际间质量和热量传递的目的。

1.概括了解

从标题栏得知,图 3-35 为异丁烯冷却塔装配图,公称直径为 φ426mm,塔体总长为 5676mm,绘图比例为 1:5。从明细栏可了解到该设备共有 29 种零部件,其中 13 种为标准件。设备总重为 890kg。设备上共有 6 个管口。

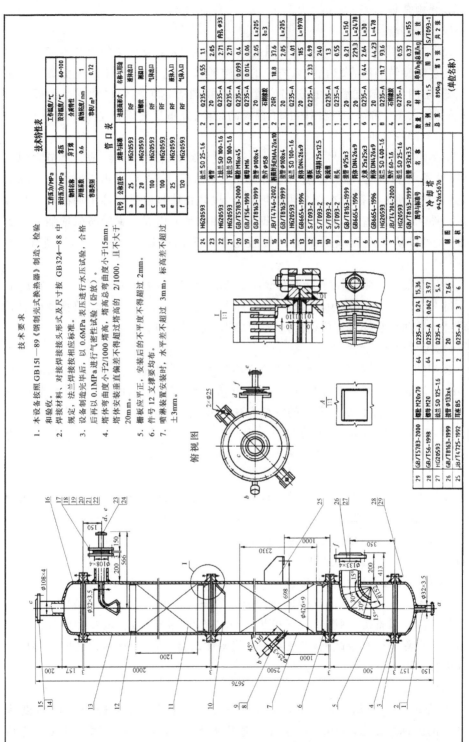

技术特性表

工作压力/MPa		工作温度/℃	60~100
设计压力	异压	设计温度/℃	
名称	0.6	水密性	1
壳程数	焊缝系数	腐蚀裕度	0.72
管程类别		容器类别	

管口表

尺号	公称尺寸	连接标准	连接面形式	数量	材料	名称与用途
a	25	HG20593	RF	2	Q235-A	液体出口
b	20	HG20593	凹凸面	1	20	漏出口
c	100	HG20593	RF	1	Q235-A	气体出口
d	100	HG20593	RF	4	20	液体入口
e	25	HG20593	RF	1	Q235-A	液体入口
f	120	HG20593	RF	1	20	气体入口

技术要求

1. 本设备按照GB151—89《钢制管壳式换热器》制造、检验和验收。
2. 焊接材料、对接焊接接头形式及尺寸按 GB324—88 中规定，法兰焊接接按相应标准。
3. 设备制造完毕后，以 0.6MPa 表压进行水压试验，合格后再以 0.1MPa 进行气密性试验（泄放）。
4. 塔体弯曲度小于2/1000塔高，塔高总弯曲度不得超过2/1000，且不大于15mm，塔体安装垂直偏差不得超过塔高的2/1000，20mm。
5. 栅板应平正，安装后的不平度不得超过 2mm。
6. 件号 12 支撑要均布。
7. 喷淋装置安装时，水平差不得超过 3mm，标高高差不超过±3mm。

俯视图

24			H620593				
23			H620593				
22			H620593				
21			H620593				
20		GB/T5783-2000	螺栓 M16×45	4	Q235-A	0.099	0.4
19		GB/T56-1998	螺母 M16	4	20	0.014	0.06
18		GB/T8163-1999	接管 φ108×4	1	20	2.05	2.05 L=205
17			垫片 φ58	1	石棉橡胶		t=3
16		JB/T4746-2002	椭圆形封头HA-A26×10	2	20R	18.8	37.6
15		GB/T8163-1999	接管 φ108×4	1	20	2.05	4.01 L=205
14		H620593		1	Q235-A		185
13		GB6654-1996	筒体 DN4 26×9	3	Q235-A	2.33	6.99 L=1978
12		S/T093-2	环形喷淋管25×12.5	1	20		240
11		S/T093-2	制液管	1			13
10		S/T093-2	筋板φ25×3	1	20	0.21	0.55
8		GB/T8163-1999	支座 DN4 26×9	1	Q235-A	229.3	0.55
6		GB6654-1996	支座 25×25×3	6	Q235-A	0.44	2.64 L=150
5		GB6654-1996	筒体 DN4 26×9	6	20	44.23	1.21 L=30
3		H620593	法兰 SO 400-16	8	Q235-A	11.7	4.23 L=478
2		JB/T4704-2000	法兰 60-16	1	石棉橡胶		93.6
1		H620593	法兰 SO 25-16	1	Q235-A	0.55	
符号	名称	图号与标准号	名 称	数量	材 料	单件 质量/kg	备 注

冷却塔 φ426×5676
比例 1:5　　图号 S/T093-1
总重 890kg　　第 1 张 共 2 张

（单位名称）

29	GB/T5783-2000	螺栓 M20×70	64	Q235-A	0.24	15.36
28	GB/T56-1998	螺母 M20	64	Q235-A	0.062	3.97
27	H620593	法兰 SO 125-1.6	1	Q235-A	5.4	
26	GB/T8163-1999	接管 φ133×4	1	20	7.64	
25	JB/T4725-1992	环板 B5	2	Q235-A	3	6

图3—133　冷却塔设备图

2.详细分析

(1)视图分析

设备的总图采用了两个基本视图(主、俯视图),两个节点图的表达方案。主视图采用多次旋转画法,表达塔内、塔外的结构形状,各接管与塔体的装配关系和轴向位置,塔内各填料支承板的安装位置等;俯视图表达了各管口和支座的周向方位;局部放大图 I 和 A 向视图表达了栅板的结构、分布及支承的连接形式等。

(2)零部件分析

塔体由三节筒体(件号5、7、13)及上、下两个封头(件号16)组成。塔节之间用法兰(件号4)和螺栓、螺母连接。塔内装有三块栅板(件号12),用于堆放和支撑填料,其中有一块栅板搁放在塔节内的填料上,以防止填料因受到冲击而破坏。从节点放大图和明细栏查出,栅板采用扁钢焊制,并在其上横焊一扁钢条以增加栅板的强度,还可以从节点放大图中看出栅板是由塔节内壁焊接固定的角钢支承(件号6)。

在塔节的上部装有尺寸为 $\phi32mm \times 3.5mm$ 的液体喷淋管(件号23),在塔节的下部装有尺寸为 $\phi133mm \times 4mm$ 的气体入口管(件号26)。从主、俯视图对照看出塔体上的两个悬挂式支座(件号25)焊接固定在塔体外部。

(3)尺寸分析

装配图上表示了各主要零部件的定型尺寸,如筒体的直径为 $\phi426mm$,壁厚为 9mm;填料高度分别为 1200mm 和 2330mm 等。图上标注了各零件之间的装配连接尺寸。设备上 2 个支座的螺栓孔中心距为 698mm,这是安装该设备需要预埋地脚螺栓所必需的安装尺寸。从图中还可读出设备的总安装高度为 5676mm 等。

(4)管口分析

该设备共有六个管口,各个管口的规格、连接面形式和用途等均可由管口表中得知。a、b、c、d、e、f 管口的位置,可从主视图下方按顺时针方向对照俯视图逐一找出。这些管口分别是:a 管口为液体出口,b 管口为测温口,c 管口为气体出口,e 管口为液体入口,f 管口为气体入口。

(5)技术特性分析及技术要求

从技术特性表可知,设备的设计压力为常压,设计温度为 60~100℃,物料名称为异丁烯。设备按《钢制管壳式换热器技术条件》进行制造、试验和验收。设备制造完毕后除进行水压试验外,还需进行气密性试验。此外,还对设备安装提出了相应的技术要求。

3.归纳总结

该设备为冷却塔,设备由筒体(分三节)和上、下封头构成。总高度为 5676mm,公称直径为 $\phi426mm$。其工作过程如下:异丁烯高温气体由塔底 f 管口进入塔内,与 e 管口喷入的冷水逆流接触,被淋浴冷却后的气体由塔顶 c 管口出塔;由 e 管口喷入塔内的水从 a 管口流出。为了达到较好的冷却目的,使冷水与气体接触面增大,塔内利用淋喷头和填料瓷环使高温气体和低温水接触更加均匀;为了防止冷水沿管壁流出,在第二塔节上设置了集流锥。

任务3　识读反应罐设备图

任务描述

反应罐是化工生产中使用的典型设备之一。图 3-36 所示的反应罐为搅拌反应釜,可以用在密闭、搅拌以及加热或冷却条件下,完成若干种料液均匀混合、液—液均相反应、液体萃取、气体吸收等工艺过程操作。

1.概括了解

从标题栏中得知,图 3-36 为反应罐装配图,设备容积为 $0.1m^3$,绘图比例为 1∶5。该设备共有 48 种零部件,其中 33 种为标准件。设备总重为 271kg。设备上共有 11 个管口。

2.详细分析

(1)视图分析

设备总图采用主、俯两个基本视图和五个节点图的表达方案。主视图采用多次旋转画法,表达了设备的主要装配关系、结构形状和管口的轴向位置;俯视图表达了各管口和支座的周向方位;$A—A$ 剖视图和 B 向局部视图表达了支座的结构;$C—C$ 局部剖视图表达了管口 f、g、h、k 与上封头的装配关系;局部放大图Ⅰ表达了筒体、封头与容器法兰的焊接结构,局部放大图Ⅱ表达了夹套与筒体、排空口 d 和蒸气进口 c 及挡板的焊接结构。

(2)零部件分析

设备的主体由筒体(件号 8)和顶、底两个椭圆形封头(件号 5)用法兰连接和焊接的方法组成。由夹套筒体(件号 7)和夹套封头(件号 4)焊接成夹套后与设备主体焊接装配。夹套封头下方焊有四个支座(件号 1、2、3、42)。搅拌轴(件号 39)的直径为 50mm,材料为 1Cr18Ni9Ti 钢,用 1.1kW 的电动机经减速器(件号 23)带动搅拌轴运转,其转速为 40r/min。搅拌轴与减速器输出轴之间用联轴器连接。传动装置安装在机架(件号 20)上,机架用双头螺柱和螺母固定在顶封头和填料箱底座(件号 35、36)上。搅拌轴下端装有框式椭圆底搅拌器(件号 6)。该设备的传热装置采用夹套,用水蒸气进行加热。水蒸气由管口 c 加入,冷凝水由管口 b 排出。搅拌轴与筒体之间采用填料箱(件号 28)密封。该设备采用了两个带颈视镜(件号 16),其开口方位以俯视图为准。出料管 a(件号 43)的公称尺寸为 50mm 的无缝钢管(材料为 0Cr18Ni9Ti 钢),沿设备内壁伸入罐底中心,以便出料时料液能够尽可能排净。

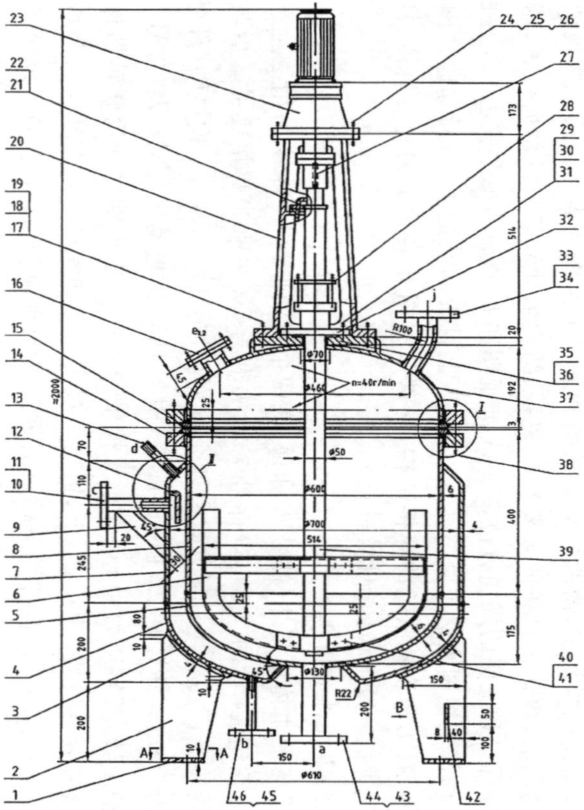

技术要求

1. 本设备按照 GB150—89《钢制压力容器》进行制造、检验，并接受劳动部颁发《压力容器安全技术监察规程》的监督。
2. 焊接采用手工电弧焊，不锈钢间焊条牌号为A132，碳钢间焊条牌号为J422，不锈钢与碳钢间焊条牌号为A302。
3. 焊缝坡口形式及尺寸按 GB985~986—88 中规定，角焊缝腰高按薄板厚度，法兰焊接按相应标准中的规定。
4. 先将设备内以0.83MPa进行水压试验和以0.35MPa 的压缩空气进行致密性试验，合格后再焊夹套，并作夹套内0.83MPa进行水压试验。
5. 设备组装后，测定搅拌轴上端密封处的径向摆动量，摆动量应不大于0.3mm，搅拌轴的轴向窜动不大于±0.2mm，搅拌轴下端的摆动量不大于1.0mm，
6. 组装完毕后，应进行试运转（以水代料），不得有不正常的噪声和较大的振动等不良现象。
7. 搅拌轴旋转方向和图示相同，不得反转。
8. 管口和支座方位以俯视图为准。

技术特性表

	容 器	夹 套
设计压力/MPa	0.6	0.66
设计温度/℃	150	167.5
物料名称	料 液	水蒸气
全容积/m³	0.13	
换热面积/mm²	1.07	
焊缝系数	0.85	
腐蚀裕度/mm	0	1
容器类别	一类	
搅拌转速/r·min⁻¹	40	
电动机功率/kW	1.1	

管口表

代号	公称直径	规格与标准	连接面形式	名称与用途
a	50	PN10 DN50 HG5010-58	平面	出料口
b	15	PN10 DN15 HG5010-58	平面	冷凝水出口
c	25	PN10 DN25 HG5010-58	平面	蒸气入口
d	G 1/2		螺纹	排空口
$e_{1,2}$	50		平面	视镜
f	25	PN10 DN25 HG5010-58	平面	备用口
g	25	PN10 DN25 HG5010-58	平面	温度计口
h	25	PN10 DN25 HG5010-58	平面	压力计口
j	40	PN10 DN40 HG5010-58	平面	进料口
k	25	PN10 DN25 HG5010-58	平面	排空口

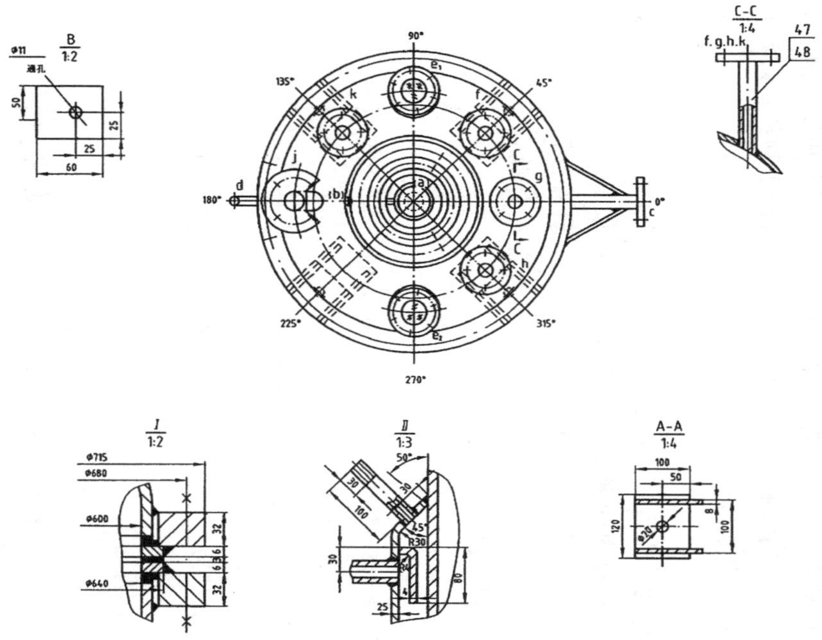

图 3-1-50　反应罐设备图

明细表（件号 4～40）

件号	图号与标准	名称	数量	材料	单重	总重	备注
40	GB/T5782-1986	螺栓 M12×75	8	0Cr18Ni9Ti	0.08	0.64	
39	56-002-04	搅拌轴	1	1Cr18Ni9Ti	15.3	15.3	
38	JB/T4707-1992	齿条双头螺柱M16×120	24	Q235-A	0.16	3.84	
37	JB/T4737-1995	椭圆封头DN600×5	1	0Cr19Ni9	26.97	26.97	
36	56-002-03	凸缘	1	0Cr19Ni9	13.4	13.4	H=35
35		筒体 φ313×4	1	0Cr18Ni9Ti	1.05	1.05	
34	GB/T2270-1980	接管 φ45×3.5	1	0Cr18Ni9Ti	0.54	0.54	
33	HG5010-1958	法兰 PN10 ND40	1	0Cr19Ni9	1.71	1.71	
32		垫片 φ08/φ88	1	耐油石棉橡胶板	0.02	0.02	组合件 b=3
31	GB/T93-1987	弹簧垫圈 16	4	65Mn	0.005	0.02	
30	GB/T5170-1986	螺母 M16	52	Q235-A	0.014	0.784	
29	GB/T897-1988	螺柱 M16×55	4	Q235-A	0.07	0.28	
28	HG2H5372-1992	不锈钢封头箱	1		6.5	6.5	组合件
27	GB/T1096-1979	普通平键 10×50	1	45	0.06	0.06	
26	GB/T93-1987	弹簧垫圈 10	6	Q235-A	0.003	0.018	
25	GB/T6170-1986	螺母 M10	6	Q235-A	0.008	0.048	
24	GB/T897-1988	螺柱 M10×40	6	Q235-A	0.03	0.18	
23	GB/T901-1998	减速器BL050-35-11	1			0.01	组合件
22	GB/T858-1988	圆螺母用止动垫圈39	1	Q235-A	0.01	0.01	
21	GB/T812-1986	圆螺母 M39×1.5	1	45	0.103	0.103	
20		机架 JB-J1	1				组合件
19	GB/T93-1987	弹簧垫圈 12	6	Q235-A	0.004	0.024	
18	GB/T6170-1986	螺母 M12	6	Q235-A	0.01	0.06	
17	GB/T897-1988	螺柱 M12×50	6	Q235-A	0.04	0.24	
16	JB/T595-1964	带视镜接口PN6 DN50	2		1.69	3.38	
15	JB/T4704-1992	垫片 C-PII 600-0.6	2	耐油石棉橡胶板			
14	JB/T4701-1992	垫片 600-0.6	2	20	30.42	60.84	
13	56-002-02	低式圆底旋桨器	1		0.16	0.16	
12		挡板	1	Q235-A	0.13	0.13	
11		接管 φ32×3.5	1	Q235-A	0.36	0.36	
10	HG5010-1958	法兰 PN10 ND25	1	0Cr19Ni9	0.89	0.89	
9		支撑板□30×4	2	Q235-A	0.15	0.30	
8		内衬管 DN600×6	1	0Cr19Ni9			
7		夹套筒体 DNT00×4	1	Q235-A	35.5	35.5	H=400
6	56-002-01		1	0Cr19Ni9	24.4	24.4	H=355
5	GB/T4737-1995	椭圆封头DN600×6	2	0Cr19Ni9			组合件
4	JB/T4737-1995	椭圆封头DNT00×4	4	Q235-A	4.58	20.44	
3		吊耳 190×120	4	Q235-A	18.07	18.07	
2		底座 100×120	8	Q235-A	0.7	2.8	b=4
1		底板		Q235-A	2.4	19.2	b=8

件号与标准		名称			单重/kg 总重/kg		备注
	反应罐 0.1m³						
制图		比例		1:5	图号	56-002-00	
审核		总重		271kg	第1张	共5张	
		（单位名称）					

明细表（件号 41～48）

件号	图号与标准	名称	数量	材料	单重	总重
48	GB/T2270-1980	接管 φ32×3.5	4	0Cr18Ni9Ti	0.37	1.48
47	HG5010-1958	法兰 PN10 ND25	4	0Cr19Ni9	0.89	3.56
46	GB/T8163-1999	接管 φ18×3	1	20	0.17	0.17
45	HG5010-1958	法兰 PN10 ND15	1	0Cr19Ni9	0.51	0.51
44	HG5010-1958	法兰 PN10 ND50	1	0Cr18Ni9	2.09	2.09
43	GB/T2270-1980	接管 φ57×3.5	1	0Cr19Ni9	0.92	0.92
42		搅拌器 M12	16	1Cr18Ni9Ti	0.01	0.2
41	GB/T6170-1986		16	1Cr18Ni9Ti	0.01	0.16

(3)尺寸分析

装配图上表示了各主要零部件的定型尺寸,如简体的直径 $\phi 600mm$、高度 400mm 和壁厚 6mm;简体的底封头高度 175mm、夹套的封头高度 200mm,两折边高度均为 25mm,以及搅拌轴、桨叶、夹套和各接管的形状尺寸等。图上标注了各零件之间的装配连接尺寸,如出料管连接法兰的密封面和罐底间距为 200mm,冷凝水出口管与出料管的中心距为 150mm;夹套顶部的环焊缝到容器法兰密封面的距离为 70mm 等。设备上 4 个支座的螺栓孔中心距为 $\phi 610mm$,这是安装该设备需要预埋地脚螺栓所必需的安装尺寸。从图中还可读出设备的总安装高度约为 2000mm 等。

(4)管口分析

该设备共有 11 个管口,各个管口的规格、连接面形式和用途等均可由管口表中得知。各管口与简体、封头的连接结构,a、b、c、d、e_1、e_2 和 j 等 7 个管口的情况,可在主视图中获得,而 f、g、h 和 k 等 4 个管口,则需要在 $C-C$ 局部剖视图中才能看清楚。各管口的方位,以本图中的俯视图为准。

(5)技术特性分析及技术要求

技术特性表提供了该设备的技术数据,如设备的设计压力和设计温度分别为:容器内为 0.6MPa、150℃,夹套内为 0.66MPa、167.5℃;操作物料:容器内为反应料,夹套内为 167.5℃的水蒸气等。

3.归纳总结

该设备应用于物料的反应过程,需在 0.6MPa 压力下,用水蒸气加温至 150℃条件下进行搅拌反应。夹套内的温度为 167.5℃,压力为 0.66MPa。水蒸气由管口 c 进入,冷凝水由管口 b 引出。其工作过程如下:反应料液自管口 j 放入罐内,罐内反应料液经夹套内水蒸气加热至 150℃,并由搅拌器充分混合进行反应。当反应完成后,可由管口 a 将料液排出。

项目训练

1.应用 AutoCAD 绘制计量罐设备图(图 3-37,图幅 A3,比例 1:10)。

2.识读化工设备图(图 4-38),回答下列问题。

(1)该设备的名称为_____,是石油化工生产中广泛采用的_____设备之一。

(2)该设备的规格直径为_____mm,高度为_____mm,壁厚为_____mm,材料为_____。

(3)该设备的工作压力为_____MPa,工作温度为_____℃,工作介质为_____和_____。

(4)该设备采用_____个基本视图表达主体结构,另有_____个零部件详图。

(5)主视图采用_____剖视方法,表达塔器内部结构和各管口的装配情况,

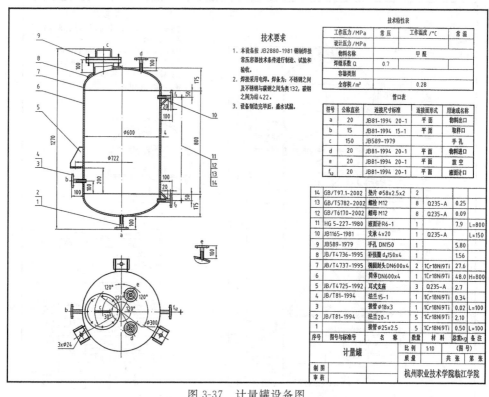

技术要求

1. 本设备按 JB2880-1981 钢制焊接常压容器技术条件进行制造、试验和验收。
2. 焊接采用电焊。焊条为：不锈钢之间及不锈钢与碳钢之间为奥132，碳钢之间为结422。
3. 设备制造完毕后，盛水试漏。

技术特性表

工作压力/MPa	常压	工作温度/℃	常温
设计压力/MPa			
物料名称	甲醛		
焊缝系数 Q	0.7		
容器类别			
全容积/m³	0.28		

管口表

符号	公称直径	连接尺寸标准	连接面形式	用途或名称
a	20	JB81-1994 20-1	平面	物料出口
b	15	JB81-1994 15-1	平面	取样口
c	150	JB589-1979		手孔
d	20	JB81-1994 20-1	平面	物料进口
e	20	JB81-1994 20-1	平面	放空
f₁,₂	20	JB81-1994 20-1	平面	液面计口

14	GB/T97.1-2002	垫片 φ58x2.5x2	2			
13	GB/T5782-2002	螺栓 M12	8	Q235-A	0.25	
12	GB/T6170-2002	螺母 M12	8	Q235-A	0.09	
11	HG 5-227-1980	液面计R6-1	1		7.9	L=800
10	JB1165-1981	支承 4x20	1	Q235-A		L=150
9	JB589-1979	手孔 DN150	1		5.80	
8	JB/T4736-1995	补强圈 d₁150x4	1		1.56	
7	JB/T4737-1995	椭圆封头 DN600x4	1	1Cr18Ni9Ti	27.6	
6		筒体DN600x4	1	1Cr18Ni9Ti	48.0	H=800
5	JB/T4725-1992	耳式支座	2	Q235-A	2.7	
4	JB/T81-1994	法兰 15-1	1	1Cr18Ni9Ti	0.34	
3		接管 φ18x3	1	1Cr18Ni9Ti	0.02	L=100
2	JB/T81-1994	法兰 20-1	1	1Cr18Ni9Ti	2.10	
1		接管 φ25x2.5	1	1Cr18Ni9Ti	0.50	L=100
序号	图号与标准号	名　称	数量	材料	总重kg	备注

计量罐	比例	1:10	(图号)	
	质量		共 张 第 张	
制图				
审核	杭州职业技术学院临江学院			

图 3-37　计量罐设备图

同时还采用_____画法以省略重复结构，用_____画法（相交的细实线）表示_____。

(6)俯视图为_____图，主要表达_____的轴向方位及_____的分布情况。

(7)塔体的主体结构为_____形，上、下两端各有一个_____封头。四周共有_____个接管口，塔的下端焊有_____，通过地脚螺栓与基础固定。

(8)喷淋器由序号 15、16、17、18 等零件焊接而成，其形状结构采用_____图表达。

(9)塔内有_____层填料，填料圈由_____托住。安装时，填料圈分别由人孔_____和_____装入塔内；清理时，则由取出口_____和_____卸出。

(10)气体由塔底接管口_____进入塔内，经填料层上升，液体则由喷淋器喷出后，沿_____表面下流，气液两相在此得到充分接触。气体再经过高为800mm 的填料层（称除沫层），除去气体中带有的液沫，然后由塔顶接管_____引出。液沫经填料层下流，由塔底管口_____排出。

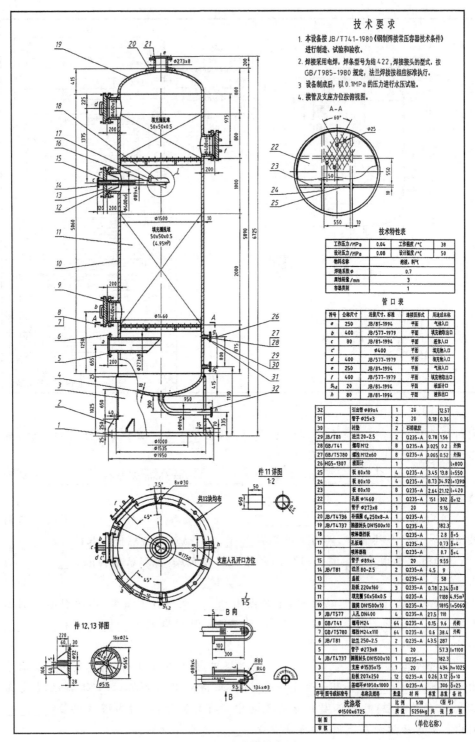

图 3-38　洗涤塔设备图

模块 Ⅳ　化工工艺图

当你即将进入某化工企业从事工艺设计和生产操作时,你将首先了解化工生产过程及生产装置,熟悉化工工艺流程、设备和管道及其附件的安装布置情况。

项目 1　绘制化工工艺图

项目描述

从化工产品研发到实际生产,需要设计部门进行工艺设计,确定生产过程所采用设备和管道的种类、数量、规格型号,并按照工艺操作要求合理布置设备和管道。

表达化工生产过程与联系的图样称为化工工艺图。它主要包括工艺流程图、设备布置图和管道布置图。

项目驱动

1.通过本项目的学习和训练,使学生了解化工工艺图的表达内容和特点,熟悉化工工艺图的画法,能够应用 AutoCAD 绘制管道及仪表流程图、设备布置图和管道布置图。

2.能力目标

(1)了解　化工工艺图的表达内容和特点。

(2)掌握　管道及仪表流程图、设备布置图和管道布置图的画法与标注。

(3)会做　应用 AutoCAD 绘制管道及仪表流程图、设备布置图和管道布置图。

任务 1　绘制工艺流程图

任务描述

工艺流程图是一种表示化工生产过程的示意性图样,即按照工艺过程顺序,将生产中所采用的设备和管道自左至右展开画在同一平面上,并附以必要的标注和说明。

根据表达内容的详略,化工工艺流程图分为工艺方案流程图、管道及仪表流程图。前者简单,后者详尽。

一、工艺流程图的基本特征

1. 工艺方案流程图(简称方案流程图)

方案流程图是设计之初提出的一种示意图。它是用来表达整个工厂、车间或工序的生产过程概况的图样,即主要表达物料由原料转变为成品或半成品采用何种工艺过程及设备。

图 4-1 为某化工厂空压站岗位的工艺方案流程图。从图中可以看出,空气经空压机加压进入冷却器降温,通过气液分离器排去气体中的冷凝杂液,再进入干燥器和除尘器进一步去除液、固杂质,最后送入储气罐,以供应仪表和装置使用。由此可见,用于表达生产流程和工艺路线初步方案的图样,具有以下基本特征。

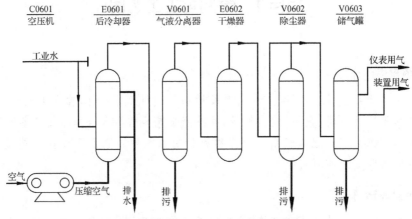

图 4-1 某化工厂空压站工艺方案流程

(1)方案流程图是实际化工过程和系统生产装置的一种示意性展开图,主要表达各车间内部的工艺流程,所表达的界区范围较小。

(2)图面由带箭头的物料流程线与生产设备简图构成。按工艺流程次序自左向右展开画出一系列设备示意图形和相对位置,并用配以带箭头的物料流程线连接起来,同时在流程线上用文字注写物料的名称及其来去处。

(3)初步设计时,可不加控制点、边框与标题栏,对图幅无严格要求,也不必按图例绘制流程图,但必须在流程图上加注设备名称与位号。

2. 管道及仪表流程图(PID 图)

管道及仪表流程图是用图示的方法把化工工艺流程和所需的全部设备、机器、管道、阀门及管件和仪表表示出来。它是设备布置和管道布置设计的依据,也是施工安装的依据,并且是操作运行及检修的指南。

图 4-2 为某化工厂空压站管道及仪表流程图。从图中可以看出,这种在方案流程图的基础上绘制的、内容较为详尽的管道及仪表流程图,具有以下基本特征。

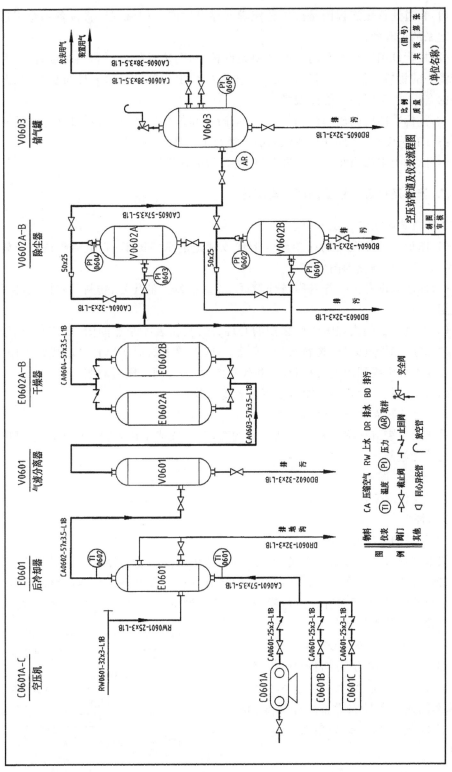

图4-2 空压站管道及仪表流程图

(1)管道及仪表流程图是按工艺流程次序自左向右用流程线将设备示意图形连接起来的展开图。

(2)按标准图例详细画出一系列相关设备、辅助装置的图形和相对位置,并配以带箭头的物料流程线。同时在流程图上需标注出各种设备的名称与位号,以及物料的名称、管道规格与管段编号。

(3)按标准图例画出阀门、管件及管道附件和仪表控制点,以及自动控制的实施方案等有关图形,并详细标注仪表的种类与工艺技术要求等。

(4)图纸上常给出相关的标准图例、图框与标题栏等。

二、管道及仪表流程图的画法与标注

1. 管道及仪表流程图的内容

(1)图形　各种设备的简单轮廓形状或规定的示意图形;管道流程线以及管件、阀门、仪表控制点等图形符号。

(2)标注　设备位号与名称,管道编号,仪表控制点的代号,物料的走向及必要的数据等。

(3)图例　工艺流程图中所采用的管件、阀门、仪表控制点的图例、符号、代号及其他标注(如管道编号、物料代号)等说明,应以图表的形式单独绘制成首页图。也可以在图样中编列图例,说明符号和代号的含义,以便读图时对照。

(4)标题栏　注写图名、图号及责任者签名等。

2. 管道及仪表流程图的画法与标注

管道及仪表流程图一般以工艺装置的主项(工段或工序)为单元绘制,也可以装置为单元绘制。

(1)比例与图幅

管道及仪表流程图不按比例绘制。一般都采用 A1 图幅横放,流程简单者可用 A2 图幅。

(2)设备的画法与标注

依据流程从左至右用细实线(d/4)、按大致比例画出能够显示设备形状特征、并带有管口的主要轮廓图形。常用设备的示意画法可参见表 4-1。各设备之间应留有适当的间隔,以便布置管道流程线及标注。设备高低位置及重要接管口的位置应大致反映其实际情况。

每台设备都应编写设备位号并注写设备名称,其标注方法如图 4-3 所示。设备位号一般包括:设备分类代号(见表4-1)、车间或工段号和设备顺序号等,相同设备以尾号(A、B、C 等字样)加以区别。

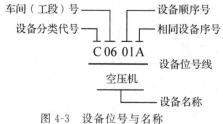

图 4-3　设备位号与名称

表 4-1　常用设备图例

设备名称	分类代号	图例
塔	T	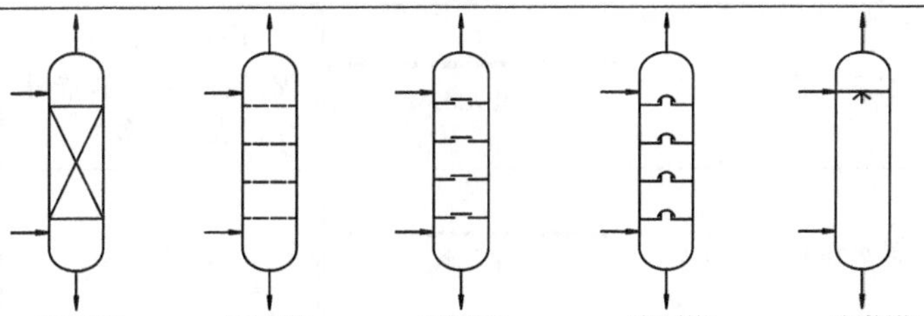 填料塔　　筛板塔　　浮阀塔　　泡罩塔　　喷淋塔
换热器	E	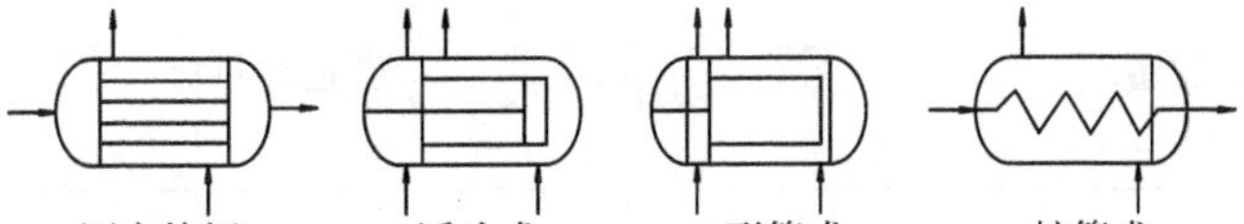 固定管板　　浮头式　　U形管式　　蛇管式
反应器	R	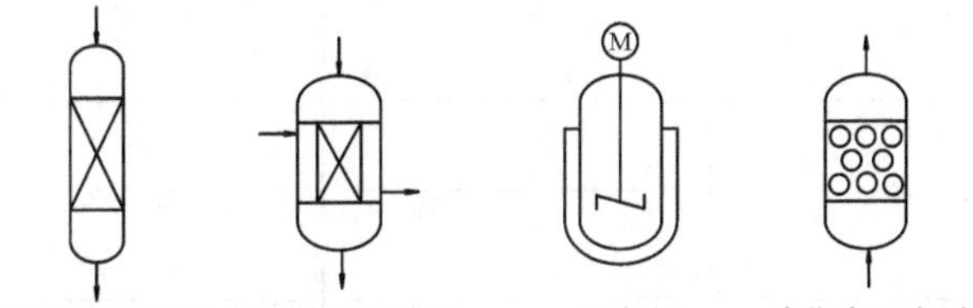 固定床反应器　列管式反应器　反应釜　液化床反应器
容器	V	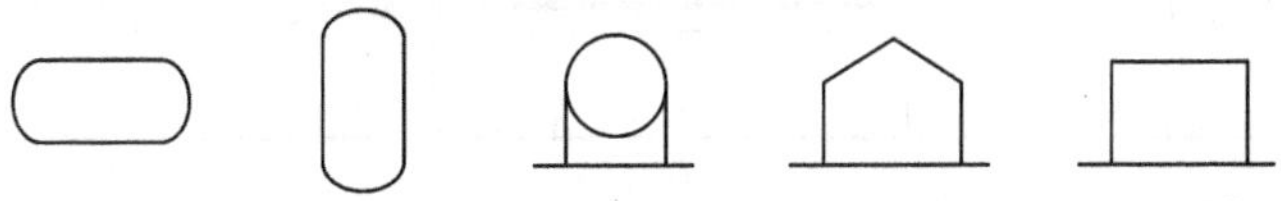 卧式　　立式　　球罐　　锥顶罐　　平顶罐
泵	P	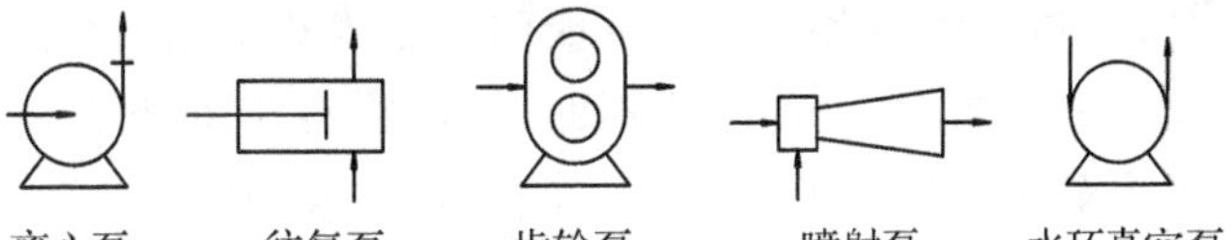 离心泵　　往复泵　　齿轮泵　　喷射泵　　水环真空泵
压缩机鼓风机	C	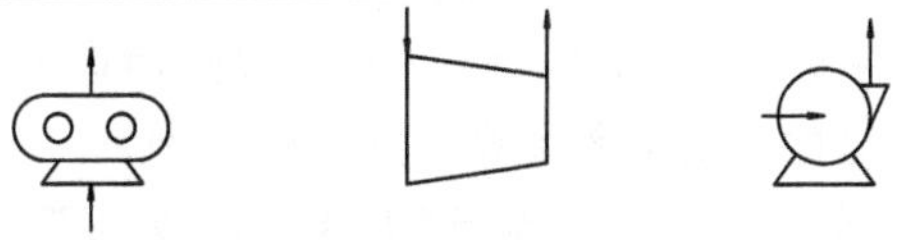 旋转压缩机　　离心压缩机　　鼓风机

　　设备位号一般应在两个地方标注：一是在图的上方或下方标注设备位号和名称，要求整齐排列，并尽可能正对设备，如图 4-2 所示；二是在设备内或其近旁，仅注位号不注名称。

　　(3)管道的画法与标注

　　管道及仪表流程图中应画出所有管道，即各种物料的流程线。用粗实线(d)按照流程顺序绘出全部工艺管道流程线；用中粗实线(d/2)绘出与工艺有关的一段辅助管道流程线。各种不同形式的图线在工艺流程图中的图例见表 4-2。

表 4-2　管道图例

名　称	图　例	名　称	图　例
主物料管道	粗实线	引线、设备、管件、阀门、仪表图形符号和仪表管线等	细实线
次要及辅助物料管道	中粗线	软管、波纹管	〰〰〰
原有管道	双点画线	管道绝热层	▱
埋地管道	虚线	管道交叉且相连	┼
蒸汽伴热管		管道相连不交叉	┴
电伴热管		管道交叉不相连	╎

　　流程线应画成水平或垂直,转弯处画成直角,一般不用斜线或圆弧。流程线交叉时,应将其中一条断开。一般同一物料线交错,按流程顺序"先不断、后断";不同物料线交错时,主物料线不断,辅助物料线断,即"主不断、辅断"。每条管线上应画出箭头,指明物料流向,并在来、去处用文字说明物料名称及其来源或去向。

　　对每段管道必须标注代号。一般地,横向管路标在管道的上方,竖向管路则标注在管道的左方(字头朝左)。管道代号一般包括:物料代号、主项编号、管道顺序号、管径、管道等级代号(压力、材料等)、隔热或隔声代号等,如图 4-4 所示。

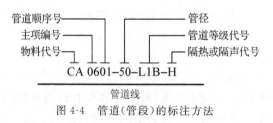

图 4-4　管道(管段)的标注方法

　　——物料代号,用大写英文字母表示(见表 4-3)。

表 4-3 物料代号

类别	物料名称	代号	类别	物料名称	代号
工艺物料	工业空气	PA	油	润滑油	LO
	工艺气体	PG		原油	RO
	工艺液体	PL		密封油	SO
	工艺固体	PS		导热油	HO
	气液两相流工艺物料	PGL	制冷剂	气氨	AG
	气固两相流工艺物料	PGS		液氨	AL
	液固两相流工艺物料	PLS		气体乙烯或乙烷	ERG
	工艺水	PW		液体乙烯或乙烷	ERL
空气	空气	AR		氟利昂气体	FGR
	压缩空气	CA		气体丙烯或丙烷	PRG
	仪表用空气	IA		液体丙烯或丙烷	PRL
蒸汽、冷凝水	高压蒸汽	HS		冷冻盐水回水	RWR
	中压蒸汽	MS		冷冻盐水上水	RWS
	低压蒸汽	LS	其他	氢	H
	伴热蒸汽	TS		氮	N
	蒸汽冷凝水	SC		氧	O
水	锅炉给水	BW		排液、导淋	DR
	化学污水	CSW		熔盐	FSL
	循环冷却水回水	CWR		火炬排放气	FV
	循环冷却水上水	CWS		惰性气	IG
	脱盐水	DNW		泥浆	SL
	自来水、生活用水	DW		真空排放气	VE
	消防水	FW		放空	VT
	热水回水	HWR		废气	WG
	热水上水	HWS		废渣	WS
	原水、新鲜水	RW		废油	WO
	软水	SW		烟道气	FLG
	生产废水	WW		催化剂	CAT
燃料	燃料气	FG		添加剂	AD
	液体燃料	FL	增补代号	气氨	AG
	固体燃料	FS		液氨	AL
	天然气	NG		氨水	AW
	液化石油气	LPG		转化气	CG
	液化天然气	LNG		天然气	NG
油	污油	DO		合成气	SG
	燃料油	FO		尾气	TG
	填料油	GO			

——主项编号,按工程规定的主项号编写,采用两位数字从 01、02 开始至 99 为止。

——管道顺序号,相同类别的物料,在同一主项内以流向先后为序,顺序编写从 01、02 开始至 99 为止。

——管道尺寸,一般标注公称通径,以毫米(mm)为单位,只注数字不注尺寸单位。

管道尺寸也可直接标注管子的"外径×壁厚"。异径管应标注"大端管径×小端管径"。

——管道等级代号,由管道的公称压力等级代号(见表 4-4)、管道顺序号、管道材质代号(见表 4-5)组成。

表 4-4　公称压力等级代号

压力范围/MPa	代号	压力范围/MPa	代号
$P \leqslant 1.0$	L	$10.0 < P \leqslant 16.0$	S
$1.0 < P \leqslant 1.6$	M	$16.0 < P \leqslant 20.0$	T
$1.6 < P \leqslant 2.5$	N	$20.0 < P \leqslant 22.0$	U
$2.5 < P \leqslant 4.0$	P	$22.0 < P \leqslant 25.0$	V
$4.0 < P \leqslant 6.4$	Q	$25.0 < P \leqslant 32.0$	W
$6.4 < P \leqslant 10.0$	R		

表 4-5　管道材质代号

材质类别	代号	材质类别	代号
铸铁	A	不锈钢	E
碳钢	B	有色金属	F
普通低合金钢	C	非金属	G
合金钢	D	衬里及内防腐	H

——隔热与隔声代号见表 4-6。

表 4-6　隔热与隔声代号

功能类型	备注	代号	功能类型	备注	代号
保温	采用保温材料	H	蒸汽伴热	采用蒸汽伴管和保温材料	S
保冷	采用保冷材料	C	热水伴热	采用热水伴管和保温材料	W
人身防护	采用保温材料	P	热油伴热	采用热油伴管和保温材料	O
防结露	采用保冷材料	D	夹套伴热	采用夹套管和保温材料	J
电伴热	采用电热带和保温材料	E	隔声	采用隔声材料	N

(4)阀门及管件的表示法

化工生产中要大量使用各种阀门,以实现对管路内的流体进行开、关及流量控制、止回、安全保护等功能。管道上用细实线画出全部阀门及部分管件(如视镜、流量计、异径接头等)的图形符号。阀门、管件按有关标准规定的图例表示(见表 4-7)。

表 4-7 常用管件、阀门图例

管 件		阀 门	
名 称	图 例	名 称	图 例
同心异径管	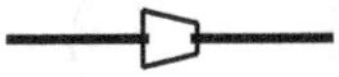	截止阀	
偏心异径管	 （底平）　（顶平）	闸阀	
管端盲管		节流阀	
管端法兰盖		球阀	
管帽		旋塞阀	
视镜	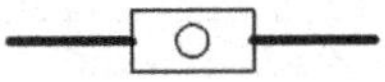	蝶阀	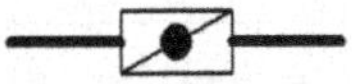
阻火器		止回阀	
Y型过滤器	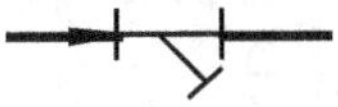	带阻火器呼吸阀	
疏水器		角式弹簧安全阀	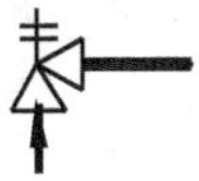
圆形盲板	（正常开启）　（正常关闭）		C.S.O 
放空管	 （帽）　（管）		C.S.C 

（5）仪表控制点的表示法

在化工生产过程中，需要对管道或设备内不同位置、不同时间流经的物料的压力、温度、流量等参数进行测量、显示或进行取样分析。管道及仪表流程图中，用细实线在相应的管道上用符号将仪表及控制点正确地绘出。符号包括图形符号和表示被测变量、仪表功能的字母代号。

①仪表的图形符号

仪表的图形符号是一个直径为 10mm 的细实线圆圈，并用细实线指向工艺设备的轮廓线或工艺管道上的测量点,如图 4-5 所示。

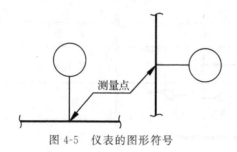

图 4-5　仪表的图形符号

表示仪表安装位置的图形符号见表 4-8。

表 4-8　仪表检测代号、功能代号及安装要求图示

第一字母		后继字母		仪表安装位置图示	仪表安装说明
检测代号	测量参数	功能代号	功能说明	○	就地安装
A	分析	A	报警	⊖	就地嵌装在管道中
F	流量	R	记录		
M	密度	C	控制	⊖	集中仪表盘面安装
P	压力	I	指示		
T	温度	J	扫描	⊖	集中仪表盘后安装
I	电流	E	检出		
L	液位	S	开关	⊖	就地仪表盘面安装
N	转速	K	手动		
S	速度	L	指示灯	⊖	就地仪表盘后安装
G	长度	Q	节流孔		

②仪表位号

在检测控制系统中构成一个回路的每个仪表(或元件),都应有自己的仪表位号。仪表位号由字母代号组合与阿拉伯数字组成:第一位字母表示被测变量,后继字母表示仪表的功能;用三位或四位数字表示主项(或工段)号和回路顺序号,如图 4-6(a)所示。

（a）仪表位号的组成　　　（b）仪表位号的标注

图 4-6　仪表位号及标注方法

标注仪表位号的方法,如图 4-6(b)所示,字母代号填在圆内上半圆中,数字编号写在下半圆中。被测变量及仪表功能的字母代号(部分),见表 4-8。

三、应用 AutoCAD 绘制管道及仪表流程图

1. 确定表达方案

本例绘制的图样是空压站工艺管道及仪表流程图。为了表述空压站工艺流程与相关设备、辅助装置、仪表与控制要求的基本概况,采用示意性展开画法将生产中的设备和管道自左至右画在同一平面上,并附以必要的标注和说明。

2. 选图幅、合理布图

该流程较为简单,选用标准图幅 A2 或 A3(横置)"样板图"文件。保持绘图环境不变,只将设备位号及名称的字体高度定为 5,其他注释文字(如管道号、图例说明)的字体高度定为 3.5。布图时,考虑设备位置安排要便于管道连接和标注,力求图样布局匀称、美观。

3. 绘图与标注

(1)画设备示意图,标注设备位号和名称。

本岗位共有 10 台设备。用细实线(0.15mm)、按流程次序自左向右画出能够显示设备形状特征、并带有管口的主要轮廓图形。对于过大、过小的设备可适当缩小、放大。

编列设备位号并注写在相应的设备图上方,其位置横向排成一行,如图 4-7(a)所示。各设备的位号编写为:空压机 C0601A~C,后冷却器 E0601,气液分离器 V0601,干燥器 E0602A~B,除尘器 V0602A~B 和储气罐 V0603。在设备位号线的下方注明设备的名称,设备的名称反映该设备的用途。

(2)画管道流程线,标注管道代号。

用粗实线(0.6mm)画出主要物料的管道线,用中粗实线(0.3mm)画出辅助物料的管道线。管线的高低位置应近似反映管线的实际安装位置。若遇两不同物料管线交错时,主物料线不断,辅助物料线断开画出。在管道线的适当位置画出流向箭头,并注明物料的来龙去脉。应对每段管道进行编号和标注。横向管道标注在管线的上方,竖向管道则标注在管线的左方,如图 4-7(b)所示。

(3)画管件、阀门和仪表控制点的图形符号,标注仪表位号。

管道上应用细实线(0.15mm)画出全部阀门及部分管件(如异径接头等)的图形符号。

常用阀门、管件按表 4-7 规定的图例表示,阀门图例尺寸一般为长 6mm、宽 3mm 或长 8mm、宽 4mm。在设备和管道测量点处用细实线画出仪表控制点的图形符号(直径为 10mm 的圆圈),并标注出仪表位号,如图 4-7(c)所示。

(4)编制图例,填写标题栏。

本例在图幅内的空白处编列图例,说明图中管件、阀门、仪表控制点、取样点符号和代号及其他标注(如管道编号、物料代号)的含义,以便读图时对照,如图 4-7(d)所示。

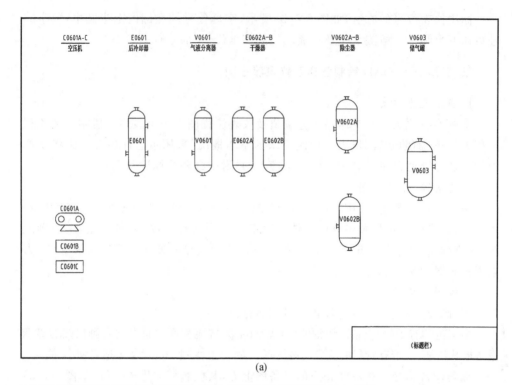

(a)

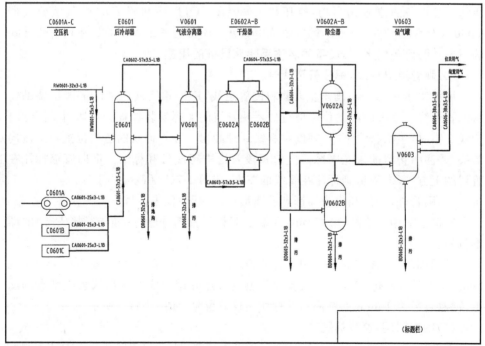

(b)

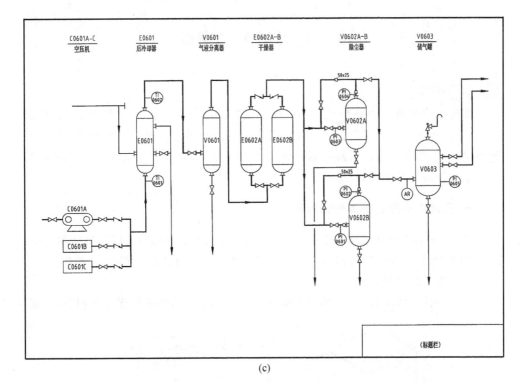

(c)

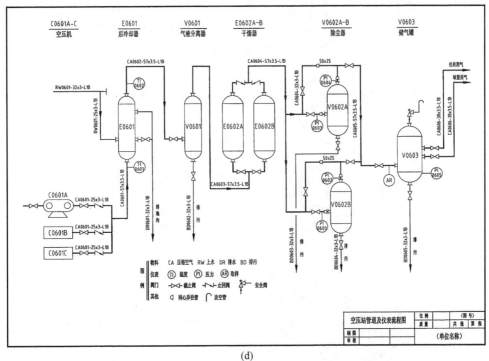

(d)

图 4-7　空压站管道及仪表流程图的绘图步骤

任务 2 绘制设备布置图

任务描述

工艺设计所确定的全部设备,必须按工艺要求在厂房内外合理布置、安装固定,以保证生产的顺利进行。表示生产设备和辅助设备在厂房内外的布置、安装的图样,称为设备布置图。它用来指导设备的安装施工,并且是管道布置设计和绘制管道布置图的重要依据。

一、房屋建筑图的基本表达形式

建筑图是用来表达建筑设计意图和指导施工的图样。房屋建筑图与机械图一样,都是采用正投影原理绘制的,但是在建筑图样的表达方法和名称上有其自身的特点。

1. 房屋建筑图的视图

(1)立面图(图 4-8a) 与房屋立面平行的投影面上所作出的房屋正投影图,称

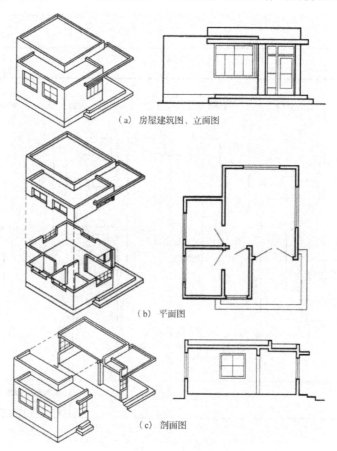

(a) 房屋建筑图、立面图

(b) 平面图

(c) 剖面图

图 4-8 房屋建筑图的主要视图

为立面图。立面图主要表示房屋建筑外部形状、门窗、台阶等细部形状和位置等。

(2)平面图(图 4-8b)　假想经过门窗洞沿水平面将房屋剖开,移去上部,由上向下投射所得到的水平剖视图,称为平面图。平面图主要表示房屋建筑物的平面格局、房间大小和墙、柱、门、窗等,是建筑图样一组视图中的主要视图。

(3)剖面图(图 4-8c)　假想用正平面或侧平面将房屋剖开,移去剖切平面或观察者之间的部分,将剩余的部分向投影面投射所得到的剖视图,称为剖面图。剖面图主要表示建筑内部高度方向的结构形状。

(4)节点详图　是一种局部放大图,用以表达建筑物的细部结构。

建筑图样的每一视图均应在图形下方标注出视图名称。

2.建筑制图标准简介

在建筑制图标准中,对图幅、图线、字体、比例等基本规格,以及常用建筑构件、材料图例等都做了统一规定。现将有关基本内容简述如下。

(1)图幅　与机械制图国标规定的图幅一致。

(2)比例　建筑工程制图应根据图样的用途及其复杂程度,从表 4-9 中选用。

表 4-9　建筑工程制图采用的比例

图　名	比　例
建筑物或构筑物的平面图、立面图、剖面图	1 : 50、1 : 100、1 : 200
建筑物或构筑物的局部放大图	1 : 10、1 : 20、1 : 50
配件及构造详图	1 : 1、1 : 2、1 : 5、1 : 10、1 : 20、1 : 50

(3)房屋建筑图图例　建筑图中的门、窗、楼梯结构,以及建筑材料等,通常采用一些规定的图例来表示,房屋建筑图图例见表 4-10。

表 4-10　常见房屋建筑构件、配件、建筑材料图例

建筑材料		建筑构件及配件			
名称	图　例	名称	图　例	名称	图　例
自然土壤	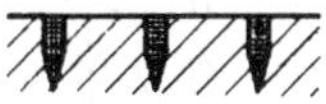	楼梯	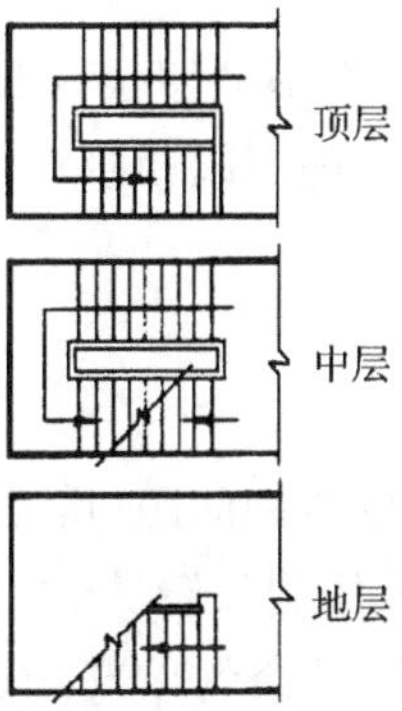 顶层 中层 地层	单扇门	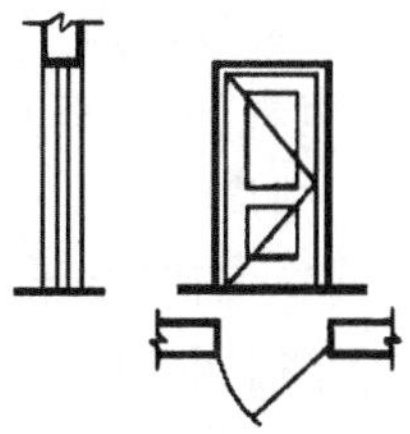
夯实土壤					

（续表）

建筑材料			建筑构件及配件				
名称	图 例		名称	图 例		名称	图 例
普通砖			孔洞			单层固定窗	
钢筋混凝土			坑槽				

（4）定位轴线

建筑物的承重墙、柱子等主要构件都应画上轴线以确定其位置。定位轴线用细点画线绘制，一般应在端部用细实线绘制的圆圈（直径为 8mm）内编号。平面图上定位轴线的编号，宜标注在图样的下方与左侧；横向编号用阿拉伯数字从左至右顺序编号，竖向编号用大写拉丁字母从下至上顺序编号，如图 4-9 所示。

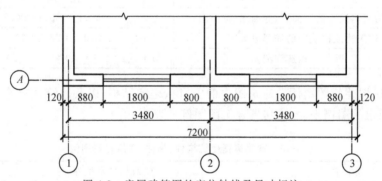

图 4-9　房屋建筑图的定位轴线及尺寸标注

（5）剖切符号

视图上用剖切符号短粗线表示剖切位置和剖视方向，并在剖视方向线的端部注写出编号，它们不宜与图面上的图线相接触。编号采用阿拉伯数字表示，按顺序由左至右、由下至上连续编排。

（6）尺寸

①平面图尺寸

平面图的尺寸包括：定位轴线的间距、房屋的长宽尺寸以及孔洞定位尺寸。建筑制图中的尺寸线终端通常采用斜线形式，并往往注成封闭的尺寸链。尺寸单位除总平面图以米（m）为单位外，其余均以毫米（mm）为单位，只注数字不注尺寸单位，如图 4-9 所示。

②剖面图尺寸

房屋某一部分的相对高度尺寸,称为标高尺寸。剖面图上只标注地面、楼板面及屋顶面的标高尺寸。标高尺寸以米(m)为单位(小数点后保留三位),只注数字不注尺寸单位。

标注时,一般都以底层室内地面为基准标高,标记为 EL±0.000("EL"为标高的英文缩写词),高于基准时标高为正,低于基准时标高为负。例如,用 EL+3.600表示本层地面相对于底层室内地面高度为 3.600m。

二、设备布置图的内容和画法

设备布置图实际上是简化了的厂房建筑图添加了设备布置的图样。设备布置图的表达重点是设备布置情况,画图时设备应采用粗实线表示,而厂房建筑等内容均用细实线表示。

1. 设备布置图的内容

图 4-10 为空压站设备布置图。从中可看出设备布置图包括以下几方面的内容。

(1)一组视图　表示厂房建筑的基本结构和设备在厂房内外的布置情况(以平面布置为主)。

(2)标注　在图中注写与设备安装定位有关的尺寸和建筑物轴线的编号、设备位号与名称。

(3)方位标　用来指示设备安装的方位基准。一般将其画在图样的右上方或平面图的右上方。

(4)标题栏　注写图名、图号、比例、责任者签名等。

2. 设备布置图的画法与标注

绘制设备布置图应以管道及仪表流程图、厂房建筑图、设备清单等作为原始资料,用细实线画出厂房建筑图形,用粗实线画出设备布置图形。

设备布置图一般只绘制平面图。对于较复杂的装置或有多层建筑物的装置,当平面图表示不清楚时,可绘制剖视图或局部剖视图。

绘图比例常用 1∶100,也可采用 1∶200 或 1∶50,视设备布置疏密情况而定。一般都采用 A1 图幅,不宜加长加宽,特殊情况也可采用其他图幅。

(1)设备布置平面图

设备布置平面图用来表示设备在水平面内的布置情况。当厂房为多层建筑时,应按楼层分别绘制平面图。设备布置平面图通常要表达出以下内容。

①厂房建筑构筑物的具体方位、占地大小、内部分隔情况,以及与设备安装定位有关的建筑结构形状和相对位置尺寸,设备基础的定型尺寸和定位尺寸。

②厂房建筑物的定位轴线编号和尺寸,以及厂房内外的地坪标高。

③画出所有设备在厂房建筑内外布置情况的水平投影或示意图,并标注设备位号与标高,以及各设备的定位尺寸(以建筑物、构筑物的轴线为基准)。

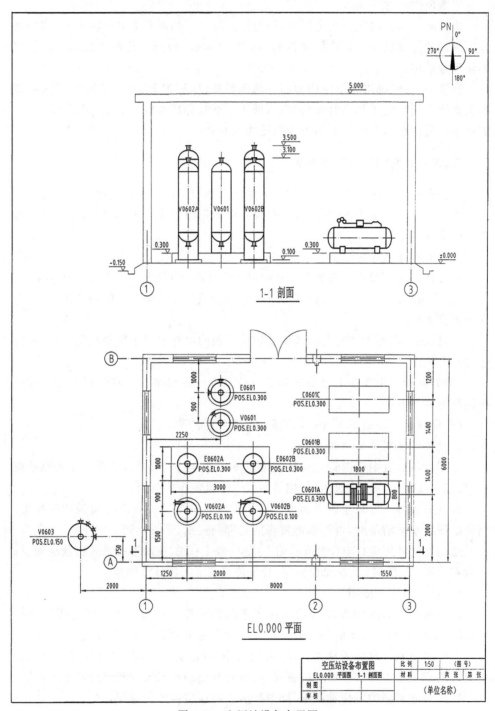

图 4-10　空压站设备布置图

　　标注设备位号与标高时,在设备中心线的上方应注写与工艺流程图相一致的设备位号,下方注写支承点的标高(POS. EL×.×××)或中心线的标高(EL×.×××)。

　　卧式设备都以中心线标高表示(EL×.×××),立式设备都以支承点标高表示(POS. EL×.×××)。图 4-10 中的设备按支承点标高来表示。

　　④非定型设备可简化,只画出其外形;无管口方位图的设备,应画出其特征管口并表示出方位角;卧式设备应画出其特征管口或标注固定端支座。

　　⑤同一位号的设备多于三台时,在图上可以表示首末两台设备的外形,中间的仅画出基础或用双点画线方框表示。

　　(2)设备布置剖面图

　　设备布置剖面图是在厂房建筑的适当位置纵向剖切绘出的剖视图,用来表达设备沿高度方向的布置安装情况。设备布置剖面图一般应反映如下内容。

　　①厂房建筑高度方向上的结构,如楼层分隔情况、楼板的厚度及开孔等,以及设备基础的立面形状,标注定位轴线尺寸和标高。

　　②画出有关设备在高度方向上布置安装的立面投影或示意图,并标注设备位号与标高。

　　③厂房建筑各楼层、设备和设备基础的标高。

　　(3)方位标

　　在设备布置图的右上角应表示出设备安装方位基准的符号,称方位标。符号由直径 20mm 细线圆和水平、垂直两细点画线组成,分别注以 0°、90°、180°、270°。一般都采用建筑北向(以"PN"表示)作为零度方位基准,如图 4-10 所示。

任务 3　绘制管道布置图

项目描述

　　管道布置设计的任务,是根据管道及仪表流程图、设备布置图及土建等有关资料,将各种管道按照工艺操作要求合理布置,并绘制出管道安装施工图。管道布置图是表示厂房建筑内外各设备之间管道的连接走向和位置以及阀门、仪表控制点的安装位置的图样。管道布置图又称为管道安装图或配管图,用于指导管道的安装施工。

一、管道的图示方法

　　管道布置图上的管道,一般是按正投影法绘制。公称直径(DN)大于或等于 400mm 或 16 英尺的管道用双线表示;小于或等于 350mm 或 14 英尺的管道用单线表示。

　　1.管道的画法规定

　　(1)管子　用粗实线的单线或中粗实线的双线表示。若管子只画出一小段,则应在中断处画上断裂符号,如图 4-11 所示。

　　(2)管道交叉　当管道交叉时,一般是将下方(或后方)的被遮盖部分的投影断

(a) 单线　　　　　　　　　(b) 双线

图 4-11　一段管子的表示法

开,如图 4-12(a)所示。若被遮管道为主要管道时,也可将上面(或前面)的管道断开,但应画上断裂符号,如图 4-12(b)所示。

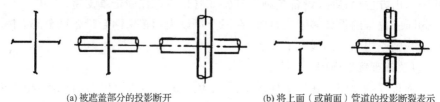

(a) 被遮盖部分的投影断开　　　　　　(b) 将上面(或前面)管道的投影断裂表示

图 4-12　管道交叉的表示法

(3)管道重叠　当两根管道的投影完全重叠时,可将上面(或前面)管道的投影断开,并画出断裂符号,如图 4-13(a)所示;当多根管道投影重叠时,最上一根管道画双重断裂符号,如图 4-13(b)所示;也可在投影断开处标注 a、a 和 b、b 等字母,以便于区分辨认,如图 4-13(c)所示;当管道转折后投影重合时,则后面的管道画至重影处并稍留间隙,如图 4-13(d)所示。

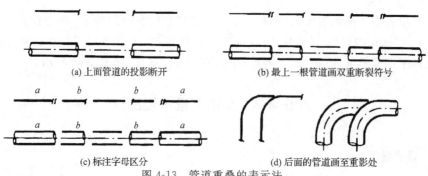

(a) 上面管道的投影断开　　　　　　(b) 最上一根管道画双重断裂符号

(c) 标注字母区分　　　　　　(d) 后面的管道画至重影处

图 4-13　管道重叠的表示法

2.管道转折的表示法

管道在反映 90°转折处的投影中用圆弧来表示。向上弯折 90°角时,如图 4-14(a)所示;向下弯折 90°角时,如图 4-14(b)所示;大于 90°角弯折的管道如图 4-14(c)所示。

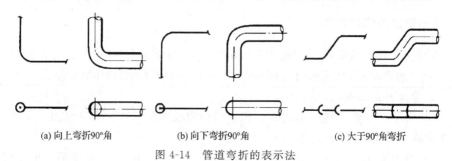

(a) 向上弯折90°角　　　　(b) 向下弯折90°角　　　　(c) 大于90°角弯折

图 4-14　管道弯折的表示法

【例 4-1】 如图 4-15 所示为管道两次转折的实例。

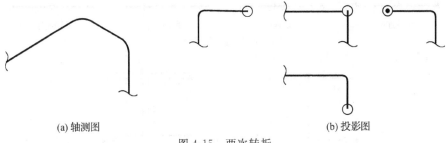

(a) 轴测图 (b) 投影图

图 4-15 两次转折

【例 4-2】 如图 4-16 所示为管道多次转折的实例。

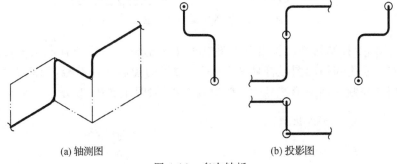

(a) 轴测图 (b) 投影图

图 4-16 多次转折

【例 4-3】 已知一管道的平面图如图 4-17(a)所示,试分析管道走向,并画出正立面图和左侧立面图(高度尺寸自定)。

由平面图可知,该管道的空间走向为:自左向右→向下→向前→向上→向右。

根据上述分析,可画出该管道的正立面图和左侧立面图,如图 4-17(b)所示。

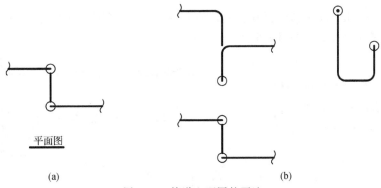

平面图

(a) (b)

图 4-17 管道立面图的画法

3.管道连接与管道附件的表示法

(1)管道连接 由于管道连接方式的不同,其画法也不同。图 4-18 为两段直管道的连接形式及表示法。图 4-19 为三通管道(连接)的表示法。

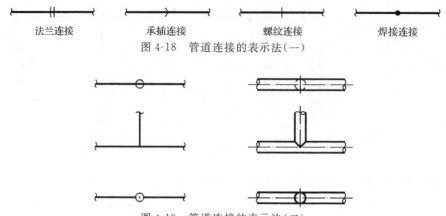

图 4-18　管道连接的表示法(一)

法兰连接　　承插连接　　螺纹连接　　焊接连接

图 4-19　管道连接的表示法(二)

(2)阀门及控制元件　管道布置图中的阀门图形符号,应与管道及仪表流程图保持一致。常用阀门的图形符号见表 4-7。常用的控制元件符号,如图 4-20(a)所示。阀门与控制元件图形符号的一般组成方式,如图 4-20(b)所示。

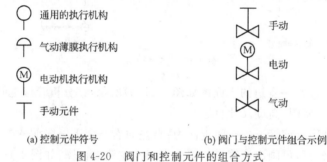

通用的执行机构

气动薄膜执行机构

电动机执行机构

手动元件

手动

电动

气动

(a) 控制元件符号　　　　　(b) 阀门与控制元件组合示例

图 4-20　阀门和控制元件的组合方式

阀门与管道的连接方式如图 4-21(a)所示。阀门的控制手柄及安装方位,图上一般应予表示,如图 4-21(b)所示。

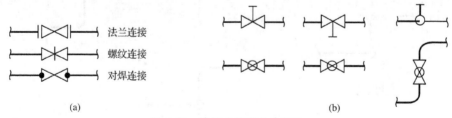

法兰连接

螺纹连接

对焊连接

(a)　　　　　　　　　　(b)

图 4-21　阀门在管道中的画法

(3)管件　管道一般用弯头、三通、四通、管接头等管件连接,常用管件的图形符号如图 4-22 所示。

(4)管架　管道常用各种形式的管架安装、固定在地面或建筑物上,图中一般

弯头　　　三通管　　　四通管　　　活接头　　　盲板　　　同心异径管接头

图 4-22　常用管件的图形符号

用图形符号表示管架的类型和位置,如图 4-23 所示。

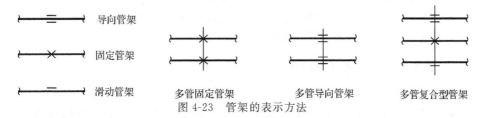

导向管架　　　固定管架　　　滑动管架　　　多管固定管架　　　多管导向管架　　　多管复合型管架

图 4-23　管架的表示方法

【例 4-4】　已知一段管道(装有阀门)的轴测图,如图 4-24(a)所示,试画出其平面图和正立面图。

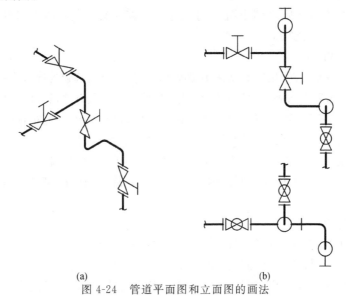

(a)　　　　　　　　　　　　　　　(b)

图 4-24　管道平面图和立面图的画法

该段管道由两部分组成,其中一段的走向为:自下向上→向后→向左→向上→向后;另一段是向左的支管。管道上有四个截止阀,其中上部两个阀的手轮朝上(阀门与管道为法兰连接),中间一个阀的手轮朝右(阀门与管道为螺纹连接),下部一个阀的手轮朝前(阀门与管道为法兰连接)。

管道的平面图和立面图如图 4-24(b)所示。

二、管道布置图的内容

管道布置图是在设备布置图上增加了管道布置情况的图样。管道布置所解决的主要问题是将连接设备的各种管道按照工艺操作要求进行合理布置。

　　图 4-25 为空压站管道布置图(除尘器部分)。从中可看出,管道布置图包括以下一些内容。

　　1. 视图　按正投影法绘制视图,以平面图为主,表达整个车间(装置)的设备、建筑物的简单轮廓以及管道、管件、阀门、仪表控制点等布置安装情况。

　　2. 标注　注出管道及管件、阀门、控制点的平面位置和标高尺寸;标注建筑物轴线编编号、设备位号、管道代号、控制点代号等。

　　3. 方位标　方位标又称设计北向标志,是确定管道安装方位的基准。

　　4. 标题栏　填写图名、图号、比例、设计者等。

三、管道布置图的画法与标注

　　1. 确定表达方案

　　管道布置图以平面图为主要表现形式,主张在平面图表示不清楚时,再辅以局部剖视或轴测图表示管道的立面布置情况和标高。

　　2. 定比例、选图幅、合理布图

　　表达方案确定之后,根据图形尺寸大小及管路布置的复杂程度,选择恰当的比例和图幅,合理布局视图。

　　3. 绘制视图

　　①根据设备布置图,用细实线、按比例画出厂房建筑物、基础构筑物的主要轮廓。

　　②按设备布置图所确定的安装位置,用细实线、按比例画出带管口的设备示意图。

　　③按流程顺序和管道布置原则及管道线型的规定,画出管道布置图。

　　④用细实线,按比例画出管道上的阀门、管件、管道附件等。

　　⑤用细实线画出控制点的图形符号(直径为 10mm 的圆圈),表示管道上的检测元件(温度、压力、取样等),圆圈内按管道及仪表流程图中的符号和编号填写。

　　4. 标注

　　①标注各视图的名称。

　　②标注建筑物、构筑物的定位轴线号和轴线间的尺寸。

　　③标注地面、楼板、平台面、顶梁的标高。

　　④标注与管道及仪表流程图一致的设备位号(注写在设备近侧或设备内)。

　　⑤按照设备布置图标注设备的定位尺寸、设备支撑点的标高和管口标高。

　　⑥标注与管道及仪表流程图一致的管道代号。用箭头标明管内物料流动方向。

　　⑦管道标高若以中心线为基准时,应注写为 CL. EL±0.000;以管底为基准时,应注写为 BOP. EL±0.000。

　　⑧管道定位尺寸以厂房建筑物或构筑物的定位轴线、设备中心线等为基准进行标注。

　　⑨对于异径管,应标注前后端管子的公称通径,如 DN80/50 或 80×50。

　　5. 绘制方位标、填写标题栏

　　在图样的右上角或平面布置图的右上角画出方位标,作为管道布置安装的定向基准。最后填写标题栏。

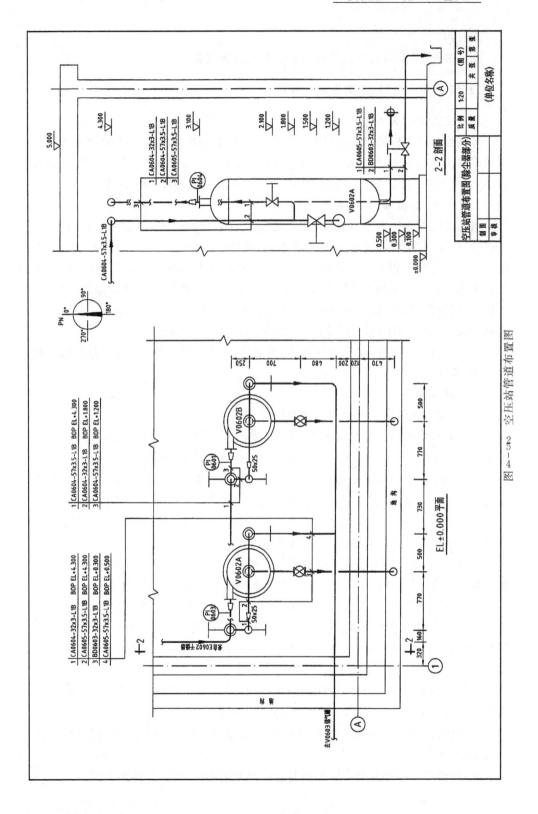

图 4-52　空压站管道布置图

6. 校核

图样画好后,要自行认真检查、校对,最后修改定稿。

四、应用 AutoCAD 绘制管道布置图

1. 确定表达方案

本例绘制的图样是空压站(除尘器部分)管道布置图。根据空压站管道及仪表流程图和设备布置图,以及除尘器的管道布置情况和安装要求,选取两个视图来表达,一个是"EL±0.000 平面"图(为主),另一个是"2-2 剖面"图(为辅)。

2. 定比例、选图幅、合理布图

根据选定的表达方案,确定绘图比例为 1:20(缩小比例)。选用标准图幅 A3(横置)"样板图"文件。保持绘图环境不变,用"缩放"命令将其图面放大 20 倍,以便按真实尺寸绘图和标注。此时对图中文字和数字大小按相应比例调整放大:将视图名称及定位轴线编号的注释文字高度设定为 100,其他文字诸如标高尺寸、管道代号、仪表位号等字体高度设定为 65;标注样式中的文字高度调整为 65、箭头大小修改成 65、尺寸界线超出尺寸线 40、文字位置从尺寸线偏移 25。

合理布置两个视图,留出标注尺寸、管道号及仪表图形符号位置,力求图样布局匀称、美观。

3. 绘图与标注

(1)用细实线画出厂房建筑的主要轮廓

在用双折线表示厂房建筑的两个局部视图中,外墙(厚为 240mm)与地沟(宽为 200mm,深约 500mm)的间距为 250mm,地面与屋顶面的高度差为 5m。

用点画线表示建筑物的定位轴线,并注写出定位轴线编号①、Ⓐ。横向编号用阿拉伯数字从左至右顺序编号,竖向编号用大写拉丁字母从下至上顺序编号。

在两个视图下方分别注写视图名称:一个是"EL±0.000 平面"图,另一个是用剖切符号短粗线表示剖切位置的"2-2 剖面"图。

在"2-2 剖面"图中,标注室内地面标高和屋顶面标高。可先将标高符号生成为带有属性的块对象,然后将其插入到指定位置上,再键入标高值,如图 4-26(a)所示。

(2)按设备布置图所确定的安装位置,用细实线、按比例画出带管口的设备示意图

用细实线画出设备支撑点轮廓(直径为 700mm、标高为 EL+0.100),画出带管口的设备主要轮廓图形(筒体直径为 600mm、高度为 1800mm)。分别在两台除尘器内注写出相应的设备位号 V0602A、V0602B。

按照除尘器的安装位置,标注出除尘器 V0602A 距①轴的定位尺寸 1250mm,及其距Ⓐ轴的定位尺寸 1500mm。两台除尘器的间距为 2000mm。

除尘器设备管口的标高,同样可应用插入带属性图块的方式进行标注,如图 4-26(b)所示。

(3)按流程顺序和管道布置原则及管道线型的规定,画出管道布置图。

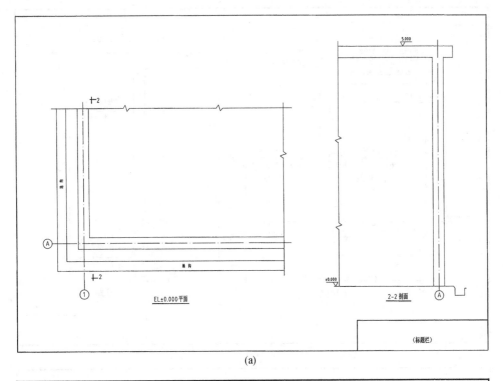

(a)

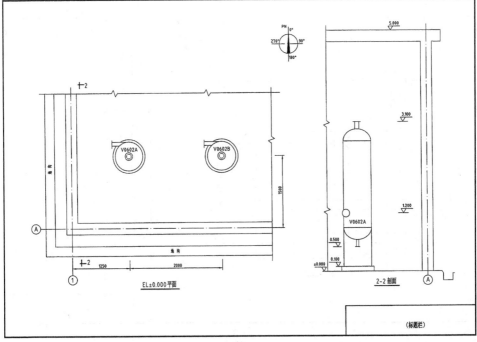

(b)

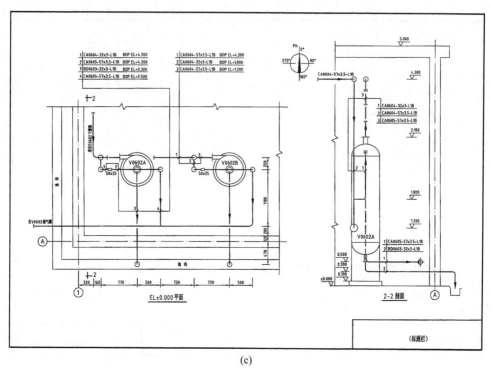

(c)

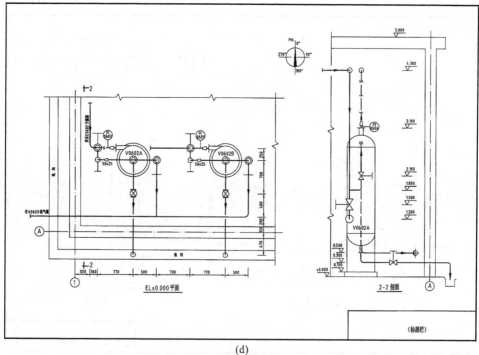

(d)

图 4-26　空压站管道布置图的绘图步骤

　　绘制管道布置图时,先要弄清楚连接设备管道的空间走向和安装布置情况。

　　图 4-27 是空压站除尘器部分管道的轴测示意图。从图中可以看到,布置在除尘器设备上的主物料(压缩空气)管道有三路,而辅料(废液)管道只有一路。

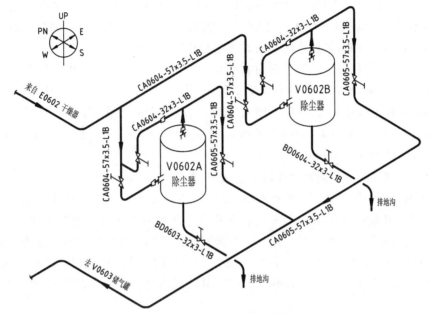

图 4-27　空压站(除尘器部分)管道的轴测示意图

　　①来自干燥器 E0602 的管道(CA0604－57×3.5－L1B EL＋4.300),经过弯头由左向右行至 160mm 处拐弯向下,到达标高 EL＋1.200 处拐弯向右,与除尘器 V0602A 的水平管口相接;延续右行至 2000mm 处拐弯向下,到达标高 EL＋1.200 处拐弯向右,与除尘器 V0602B 的水平管口相接。

　　②从除尘器 V0602A 顶部管口(EL＋3.100)伸出的管道(CA0605－57×3.5－L1B),由下向上行至标高 EL＋4.300 处拐弯向右,水平右行至 500mm 处拐弯向下,到达标高 EL＋0.500 处拐弯向前,与来自除尘器 V0602B 的管道(CA0605－57×3.5－L1B)相接后,拐弯向左去储气罐 V0603。

　　③从异径三通管旁接出来的管道(CA0604－32×3－L1B EL＋1.800),在行至除尘器前后对称面时拐弯向上,到达标高为 EL＋4.300 处拐弯向右,经过同心导径管接头后与除尘器 V0602A 上端的管道(CA0605－57×3.5－L1B EL＋4.300)相接。

　　④从除尘器 V0602A、V0602B 底部管口(EL＋0.500)伸出的排污管道(BD0603－32×3－L1B、BD0604－32×3－L1B),在标高为 EL＋0.300 处拐弯向前,到达地沟拐弯向下。

　　画管道布置图时,可分别按各自管道的布置路线进行绘制,然后注写出相应的管道号及标高,如图 4-26(c)所示。

标注管道号时,需要注写出管道的标高。管道标高若以管底为基准,应注写出"BOP. EL±0.000"("BOP"为管底代号)。例如,在"EL±0.000 平面"图中,对于来自干燥器 E0602 的管道,应在其管道号后面加注其标高 BOP. EL+4.300,即 CA0604—57×3.5—L1B　BOP. EL+4.300;又如,从异径三通管旁接出来的管道,应注写为 CA0604—32×3—L1B　BOP. EL+1.800。在"2—2 剖面"图中,管道的标高则采用插入带属性图块的方式进行标注。

管道的平面位置应以厂房建筑物或构筑物的定位轴线、设备中心线等为基准进行标注。例如,来自干燥器 E0602 的管道(CA0604—57×3.5—L1B　BOP. EL+4.300),在未过弯头之前,距①轴为 320mm;过了弯头之后,距Ⓐ轴为 1750mm。又如,自右向左去储气罐 V0603 的管道(CA0605—57×3.5—L1B　BOP. EL+0.500),距Ⓐ轴为 320mm。

(4)用细实线按比例画出管道上的阀门、管件、管道附件等

本例采用的管子主要有两种规格:$\phi57×3.5$、$\phi32×3$。对于安装在管道上的阀门及管件(如弯头、同心异径管等),按相应管子的规格来选配。用细实线、按比例绘制出阀门及管件图形符号,并画在管道的指定位置上。同时,对阀门及管件的平面位置和标高尺寸进行标注。必要时,还应标出阀门及管件的规格及尺寸。例如,位于标高为 EL+4.300 处的同心异径管,其前后端管子的公称通径为 50×25,如图 4-26(d)所示。

(5)用细实线画出控制点的图形符号

在上设备和管道测量点处用细实线画出仪表控制点的图形符号,并标注出与管道及仪表流程图一致的仪表位号,如图 4-26(d)所示。

4. 绘制方位标、填写标题栏

在管道布置平面图的右上角,画出与设备布置图一致的方位标,作为管道布置安装时的定向基准。管道安装方位标的图标,是在一个细实线圆圈内用箭头指示北向,在水平线和垂直线上注明东、西、南、北四个方向的角度和北向代号"PN",以此辨认管道"上北、下南、左西、右东"的空间走向以及布置安装情况。

5. 校核

图样画好后,要进行认真校对、修改,最后完成全图(见图 4-25)。

项目训练

1. 应用 AutoCAD 绘制某精馏装置工艺管道及仪表流程图(见图 4-28),并对图样进行标注及图例说明(图幅 A2)。

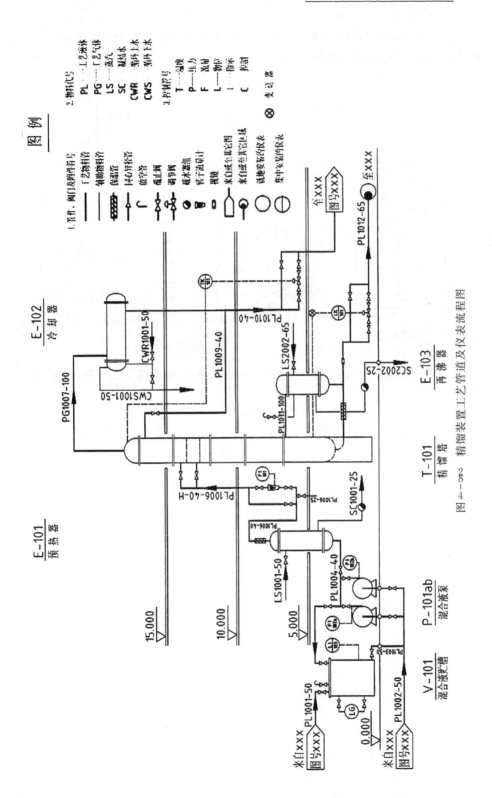

图 4-8-2　精馏装置工艺管道及仪表流程图

2.应用 AutoCAD 绘制某装置设备布置平面图(EL±0.000,见图 4-29),并对图样进行标注(图幅 A2,比例 1∶20)。

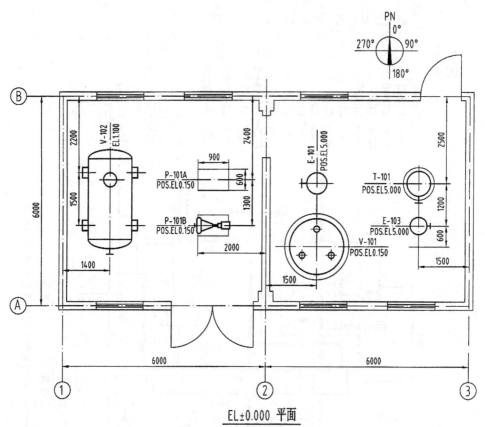

EL±0.000 平面

图 4-29 某装置设备布置图

3. 应用 AutoCAD 绘制某车间（局部）管道布置平面图（EL±0.000）及 A—A 剖面图（见图 4-30），并对图样进行标注（图幅 A2，比例 1∶50）

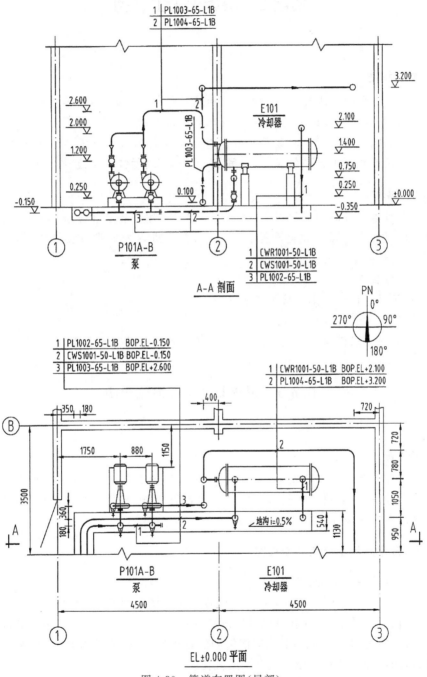

图 4-30　管道布置图（局部）

项目 2　识读化工工艺图

项目描述

　　化工工艺图详细表述了化工产品的生产过程与控制要求,所需设备的种类、数量、规格型号和相互之间的关系,厂区或车间的设备、管路布置状况与安装要求,以及相关的工艺技术指标与参数等内容。对于从事化工生产技术和工艺操作人员,必须具备阅读化工工艺图的能力,能用"工程语言"进行技术交流、指导生产。

项目驱动

　　1.通过本项目的学习和训练,使学生了解识图基本要求和方法,能够分析生产过程中物料的流动程序和生产操作顺序,以及厂房内外的设备安装布置,管路走向、尺寸和重要配件安装位置等。
　　2.能力目标
　　(1)了解　识图基本要求和方法。
　　(2)掌握　读图分析能力。
　　(3)会做　识读管道及仪表流程图、设备布置图和管道布置图。

任务 1　识读管道及仪表流程图

任务描述

　　阅读管道及仪表流程图是要了解和掌握物料的工艺流程,设备的种类、数量、名称和位号,管道的编号和规格,阀门、控制点的功能、类型和控制部位等,以便在管道安装和工艺操作中做到心中有数。

一、日化产品生产工艺流程图

　　1.了解设备的数量、名称和位号
　　图 4-31 所示为日化产品生产工艺流程图。从图中可知,该生产装置共有 3 台设备,它们分别是型号不同的反应锅:设备位号为 R201 的油锅,用以溶解和混合油相;设备位号为 R202 的水锅,用以溶解和混合水相;设备位号为 R203 的真空均质乳化锅,用以油相和水相原料混合均质乳化。
　　2.分析主要物料的工艺流程
　　根据产品工艺要求,先将配制好的油性物料和水性物料,依次放入油锅和水锅内进行加热、搅拌。然后再将静态的油、水两相液料,采用真空方式吸入到乳化锅内进行加热、搅拌,使两不相容的液相得到充分乳化。最后将均质乳化液产品送至罐装。

3.分析其他物料的工艺流程

低压蒸汽沿管道 LS0201－25×3－L1E、LS0202－25×3－L1E、LS0203－25×3－L1E 经过阀门进入反应锅夹套内,通过间壁式换热方式对锅内介质进行加热。冷凝水经阀门沿管道 SC0201－25×3－L1E,SC0202－25×3－L1E,SC0203－25×3－L1E 排入地沟。

4.了解阀门、仪表控制点的情况

从图中可看出,主要有 9 个球阀,分别安装在油锅、水锅、真空均质乳化锅的出口处及蒸汽、冷凝水的管路上。另有 1 个蝶阀安装在真空均质乳化锅的进口处管道上。

仪表控制点有温度显示仪表 3 个,压力显示仪表 1 个。这些仪表都是就地安装的。

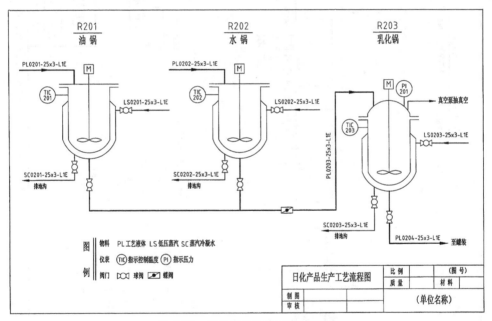

图 4-31 日化产品生产工艺流程图

二、空压站管道及仪表流程图

1.了解设备的数量、名称和位号

图 4-32 所示为空压站管道及仪表流程图。从图中可知,整套空压装置共有 8 台设备,其中 2 台型号相同的空气压缩机(C0301a～b),1 台储气罐(V0301),1 台初级过滤器(V0302),1 台除油过滤器(V0303),1 台吸附式干燥器(M0301),1 台除尘过滤器(V0304),1 台缓冲罐(V0305)。

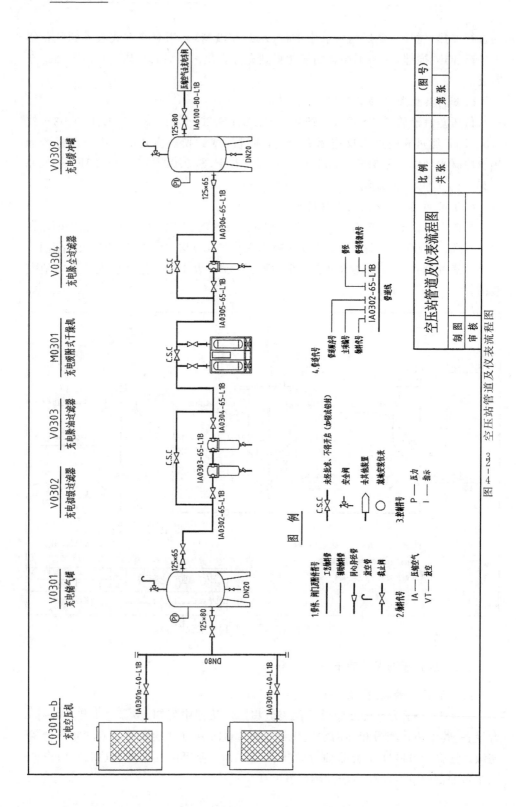

图 4-23 空压站管道及仪表流程图

2.分析主要物料的工艺流程

从空压机出来的压缩空气直接进入储气罐,然后再依次进入初级过滤器、除油过滤器、吸附式干燥器和除尘过滤器。除油、除水和除尘后的压缩空气经由缓冲罐送至充电车间使用。

3.分析其他物料的工艺流程

空压机为 GA55－7.5 型螺杆式风冷压缩机,每台空压机的冷却装置由压缩机厂家成套供应,故在工程设计中不再单独配置冷却管道。储气罐、初级过滤器、除油过滤器、除尘过滤器及缓冲罐均设置了排污管,其中储气罐和缓冲罐的排污管管径为 DN20。

4.了解阀门、仪表控制点的情况

在整套空压装置中设置了 2 个安全阀,分别安装在储气罐和缓冲罐的罐顶处。在储气罐和缓冲罐上还安装了 2 个压力显示仪表,这些仪表都是就地安装的。空压装置还设置了三个未经批准、不得开启的铅封阀门(C.S.C),分别安装在各过滤装置的旁路上,其他均是截止阀。

5.了解故障处理流程线

整套空压装置中的 2 台空气压缩机,一用一备。假若压缩机 C0301a 出现故障,可先关闭压缩机 C0301a,再开启备用机 C0301b 的进口阀并起动。此时压缩空气经 C0301b 的出口阀沿管路 IA0301b－40－L1B 进入储气罐。

任务 2　识读设备和管道布置图

任务描述

在熟悉生产工艺流程的基础上,通过阅读设备与管道布置图,进一步了解设备与建筑物、设备与设备之间的相对位置,管道与设备的连接关系,管道及其附件的配置、尺寸和规格,以及管件、阀门和仪表控制点的安装布置情况等。

一、空压站设备布置图

1.概括了解

图 4-33 所示为空压站设备布置图。该图只采用一个"EL±0.000 平面"视图,表示厂房建筑的基本结构及设备在空压机房内的布置情况。

2.详细分析

(1)分析设备平面布置情况

从图中可知,空压装置的 8 台设备均布置在车间内。2 台空压机 C0301a、C0301b 布置在距④轴 2820mm,距Ⓙ轴分别为 2000mm、5000mm 的位置处;1 台储

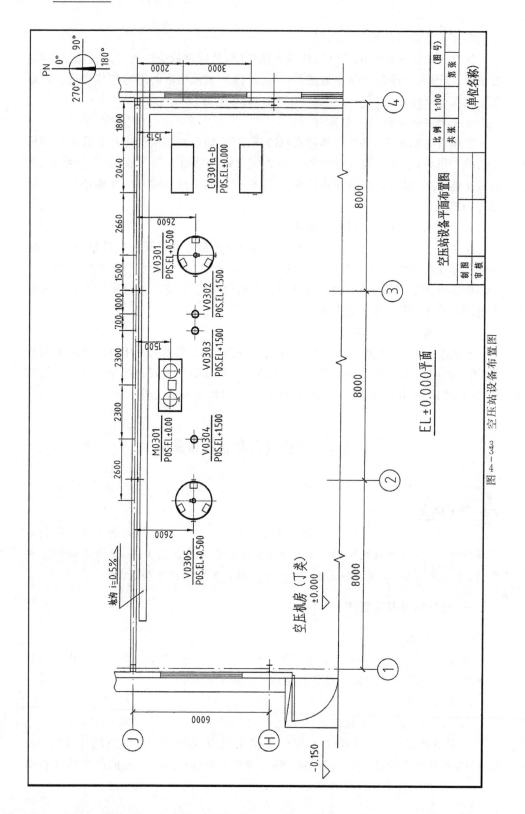

图4—3 空压站设备布置图

气罐 V0301 布置在距③轴 1500mm，距①轴为 2600mm 的位置处；位于储气罐 V0301 之后依次排列的初级过滤器 V0302、除油过滤器 V0303、除尘过滤器 V0304、缓冲罐 V0305 布置在距①轴均为 2600mm，距③轴分别为 2500mm、3200mm、7800mm、10400mm 的位置处；吸附式干燥器 M0301 布置在距①轴为 1500mm，距③轴 4000mm 的位置处。

（2）分析设备立面布置情况

从图中的标注可知，空压机房内的相对标高为±0.000m；空压机 C0301 a～b、吸附式干燥器 M0301 布置在标高±0.000m 的地面上；储气罐 V0301 及缓冲罐 V0305 布置在标高＋0.500m 的基础平面上；初级过滤器 V0302、除油过滤器 V0303、除尘过滤器 V0304 布置在标高＋1.500m 的基础平面上。

二、空压站管道布置图

1. 概括了解

图 4-34 为空压站管道布置图。该图只采用一个"EL±0.000 平面"视图，表示空压机房内的管道布置情况。

2. 详细分析

（1）了解厂房建筑，设备布置情况，定位尺寸，管口方位等

从图中可知，从东至西依次布置了空压机、储气罐、初级过滤器、除油过滤器、吸附式干燥器、除尘过滤器及缓冲罐。设备之间的平面位置按其中心线至厂房建筑轴线的距离来定位的，具体尺寸详见设备布置图。

（2）分析管路走向，编号、规格及配件等的安装位置

空压机 C0301a～b 出口管道 IA0301a－40－L1B 和 IA0301b－40－L1B，经过截止阀后，分别与 DN80 直管上的异径三通管连接。储气罐 V0301 进气管口上安装了同心异径管 DN125×80 和截止阀，与从 DN80 接出的管道 IA0301－80－L1B 连接，其标高由空压机管口高度确定。

储气罐 V0301 出口管道 IA0302－65－L1B 从同心异径管 DN125×65 接出，经过截止阀和两个弯头升至标高＋1.500m 后，与初级过滤器 V0302 相连。初级过滤器 V0302 与除油过滤器 V0303 之间的连接管道为 IA0303－65－L1B　CL. EL ＋1.500。

除油过滤器 V0303 出口管道 IA0304－65－L1B　CL. EL＋1.500，经过截止阀和等径三通管后，与吸附式干燥器相连；吸附式干燥器 M0301 的出口管道 IA0305－L1B　CL. EL＋1.500，经过截止阀和等径三通管后，与除尘过滤器 V0304 相连。

缓冲罐 V0305 进、出气管口上分别安装了两种规格的同心异径管 DN125×65、DN125×80。其中，缓冲罐 V0305 进气管口的异径接头 DN125×65 与除尘过滤器 V0304 出口管道 IA0306－65－L1B　CL. EL＋1.500 连接。缓冲罐 V0305 出口管道 IA6100－80－L1B 从异径接头 DN125×80 接出，经过截止阀和两个弯头升至标高＋2.000m 后，去充电车间。

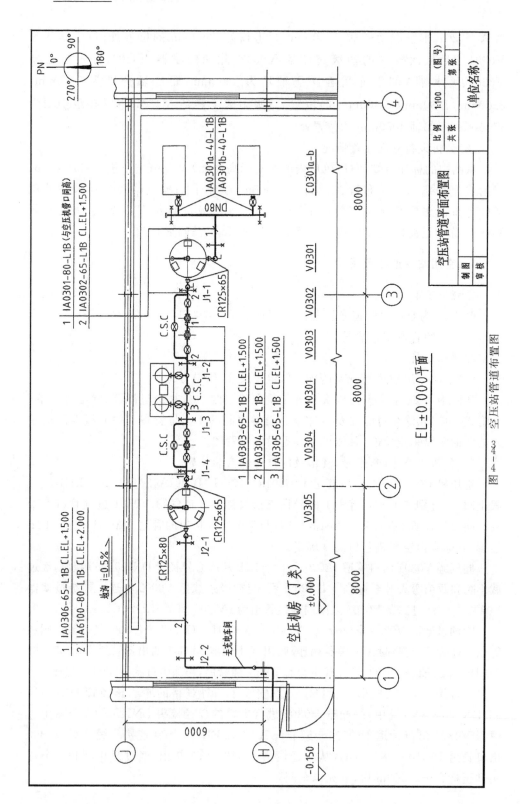

图 4-160 空压站管道布置图

管道布置平面图中包括了管道支架的绘制。管架位置及编号的具体形式从略。

项目训练

1.识读图 4-28 所示某精馏装置工艺管道及仪表流程图,回答下列问题。

(1)该装置采用了_____台设备。其中_____台静设备,另外_____台_____是本系统输送物料的动设备。

(2)来自于管路_____的液料,通过_____送至_____中,与来自于管路_____的液料汇集混合。

(3)从泵出来的物料(混合液),经过_____送至_____内,靠来自_____的气体加热、加压、精馏。

(4)从塔顶出来的气体物料,经过_____冷却后,将出来的_____物料,一部分作为回流送往_____,另一部分作为_____送至后续工段或贮存。而从塔底出来的底液,则作为_____送入其他工段。

(5)冷却水沿管路_____经截止阀进入冷却器,与温度较高的气体物料进行换热后,经管路_____排出。

(6)进入预热器的蒸汽与混合液热交换后所产生的凝结水,沿管路_____经_____排出。

(7)图中除了截止阀、疏水器外,还有_____个调节阀,分别安装在_____、_____出口处。

(8)仪表控制点有压力显示仪表_____个,物位显示仪表_____个,流量显示仪表_____个。另外,还有两个安装在塔顶、塔底并与调节阀信号连接的仪表是:_____、_____,它们用来显示和控制_____、_____。

2.识读图 4-29 所示某装置设备布置平面图(EL±0.000),回答下列问题。

(1)该设备布置图是_____平面布置图,反映该层面内设备的安装位置和方位。

(2)在该层水平面内布置的设备有_____台,这些设备的数量和名称是:_____台_____(P—101A～B);_____台_____(V—101);_____台_____(T—101);_____台_____(V—102)。

(3)在该层面内还布置有 2 台均属_____类设备,其设备分类代号为_____,这些设备的位号和名称分别是_____、_____。

(4)V—102 布置在距①轴_____mm,两支座距⑧轴分别为_____mm、_____mm 的位置处;该设备中心线的标高为_____m。

(5)P—101A、P—101B 布置在距②轴_____mm,距⑧轴分别为_____mm、_____mm 的位置处。

(6)V—101 布置在距②轴_____mm,距⑧轴为_____mm 的位置处。

(7)T—101 布置在距③轴_____mm,距⑧轴为_____mm 的位置处。

(8)P—101A、P—101B 和 V—101 布置在标高_____m 的基础平面上；T—101 布置在标高_____m 的基础平面上。

(9)另外 2 台设备：E—101 布置在距②轴_____mm，距⑧轴为_____mm 的位置处；E—103 布置在距③轴_____mm，距⑧轴为_____mm 的位置处。

(10)E—101 和 E—103 布置在标高_____m 的平面上。

3. 识读图 4-30 某车间(局部)管道布置图，回答下列问题。

(1)该管道布置图仅表示了与_____和_____有关的管道布置情况，所采用的两个视图分别是：_____和_____。

(2)来自地沟中的物料管道 PL1002—65(标高—0.150m)分两路向_____，经过标高为＋1.200m 的截止阀，拐弯向_____至离心泵 P101A～B。

(3)由泵进入系统的物料，继续沿两路向_____，经过标高＋1.200m 的截止阀、异径管后，左路管道 PL1003—65 至标高＋2.000m 处拐弯向_____与右路管道 PL1003—65 汇合成一路，直行向_____至标高＋2.600m 处拐弯向_____、向_____，又至标高＋0.100m 处拐弯向_____、向_____、向_____与冷却器 E101 左下端的进管口相连，将物料送入冷却器 E101 进行冷却。

(4)冷却后的物料，经冷却器 E101 左上端的出管口相连的管道 PL1004—65 拐弯向_____，至标高＋3.200m 处拐弯向_____、向_____、向_____，最后从系统离去。

(5)来自地沟中的循环上水管道 CWS1001—50(标高—0.150m)，先拐弯向_____，经过截止阀，向_____、向_____至冷却器 E101 下端的接管口相连。热交换后的循环回水，则通过与冷却器 E101 上端接管口相连的管道 CWR1001—50 向_____、向_____、向_____排入地沟。

(6)为了更好地帮助分析、归纳管路走向，建立起一个完整的空间概念，请在指定位置上(见图 4-35)绘制出管道布置轴测示意图。

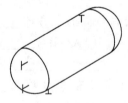

图 4-35 某车间(局部)管道布置轴测示意图

项目 3　化工单元测绘

项目描述

化工生产过程可归纳为一些基本操作,如蒸发、冷凝、吸收、精馏及干燥等,称为单元操作。若要改进现有工艺流程,经常需要对工艺操作单元进行测绘。化工单元测绘就是通过对现有化工操作单元的工艺流程、设备与管道布置情况进行了解、测量,并画出其草图,再经整理画出工作图的过程。

项目驱动

1. 通过本项目的学习和训练,使学生了解化工单元的测绘内容与方法,能够测绘化工操作单元的工艺流程草图,以及设备与管道安装布置草图,能应用 AutoCAD 绘制其工作图。

2. 能力目标

(1)了解　测绘内容与方法。

(2)掌握　测绘基本技能。

(3)会做　测绘管道及仪表流程图、设备布置图和管道布置图。

任务 1　测绘化工操作单元

任务描述

实际化工过程都需要用一定的生产装置来完成。通过现场观察生产装置,了解测绘对象的工艺流程、设备名称及其布置、管道的连接及空间走向、仪表控制点的安装及作用、建筑物或构筑物及其他结构的分布情况,徒手画出其草图、注上相关代号及数据等。

一、测绘对象

本例测绘的对象是液化气回收装置。该装置的作用是将来自胺处理装置的液态烃,与来自重整装置脱戊烷塔塔顶的馏出液进行混合、加压、精馏,使液化气(丙烷、丁烷和燃料气)与轻质石脑油(主要由戊烷组成)分离,塔底产品去制氢装置,而塔顶产品(液化气)最后收集于贮罐,达到回收液化气的目的。

1. 了解被测操作单元的工艺流程

液化气回收装置的工艺流程为:来自胺处理装置的液态烃,与来自重整装置脱戊烷塔塔顶的馏出液混合汇集于进料罐中,物料(混合液)经过预热器送至脱丁烷塔,塔内物料靠来自再沸器的气体加热、加压、精馏。塔顶出来的气体物料（液化气、丙烷、丁烷和燃料气），经冷凝冷却器冷却后至回流罐。回流罐中不凝性气体在压力控制下,排放到燃料气系统。从回流罐出来的液态物料,经回流泵一部分作为回流送往脱丁烷塔;另一部分送至液化气贮罐贮存。塔底出来的底液（轻质石脑油），经预热器换热后,送入制氢装置作为原料。

液化气回收装置的工艺方案流程图（草图），如图 4-36 所示。

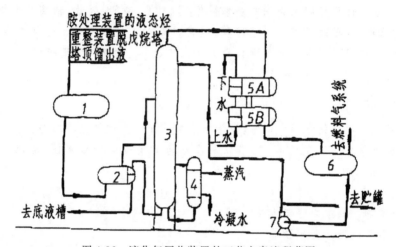

图 4-36　液化气回收装置的工艺方案流程草图

1—进料罐;2—预热器;3—脱丁烷塔;4—再沸器;5—冷凝冷却器;6—回流罐;7—回流泵

2.了解被测操作单元的设备数量、名称及安装布置情况

液化气回收装置有 7 台静设备（其中包括 2 台型号相同的冷凝冷却器）和 1 台动设备,每台设备都要编写其位号和名称（见表 4-11）。

表 4-11　液化气回收装置的设备位号及名称

序号	1	2	3	4	5	6	7
设备位号	V0901	E0901	T0901	E0902	E0903A~B	V0902	P0901
设备名称	进料罐	预热器	脱丁烷塔	再沸器	冷凝冷却器	回流罐	回流泵

为了使化工单元测绘顺利进行,最好用细实线绘出设备外形轮廓的轴测示意图,如图 4-37、图 4-38、图 4-39 所示为脱丁烷塔、再沸器、冷凝冷却器轴测草图。

3.了解被测操作单元的管道连接及空间走向

管道是一台设备与另一台设备之间的联系通道。由于同一设备上连接的管道多种多样,为了便于区别,应对各个管道进行编号,同时应及时在设备轴测草图上画出管道空间走向,并将管道编号、物料代号和流向（用文字注明物料来去处）记录在各设备的轴测图上。

液化气回收装置中脱丁烷塔、再沸器、冷凝冷却器三台设备上的管道连接及空间走向,如图 4-37、图 4-38、图 4-39 所示。

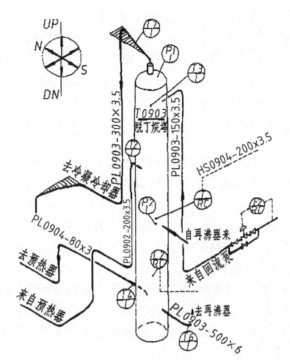

图 4-37　脱丁烷塔轴测草图

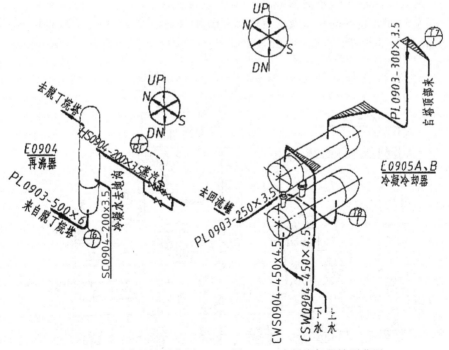

图 4-38　再沸器轴测草图　　　　图 4-39　冷凝冷却器轴测草图

管道的公称尺寸与标高尺寸待测量后再填写。

4.了解被测操作单元的管件、阀门、仪表控制点的名称、作用及安装情况

对被测操作单元所属范围内的管件、阀门及仪表控制点,应记录在设备的轴测草图上。阀门及仪表控制点用规定的符号绘制在管道或设备的相应处,如图 4-37、图 4-38、图 4-39 所示。

二、画草图、测量尺寸

为便于顺利完成测绘任务,可采取分组形式(每小组 3～5 人)进行现场测绘,小组成员分工协作、相互配合。但绘制草图,每人应独立完成。

1.画草图

对被测操作单元有了较详细的了解后,可按顺序徒手绘出管道及仪表流程草图、设备布置草图和管道布置草图。

具体画草图时,应注意以下几点。

①设备、管道、阀门、仪表控制点及建筑物等,应按规定线型绘制并符合投影关系。

②先画视图和尺寸线,尺寸数字先空着,待测量尺寸时再一一填写。

③设备位号、管道代号、仪表符号、建筑物定位轴线编号等各种标注,在相应的图上均应一致,不要搞错。

④设备及管道的安装方位标应保持一致。

⑤管道中用箭头表示的物料流向,应与实际流向一致。

液化气回收装置的管道及仪表流程草图如图 4-40 所示,设备布置草图如图 4-41 所示,管道布置草图如图 4-42(a)、图 4-42(b)、图 4-42(c)、图 4-42(d)所示。

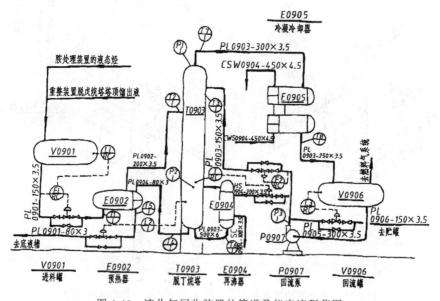

图 4-40　液化气回收装置的管道及仪表流程草图

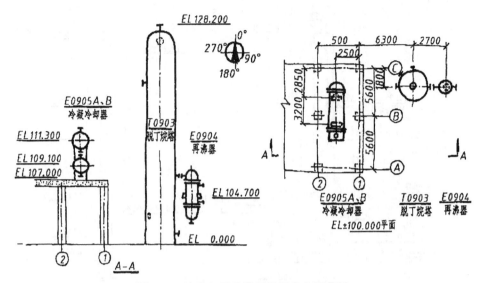

图 4-41　液化气回收装置的设备布置草图

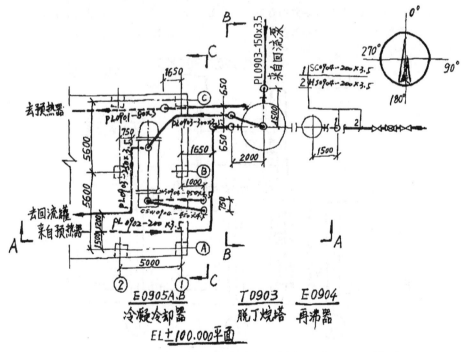

图 4-42(a)　液化气回收装置的管道布置草图(EL±100.000平面)

2. 测量尺寸

草图画好后便可测量尺寸。由于被测尺寸数字都比较大，需要几人配合进行。尺寸应逐个测量填写，以免出错或遗漏。

化工单元测绘是一项细致的工作，要求测绘人员从熟悉工艺流程到最后绘制

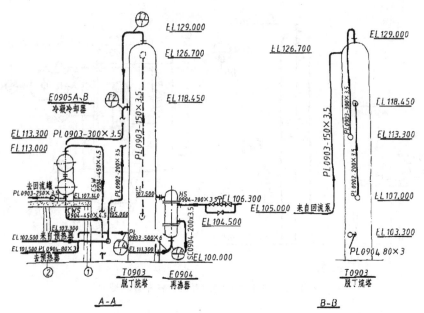

图 4-42(b)　液化气回收装置的管道
布置草图(A—A 剖面)

图 4-42(c)　液化气回收装置的管道
布置草图(B—B 剖面)

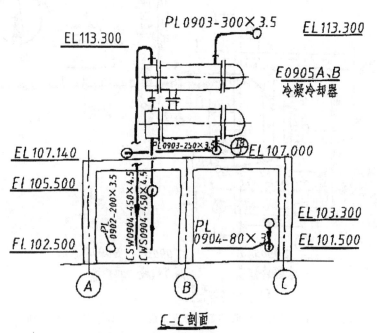

图 4-42(d)　液化气回收装置的管道布置草图(C—C 剖面)

工作图,都必须以科学、认真的态度对待。应仔细校核、整理、修改草图,使相关代号、数据在各草图上保持一致,避免前后矛盾。

特别需要指出,在测绘现场一定要注意安全,不要随意扳动阀门、手柄和电气开关。注意遵守现场的有关规定,不妨碍工作人员的操作,一切听从指挥人员和现场其他有关人员的指挥。

任务 2　应用 AutoCAD 绘制工作图

任务描述

画工作图之前,应仔细校核、整理、修改草图,使相关代号、数据在各草图上保持一致。然后,应用 AutoCAD 绘制出液化气回收装置的首页图、管道及仪表流程图、设备布置图和管道布置图。

一、管道及仪表流程图

1. 首页图

在工艺设计施工图中,为了更好地了解和使用各种设计文件,将设计中所采用的部分规定,以图表形式绘制成首页图。首页图包括以下内容:

①管道及仪表流程图中所采用的图例、符号、设备位号、物料代号和管道编号等。

②装置及主项的代号和编号等。

③检测和控制系统的图例、符号、代号等。

④其他有关需说明的事项。

根据液化气回收装置中所采用的管件、阀门、仪表控制点的图例、符号、代号及其他标注(如设备位号、管道代号、物料代号)等,选用标准图幅 A4(横置)"样板图"文件,单独绘制出液化气回收装置首页图,如图 4-43 所示。

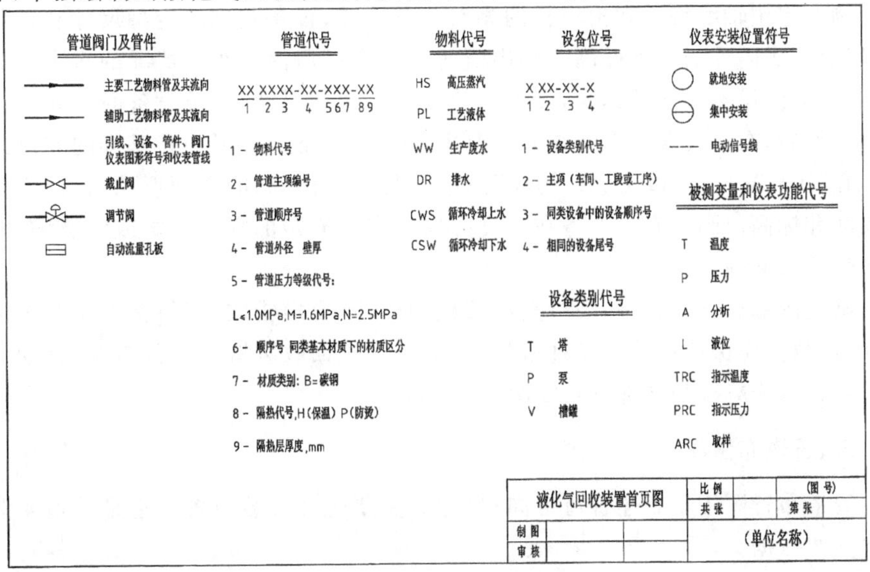

图 4-43　液化气回收装置的首页图

2.管道及仪表流程图

管道及仪表流程图用于表述生产过程中物料的流动程序和生产操作顺序。它是设备、管道布置设计的依据，又是施工安装和生产运行时的重要技术文件。

根据液化气回收装置工艺流程与相关设备、辅助装置、仪表与控制要求的基本概况，选用标准图幅 A3（横置）"样板图"文件。

按工艺流程次序自左向右，画出设备与管道连接起来的示意性展开图，用箭头指明管道内的物料流向并指明物料的来去处，并注写出设备位号及名称、管道编号及规格。画出管道上全部阀门及部分管件、管道附件，以及设备和管道测量点处的仪表控制点的图形符号，并注写出仪表位号。

画完图稿后，应认真仔细检查和校核图样，不要出错或遗漏，特别是图中的相关代号、数据应保持一致。经过审核，完成液化气回收装置的管道及仪表流程图，如图 4-44 所示。

二、设备布置图

设备布置图用于表述设备在厂房内外安装位置。它是设备安装施工、管道布置设计的重要依据。

根据液化气回收装置管道及仪表流程图，以及脱丁烷塔、再沸器、冷凝冷却器设备布置情况和安装要求，选取三个视图来表达，一个是"EL±100.000 平面"图，另外两个是"A－A 剖面"和"C－C 剖面"图。

根据视图表达方案，确定绘图比例为 1：100（缩小比例）。选用标准图幅 A2（竖置）"样板图"文件。

在"EL±100.000 平面"图中，画出与设备安装定位有关的建筑结构形状，标注建筑物的定位轴线编号和构筑物的相对位置尺寸，设备基础的定型尺寸和定位尺寸，以及厂房内外的地坪标高。画出所有设备在厂房内外布置情况的水平投影或示意图，标注设备位号及标高，设备与建筑物的定位尺寸，以及设备间的相对位置尺寸。然后，在设备布置平面图的右上角，画出表示设备安装方位基准的方位标。

在"A－A 剖面"和"C－C 剖面"图中，画出设备基础的立面形状，标注定位轴线尺寸和标高。画出有关设备在高度方向上布置安装的立面投影或示意图，标注设备位号及标高。

画完图稿后，应认真仔细检查和校核图样，不要出错或遗漏，特别是图中的相关代号、数据应保持一致。经过审核，完成液化气回收装置的设备布置图（脱丁烷塔、再沸器、冷凝冷却器部分），如图 4-45 所示。

三、管道布置图

管道布置图用于表述管道走向、尺寸和重要配件安装位置。它是管道安装施工的主要依据。

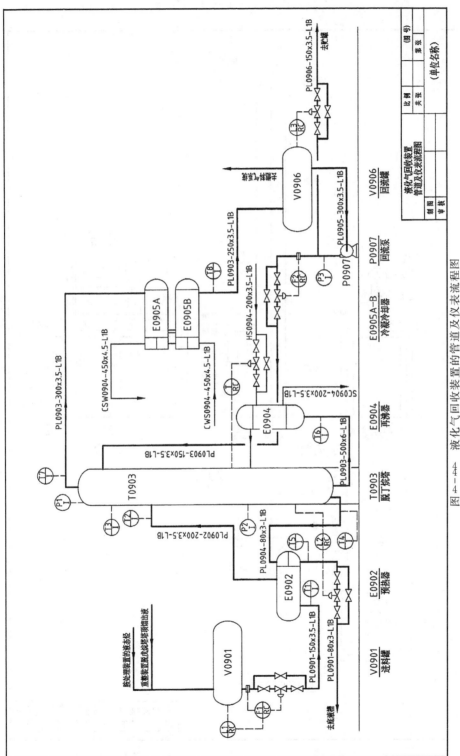

图4—44　液化气回收装置的管道及仪表流程图

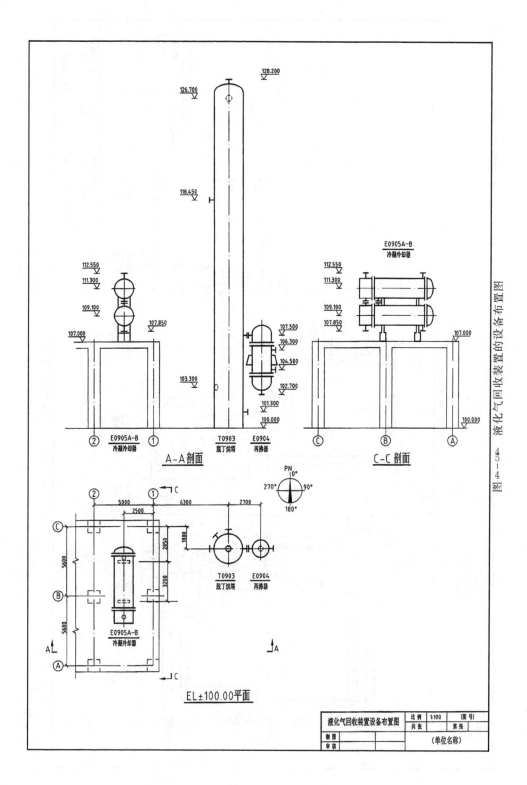

图 4-5 液化气回收装置的设备布置图

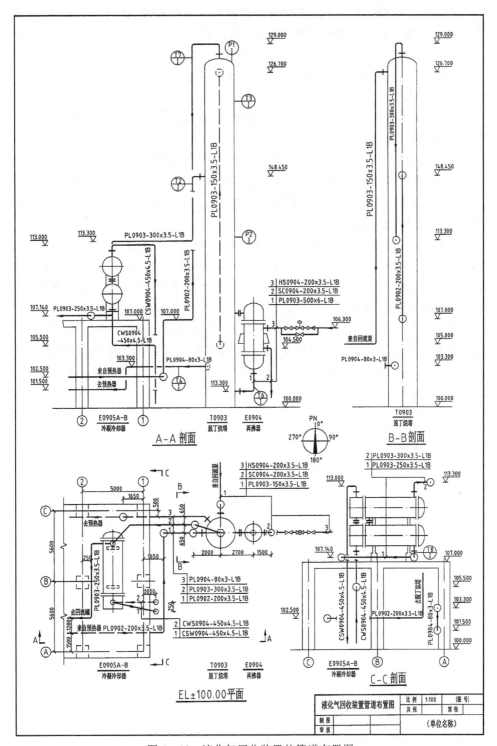

图 4-46 液化气回收装置的管道布置图

　　根据液化气回收装置管道及仪表流程图和设备布置图,以及脱丁烷塔、再沸器、冷凝冷却器的管道布置情况和安装要求,选取四个视图来表达,一个是"EL±100.000 平面"图,另外三个是"A－A 剖面"、"B－B 剖面"和"C－C 剖面"图。

　　根据视图表达方案,确定绘图比例为 1∶100(缩小比例)。选用标准图幅 A2 (竖置)"样板图"文件。

　　绘制管道布置图实际上是在设备布置图上画出各设备之间的管道连接走向和位置,以及管件、阀门和仪表控制点的安装位置。

　　按流程顺序和管道布置原则及管道线型的规定,画出各视图中的管道布置图线,用箭头指明管道内的物料流向并指明物料的来去处,并注写出管道编号及规格。画出管道上的阀门、管件、管道附件等。画出设备和管道测量点处的控制点的图形符号,并注写出仪表位号。

　　在"EL±100.000 平面"图中,还需标注管道与建筑物或构筑物轴线的定位尺寸,以及管道平面布置的有关尺寸。然后,在管道布置平面图的右上角,画出与设备布置图相一致的方位标。在"A－A 剖面"、"B－B 剖面"和"C－C 剖面"图中,需要标注设备和管道的标高。

　　画完图稿后,应认真细仔检查和校核图样,不要出错或遗漏,特别是图中的相关代号、数据应保持一致。经过审核,完成液化气回收装置的管道布置图(脱丁烷塔、再沸器、冷凝冷却器部分),如图 4-46 所示。

项目训练

　　1. 测绘涂料生产装置。

　　2. 测绘流体输送装置。

　　3. 测绘精细化工实训装置。

附　录

一、极限与配合

附表 1　标准公差数值(摘自 GB/T 1800.3—1998)

基本尺寸/mm		标准公差等级																	
大于	至	IT1	IT2	IT3	IT4	IT5	IT6	IT7	IT8	IT9	IT10	IT11	IT12	IT13	IT14	IT15	IT16	IT17	IT18
		μm											mm						
—	3	0.8	1.2	2	3	4	6	10	14	25	40	60	0.1	0.14	0.25	0.4	0.6	1	1.4
3	6	1	1.5	2.5	4	5	8	12	18	30	48	75	0.12	0.18	0.3	0.48	0.75	1.2	1.8
6	10	1	1.5	2.5	4	6	9	15	22	36	58	90	0.15	0.22	0.36	0.58	0.9	1.5	2.2
10	18	1.2	2	3	5	8	11	18	27	43	70	110	0.18	0.27	0.43	0.7	1.1	1.8	2.7
18	30	1.5	2.5	4	6	9	13	21	33	52	84	130	0.21	0.33	0.52	0.84	1.3	2.1	3.3
30	50	1.5	2.5	4	7	11	16	25	39	62	100	160	0.25	0.39	0.62	1	1.6	2.5	3.9
50	80	2	3	5	8	13	19	30	46	74	120	190	0.3	0.46	0.74	1.2	1.9	3	4.6
80	120	2.5	4	6	10	15	22	35	54	87	140	220	0.35	0.54	0.87	1.4	2.2	3.5	5.4
120	180	3.5	5	8	12	18	25	40	63	100	160	250	0.4	0.63	1	1.6	2.5	4	6.3
180	250	4.5	7	10	14	20	29	46	72	115	185	290	0.46	0.72	1.15	1.85	2.9	4.6	7.2
250	315	6	8	12	16	23	32	52	81	130	210	320	0.52	0.81	1.3	2.1	3.2	5.2	8.1
315	400	7	9	13	18	25	36	57	89	140	230	360	0.57	0.89	1.4	2.3	3.6	5.7	8.9
400	500	8	10	15	20	27	40	63	97	155	250	400	0.63	0.97	1.55	2.5	4	6.3	9.7
500	630	9	11	16	22	32	44	70	110	175	280	440	0.7	1.1	1.75	2.8	4.4	7	11
630	800	10	13	18	25	36	50	80	125	200	320	500	0.8	1.25	2	3.2	5	8	12.5
800	1000	11	15	21	28	40	56	90	140	230	360	560	0.9	1.4	2.3	3.6	5.6	9	14
1000	1250	13	18	24	33	47	66	105	165	260	420	660	1.05	1.65	2.6	4.2	6.6	10.5	16.5
1250	1600	15	21	29	39	55	78	125	195	310	500	780	1.25	1.95	3.1	5	7.8	12.5	19.5
1600	2000	18	25	35	46	65	92	150	230	370	600	920	1.5	2.3	3.7	6	9.2	15	23
2000	2500	22	30	41	55	78	110	175	280	440	700	1100	1.75	2.8	4.4	7	11	17.5	28
2500	3150	26	36	50	68	96	135	210	330	540	860	1350	2.1	3.3	5.4	8.6	13.5	21	33

注:1. 基本尺寸大于 500mm 的 IT1～IT5 的标准公差数值为试行的。

　　2. 基本尺寸小于 1mm 时,无 IT14～IT18。

附表 2　优先及常用孔的极限偏差值(摘自 GB/T 1800.3—1998,1801—1999)

单位:μm

公　差　等　级

基本尺寸/mm 大于	至	A 11	B 11	C *11	D *9	E 8	F *8	F *7	F 6	G *7	G 6	H *7	H *8	H *9	H 10	H *11	H 12	JS 6	JS 7	K 6	K *7	K 8	M 7	N 6	N 7	P 6	P *7	R 7	S *7	T 7	U *7
—	3	+330 / +270	+200 / +140	+120 / +60	+45 / +20	+28 / +14	+20 / +6	+16 / +6	+12 / +6	+12 / +2	+8 / +2	+10 / 0	+14 / 0	+25 / 0	+40 / 0	+60 / 0	+100 / 0	±3	±5	0 / -6	0 / -10	0 / -14	-2 / -12	-4 / -10	-4 / -14	-6 / -12	-6 / -16	-10 / -20	-14 / -24	—	-18 / -28
3	6	+345 / +270	+215 / +140	+145 / +70	+60 / +30	+38 / +20	+28 / +10	+22 / +10	+18 / +10	+16 / +4	+12 / +4	+12 / 0	+18 / 0	+30 / 0	+48 / 0	+75 / 0	+120 / 0	±4	±6	+2 / -6	+3 / -9	+5 / -13	0 / -12	-5 / -13	-4 / -16	-9 / -17	-8 / -20	-11 / -23	-15 / -27	—	-19 / -31
6	10	+370 / +280	+240 / +150	+170 / +80	+76 / +40	+47 / +25	+35 / +13	+28 / +13	+22 / +13	+20 / +5	+14 / +5	+15 / 0	+22 / 0	+36 / 0	+58 / 0	+90 / 0	+150 / 0	±4.5	±7	+2 / -7	+5 / -10	+6 / -16	0 / -15	-7 / -16	-4 / -19	-12 / -21	-9 / -24	-13 / -28	-17 / -32	—	-22 / -37
10	14	+400 / +290	+260 / +150	+205 / +95	+93 / +50	+59 / +32	+43 / +16	+34 / +16	+27 / +16	+24 / +6	+17 / +6	+18 / 0	+27 / 0	+43 / 0	+70 / 0	+110 / 0	+180 / 0	±5.5	±9	+2 / -9	+6 / -12	+8 / -19	0 / -18	-9 / -20	-5 / -23	-15 / -26	-11 / -29	-16 / -34	-21 / -39	—	-26 / -44
14	18	+400 / +290	+260 / +150	+205 / +95	+93 / +50	+59 / +32	+43 / +16	+34 / +16	+27 / +16	+24 / +6	+17 / +6	+18 / 0	+27 / 0	+43 / 0	+70 / 0	+110 / 0	+180 / 0	±5.5	±9	+2 / -9	+6 / -12	+8 / -19	0 / -18	-9 / -20	-5 / -23	-15 / -26	-11 / -29	-16 / -34	-21 / -39	—	-26 / -44
18	24	+430 / +300	+290 / +160	+240 / +110	+117 / +65	+73 / +40	+53 / +20	+41 / +20	+33 / +20	+28 / +7	+20 / +7	+21 / 0	+33 / 0	+52 / 0	+84 / 0	+130 / 0	+210 / 0	±6.5	±10	+2 / -11	+6 / -15	+10 / -23	0 / -21	-11 / -24	-7 / -28	-18 / -31	-14 / -35	-20 / -41	-27 / -48	—	-33 / -54
24	30	+430 / +300	+290 / +160	+240 / +110	+117 / +65	+73 / +40	+53 / +20	+41 / +20	+33 / +20	+28 / +7	+20 / +7	+21 / 0	+33 / 0	+52 / 0	+84 / 0	+130 / 0	+210 / 0	±6.5	±10	+2 / -11	+6 / -15	+10 / -23	0 / -21	-11 / -24	-7 / -28	-18 / -31	-14 / -35	-20 / -41	-27 / -48	-33 / -54	-40 / -61
30	40	+470 / +310	+330 / +170	+280 / +120	+142 / +80	+89 / +50	+64 / +25	+50 / +25	+41 / +25	+34 / +9	+25 / +9	+25 / 0	+39 / 0	+62 / 0	+100 / 0	+160 / 0	+250 / 0	±8	±12	+3 / -13	+7 / -18	+12 / -27	0 / -25	-12 / -28	-8 / -33	-21 / -37	-17 / -42	-25 / -50	-34 / -59	-39 / -64	-51 / -76
40	50	+480 / +320	+340 / +180	+290 / +130	+142 / +80	+89 / +50	+64 / +25	+50 / +25	+41 / +25	+34 / +9	+25 / +9	+25 / 0	+39 / 0	+62 / 0	+100 / 0	+160 / 0	+250 / 0	±8	±12	+3 / -13	+7 / -18	+12 / -27	0 / -25	-12 / -28	-8 / -33	-21 / -37	-17 / -42	-25 / -50	-34 / -59	-45 / -70	-61 / -86
50	65	+530 / +340	+380 / +190	+330 / +140	+174 / +100	+106 / +60	+76 / +30	+60 / +30	+49 / +30	+40 / +10	+29 / +10	+30 / 0	+46 / 0	+74 / 0	+120 / 0	+190 / 0	+300 / 0	±9.5	±15	+4 / -15	+9 / -21	+14 / -32	0 / -30	-14 / -33	-9 / -39	-26 / -45	-21 / -51	-30 / -60	-42 / -72	-55 / -85	-76 / -106
65	80	+550 / +360	+390 / +200	+340 / +150	+174 / +100	+106 / +60	+76 / +30	+60 / +30	+49 / +30	+40 / +10	+29 / +10	+30 / 0	+46 / 0	+74 / 0	+120 / 0	+190 / 0	+300 / 0	±9.5	±15	+4 / -15	+9 / -21	+14 / -32	0 / -30	-14 / -33	-9 / -39	-26 / -45	-21 / -51	-32 / -62	-48 / -78	-64 / -94	-91 / -121
80	100	+600 / +380	+440 / +220	+390 / +170	+207 / +120	+126 / +72	+90 / +36	+71 / +36	+58 / +36	+47 / +12	+34 / +12	+35 / 0	+54 / 0	+87 / 0	+140 / 0	+220 / 0	+350 / 0	±11	±17	+4 / -18	+10 / -25	+16 / -38	0 / -35	-16 / -38	-10 / -45	-30 / -52	-24 / -59	-38 / -73	-58 / -93	-78 / -113	-111 / -146
100	120	+630 / +410	+460 / +240	+400 / +180	+207 / +120	+126 / +72	+90 / +36	+71 / +36	+58 / +36	+47 / +12	+34 / +12	+35 / 0	+54 / 0	+87 / 0	+140 / 0	+220 / 0	+350 / 0	±11	±17	+4 / -18	+10 / -25	+16 / -38	0 / -35	-16 / -38	-10 / -45	-30 / -52	-24 / -59	-41 / -76	-66 / -101	-91 / -126	-131 / -166
120	140	+710 / +460	+510 / +260	+450 / +200	+245 / +145	+148 / +85	+106 / +43	+83 / +43	+68 / +43	+54 / +14	+39 / +14	+40 / 0	+63 / 0	+100 / 0	+160 / 0	+250 / 0	+400 / 0	±12.5	±20	+4 / -21	+12 / -28	+20 / -43	0 / -40	-20 / -45	-12 / -52	-36 / -61	-28 / -68	-48 / -88	-77 / -117	-107 / -147	-155 / -195
140	160	+770 / +520	+530 / +280	+460 / +210	+245 / +145	+148 / +85	+106 / +43	+83 / +43	+68 / +43	+54 / +14	+39 / +14	+40 / 0	+63 / 0	+100 / 0	+160 / 0	+250 / 0	+400 / 0	±12.5	±20	+4 / -21	+12 / -28	+20 / -43	0 / -40	-20 / -45	-12 / -52	-36 / -61	-28 / -68	-50 / -90	-85 / -125	-119 / -159	-175 / -215
160	180	+830 / +580	+560 / +310	+480 / +230	+245 / +145	+148 / +85	+106 / +43	+83 / +43	+68 / +43	+54 / +14	+39 / +14	+40 / 0	+63 / 0	+100 / 0	+160 / 0	+250 / 0	+400 / 0	±12.5	±20	+4 / -21	+12 / -28	+20 / -43	0 / -40	-20 / -45	-12 / -52	-36 / -61	-28 / -68	-53 / -93	-93 / -133	-131 / -171	-195 / -235
180	200	+950 / +660	+630 / +340	+530 / +240	+285 / +170	+172 / +100	+122 / +50	+96 / +50	+79 / +50	+61 / +15	+44 / +15	+46 / 0	+72 / 0	+115 / 0	+185 / 0	+290 / 0	+460 / 0	±14.5	±23	+5 / -24	+13 / -33	+22 / -50	0 / -46	-22 / -51	-14 / -60	-41 / -70	-33 / -79	-60 / -106	-105 / -151	-149 / -195	-219 / -265
200	225	+1030 / +740	+670 / +380	+550 / +260	+285 / +170	+172 / +100	+122 / +50	+96 / +50	+79 / +50	+61 / +15	+44 / +15	+46 / 0	+72 / 0	+115 / 0	+185 / 0	+290 / 0	+460 / 0	±14.5	±23	+5 / -24	+13 / -33	+22 / -50	0 / -46	-22 / -51	-14 / -60	-41 / -70	-33 / -79	-63 / -109	-113 / -159	-163 / -209	-241 / -287
225	250	+1110 / +820	+710 / +420	+570 / +280	+285 / +170	+172 / +100	+122 / +50	+96 / +50	+79 / +50	+61 / +15	+44 / +15	+46 / 0	+72 / 0	+115 / 0	+185 / 0	+290 / 0	+460 / 0	±14.5	±23	+5 / -24	+13 / -33	+22 / -50	0 / -46	-22 / -51	-14 / -60	-41 / -70	-33 / -79	-67 / -113	-123 / -169	-179 / -225	-267 / -313

（续表）

基本尺寸/mm 大于	至	A 11	B 11	C *11	D *9	E 8	F *8	G *7	H 6	H *7	H *8	H *9	H 10	H *11	H 12	JS 6	JS 7	K 6	K *7	K 8	M 7	N 6	N 7	P 6	P *7	R 7	S *7	T 7	U
250	280	+1240 / +920	+800 / +480	+620 / +300	+320 / +190	+191 / +110	+137 / +56	+69 / +17	+32 / 0	+52 / 0	+81 / 0	+130 / 0	+210 / 0	+320 / 0	+520 / 0	±16	±26	+5 / -27	+16 / -36	+25 / -56	0 / -52	-25 / -57	-14 / -66	-47 / -79	-36 / -88	-74 / -126	-138 / -190	-198 / -250	-295 / -347
280	315	+1370 / +1050	+860 / +540	+650 / +330	+320 / +190	+191 / +110	+137 / +56	+69 / +17	+32 / 0	+52 / 0	+81 / 0	+130 / 0	+210 / 0	+320 / 0	+520 / 0	±16	±26	+5 / -27	+16 / -36	+25 / -56	0 / -52	-25 / -57	-14 / -66	-47 / -79	-36 / -88	-78 / -130	-150 / -202	-220 / -272	-330 / -382
315	355	+1560 / +1200	+960 / +600	+720 / +360	+350 / +210	+214 / +125	+151 / +62	+75 / +18	+36 / 0	+57 / 0	+89 / 0	+140 / 0	+230 / 0	+360 / 0	+570 / 0	±18	±28	+7 / -29	+17 / -40	+28 / -61	0 / -57	-26 / -62	-16 / -73	-51 / -87	-41 / -98	-87 / -144	-169 / -226	-247 / -304	-369 / -426
355	400	+1710 / +1350	+1040 / +680	+760 / +400	+350 / +210	+214 / +125	+151 / +62	+75 / +18	+36 / 0	+57 / 0	+89 / 0	+140 / 0	+230 / 0	+360 / 0	+570 / 0	±18	±28	+7 / -29	+17 / -40	+28 / -61	0 / -57	-26 / -62	-16 / -73	-51 / -87	-41 / -98	-93 / -150	-187 / -244	-273 / -330	-414 / -471
400	450	+1900 / +1500	+1160 / +760	+840 / +440	+385 / +230	+232 / +135	+165 / +68	+83 / +20	+40 / 0	+63 / 0	+97 / 0	+155 / 0	+250 / 0	+400 / 0	+630 / 0	±20	±31	+8 / -32	+18 / -45	+29 / -68	0 / -63	-27 / -67	-17 / -80	-55 / -95	-45 / -108	-103 / -166	-209 / -272	-307 / -370	-467 / -530
450	500	+2050 / +1650	+1240 / +840	+880 / +480	+385 / +230	+232 / +135	+165 / +68	+83 / +20	+40 / 0	+63 / 0	+97 / 0	+155 / 0	+250 / 0	+400 / 0	+630 / 0	±20	±31	+8 / -32	+18 / -45	+29 / -68	0 / -63	-27 / -67	-17 / -80	-55 / -95	-45 / -108	-109 / -172	-229 / -292	-337 / -400	-517 / -580

注：带"*"者为优先选用的，其他为常用的。

附表 3 优先及常用轴的极限偏差值(摘自 GB/T 1800.3—1998, 1801—1999)

单位:μm

大于	至	a11	b11	c*11	d*9	e8	f*7	g*6	h5	h*6	h*7	h8	h*9	h10	h*11	h12	js6	k*6	m6	n*6	p*6	r6	s*6	t6	u*6	v6	x6	y6	z6
—	3	-270/-330	-140/-200	-60/-120	-20/-45	-14/-28	-6/-16	-2/-8	0/-4	0/-6	0/-10	0/-14	0/-25	0/-40	0/-60	0/-100	±3	+6/0	+8/+2	+10/+4	+12/+6	+16/+10	+20/+14	—	+24/+18	—	+26/+20	—	+32/+26
3	6	-270/-345	-140/-215	-70/-145	-30/-60	-20/-38	-10/-22	-4/-12	0/-5	0/-8	0/-12	0/-18	0/-30	0/-48	0/-75	0/-120	±4	+9/+1	+12/+4	+16/+8	+20/+12	+23/+15	+27/+19	—	+31/+23	—	+36/+28	—	+43/+35
6	10	-280/-370	-150/-240	-80/-170	-40/-76	-25/-47	-13/-28	-5/-14	0/-6	0/-9	0/-15	0/-22	0/-36	0/-58	0/-90	0/-150	±4.5	+10/+1	+15/+6	+19/+10	+24/+15	+28/+19	+32/+23	—	+37/+28	—	+43/+34	—	+51/+42
10	14	-290/-400	-150/-260	-95/-205	-50/-93	-32/-59	-16/-34	-6/-17	0/-8	0/-11	0/-18	0/-27	0/-43	0/-70	0/-110	0/-180	±5.5	+12/+1	+18/+7	+23/+12	+29/+18	+34/+23	+39/+28	—	+44/+33	—	+51/+40	—	+61/+50
14	18	-290/-400	-150/-260	-95/-205	-50/-93	-32/-59	-16/-34	-6/-17	0/-8	0/-11	0/-18	0/-27	0/-43	0/-70	0/-110	0/-180	±5.5	+12/+1	+18/+7	+23/+12	+29/+18	+34/+23	+39/+28	—	+44/+33	+50/+39	+56/+45	—	+71/+60
18	24	-300/-430	-160/-290	-110/-240	-65/-117	-40/-73	-20/-41	-7/-20	0/-9	0/-13	0/-21	0/-33	0/-52	0/-84	0/-130	0/-210	±6.5	+15/+2	+21/+8	+28/+15	+35/+22	+41/+28	+48/+35	—	+54/+41	+60/+47	+67/+54	+76/+63	+86/+73
24	30	-300/-430	-160/-290	-110/-240	-65/-117	-40/-73	-20/-41	-7/-20	0/-9	0/-13	0/-21	0/-33	0/-52	0/-84	0/-130	0/-210	±6.5	+15/+2	+21/+8	+28/+15	+35/+22	+41/+28	+48/+35	+54/+41	+61/+48	+68/+55	+77/+64	+88/+75	+101/+88
30	40	-310/-470	-170/-330	-120/-280	-80/-142	-50/-89	-25/-50	-9/-25	0/-11	0/-16	0/-25	0/-39	0/-62	0/-100	0/-160	0/-250	±8	+18/+2	+25/+9	+33/+17	+42/+26	+50/+34	+59/+43	+64/+48	+76/+60	+84/+68	+96/+80	+110/+94	+128/+112
40	50	-320/-480	-180/-340	-130/-290	-80/-142	-50/-89	-25/-50	-9/-25	0/-11	0/-16	0/-25	0/-39	0/-62	0/-100	0/-160	0/-250	±8	+18/+2	+25/+9	+33/+17	+42/+26	+50/+34	+59/+43	+70/+54	+86/+70	+97/+81	+113/+97	+130/+114	+152/+136
50	65	-340/-530	-190/-380	-140/-330	-100/-174	-60/-106	-30/-60	-10/-29	0/-13	0/-19	0/-30	0/-46	0/-74	0/-120	0/-190	0/-300	±9.5	+21/+2	+30/+11	+39/+20	+51/+32	+60/+41	+72/+53	+85/+66	+106/+87	+121/+102	+141/+122	+163/+144	+191/+172
65	80	-360/-550	-200/-390	-150/-340	-100/-174	-60/-106	-30/-60	-10/-29	0/-13	0/-19	0/-30	0/-46	0/-74	0/-120	0/-190	0/-300	±9.5	+21/+2	+30/+11	+39/+20	+51/+32	+62/+43	+78/+59	+94/+75	+121/+102	+139/+120	+165/+146	+193/+174	+229/+210
80	100	-380/-600	-220/-440	-170/-390	-120/-207	-72/-126	-36/-71	-12/-34	0/-15	0/-22	0/-35	0/-54	0/-87	0/-140	0/-220	0/-350	±11	+25/+3	+35/+13	+45/+23	+59/+37	+73/+51	+93/+71	+113/+91	+146/+124	+168/+146	+200/+178	+236/+214	+280/+258
100	120	-410/-630	-240/-460	-180/-400	-120/-207	-72/-126	-36/-71	-12/-34	0/-15	0/-22	0/-35	0/-54	0/-87	0/-140	0/-220	0/-350	±11	+25/+3	+35/+13	+45/+23	+59/+37	+76/+54	+101/+79	+126/+104	+166/+144	+194/+172	+232/+210	+276/+254	+332/+310
120	140	-460/-710	-260/-510	-200/-450	-145/-245	-85/-148	-43/-83	-14/-39	0/-18	0/-25	0/-40	0/-63	0/-100	0/-160	0/-250	0/-400	±12.5	+28/+3	+40/+15	+52/+27	+68/+43	+88/+63	+117/+92	+147/+122	+195/+170	+227/+202	+273/+248	+325/+300	+390/+365
140	160	-520/-770	-280/-530	-210/-460	-145/-245	-85/-148	-43/-83	-14/-39	0/-18	0/-25	0/-40	0/-63	0/-100	0/-160	0/-250	0/-400	±12.5	+28/+3	+40/+15	+52/+27	+68/+43	+90/+65	+125/+100	+159/+134	+215/+190	+253/+228	+305/+280	+365/+340	+440/+415
160	180	-580/-830	-310/-560	-230/-480	-145/-245	-85/-148	-43/-83	-14/-39	0/-18	0/-25	0/-40	0/-63	0/-100	0/-160	0/-250	0/-400	±12.5	+28/+3	+40/+15	+52/+27	+68/+43	+93/+68	+133/+108	+171/+146	+235/+210	+277/+252	+335/+310	+405/+380	+490/+465
180	200	-660/-950	-340/-630	-240/-530	-170/-285	-100/-172	-50/-96	-15/-44	0/-20	0/-29	0/-46	0/-72	0/-115	0/-185	0/-290	0/-460	±14.5	+33/+4	+46/+17	+60/+31	+79/+50	+106/+77	+151/+122	+195/+166	+265/+236	+313/+284	+379/+350	+454/+425	+549/+520
200	225	-740/-1030	-380/-670	-260/-550	-170/-285	-100/-172	-50/-96	-15/-44	0/-20	0/-29	0/-46	0/-72	0/-115	0/-185	0/-290	0/-460	±14.5	+33/+4	+46/+17	+60/+31	+79/+50	+109/+80	+159/+130	+209/+180	+287/+258	+339/+310	+414/+385	+499/+470	+604/+575
225	250	-820/-1110	-420/-710	-280/-570	-170/-285	-100/-172	-50/-96	-15/-44	0/-20	0/-29	0/-46	0/-72	0/-115	0/-185	0/-290	0/-460	±14.5	+33/+4	+46/+17	+60/+31	+79/+50	+113/+84	+169/+140	+225/+196	+313/+284	+369/+340	+454/+425	+549/+520	+669/+640

基本尺寸/mm；公差等级

(续表)

大于	至	a 11	b 11	c *11	d *9	e 8	f *7	g *6	h 5	h *6	h *7	h 8	h *9	h 10	h *11	h 12	js 6	k *6	m 6	n *6	p *6	r 6	s *6	t 6	u *6	v 6	x 6	y 6	z 6
250	280	−920/−1240	−480/−800	−300/−620	−190/−320	−110/−191	−56/−108	−17/−49	0/−23	0/−32	0/−52	0/−81	0/−130	0/−210	0/−320	0/−520	±16	+36/+4	+52/+20	+66/+34	+88/+56	+126/+95	+190/+158	+250/+218	+347/+315	+417/+385	+507/+475	+612/+580	+742/+710
280	315	−1050/−1370	−540/−860	−330/−650	−190/−320	−110/−191	−56/−108	−17/−49	0/−23	0/−32	0/−52	0/−81	0/−130	0/−210	0/−320	0/−520	±16	+36/+4	+52/+20	+66/+34	+88/+56	+130/+94	+202/+170	+272/+240	+382/+350	+457/+425	+557/+525	+682/+650	+822/+790
315	355	−1200/−1560	−600/−960	−360/−720	−210/−350	−125/−214	−62/−119	−18/−54	0/−25	0/−36	0/−57	0/−89	0/−140	0/−230	0/−360	0/−570	±18	+40/+4	+57/+21	+73/+37	+98/+62	+144/+108	+226/+190	+304/+268	+426/+390	+511/+475	+626/+590	+766/+730	+936/+900
355	400	−1350/−1710	−680/−1040	−400/−760	−210/−350	−125/−214	−62/−119	−18/−54	0/−25	0/−36	0/−57	0/−89	0/−140	0/−230	0/−360	0/−570	±18	+40/+4	+57/+21	+73/+37	+98/+62	+150/+114	+244/+208	+330/+294	+471/+435	+566/+530	+696/+660	+856/+820	+1036/+1000
400	450	−1500/−1900	−760/−1160	−440/−840	−230/−385	−135/−232	−68/−131	−20/−60	0/−27	0/−40	0/−63	0/−97	0/−155	0/−250	0/−400	0/−630	±20	+45/+5	+63/+23	+80/+40	+108/+68	+166/+126	+272/+232	+370/+330	+530/+490	+635/+595	+780/+740	+960/+920	+1140/+1100
450	500	−1650/−2050	−840/−1240	−480/−880	−230/−385	−135/−232	−68/−131	−20/−60	0/−27	0/−40	0/−63	0/−97	0/−155	0/−250	0/−400	0/−630	±20	+45/+5	+63/+23	+80/+40	+108/+68	+172/+132	+292/+252	+400/+360	+580/+540	+700/+660	+860/+820	+1040/+1000	+1290/+1250

基本尺寸 /mm；公差等级

注:带"*"者为优先选用的,其他为常用的。

二、常用材料及热处理

附表 4　常用的金属材料和非金属材料

	名　称	牌　号	说　明	应用举例
黑色金属	灰铸铁 (GB 9439)	HT150	HT—"灰铁"代号 150—抗拉强度/MPa	用于制造端盖、带轮、轴承座、阀壳、管子及管子附件、机床底座、工作台等
		HT200		用于较重要铸件,如汽缸、齿轮、机架、飞轮、床身、阀壳、衬筒等
	球墨铸铁 (GB 1348)	QT450-10 QT500-7	QT—"球铁"代号 450—抗拉强度/MPa 10—伸长率(%)	具有较高的强度和塑性。广泛用于机械制造业中受磨损和受冲击的零件,如曲轴、汽缸套、活塞环、摩擦片、中低压阀门、千斤顶座等
	铸钢 (GB11352)	ZG200-400 ZG270-500	ZG—"铸钢"代号 200—屈服强度/MPa 400—抗拉强度/MPa	用于各种形状的零件,如机座、变速箱座、飞轮、重负荷机座、水压机工作缸等
	碳素结构钢 (GB 700)	Q215-A Q235-A	Q—"屈"字代号 215—屈服点数值/MPa A—质量等级	有较高的强度和硬度,易焊接,是一般机械上的主要材料。用于制造垫圈、铆钉、轻载齿轮、键、拉杆、螺栓、螺母、轮轴等
	优质碳素 结构钢 (GB 699)	15	15—平均含碳量(万分之几)	塑性、韧性、焊接性和冷冲性能均良好,但强度较低,用于制造螺钉、螺母、法兰盘及化工储器等
		35		用于强度要求较高的零件,如汽轮机叶轮、压缩机、机床主轴、花键轴等
		15Mn 65Mn	15—平均含碳量(万分之几) Mn—含锰量较高	其性能与15钢相似,但其塑性、强度比15钢高
				强度高,适宜制作大尺寸的各种扁弹簧和圆弹簧
	低合金 结构钢 (GB 1591)	15MnV	15—平均含碳量(万分之几) Mn—含锰量较高 V—合金元素钒	用于制作高中压石油化工容器、桥梁、船舶、起重机等
		16Mn		用于制作车辆、管道、大型容器、低温压力容器、重型机械等
有色金属	普通黄铜 (GB 5232)	H96	H—"黄"铜的代号 96—基体元素铜的含量	用于导管、冷凝管、散热器管、散热片等
		H59		用于一船机器零件、焊接件、热冲及热轧零件等
	铸造锡青铜 (GB 1176)	ZCuSn10Zn2	Z—"铸"造代号 Cu—基体金属铜元素符号 Sn10—锡元素符号及名义含量(%)	在中等及较高载荷下工作的重要管件以及阀、旋塞、泵体、齿轮、叶轮等
	铸造铝合金 (GB 1173)	ZAlSi5CulMg	Z—"铸"造代号 Al—基体元素铝元素符号 Sn5—硅元素符号及名义含量(%)	用于水冷发动机的汽缸体、汽缸头、汽缸盖、空冷发动机机头和发动机曲轴箱等
非金属	耐油橡胶板 (GB 5574)	3707 3807	37、38—顺序号 07—扯断强度/kPa	硬度较高,可在温度为－30～＋100℃的机油、变压器油、汽油等介质中工作,适于冲制各种形状的垫圈
	耐热橡胶板 (GB 5574)	4708 4808	47、48—顺序号 07—扯断强度/kPa	较高硬度,具有耐热性能,可在温度为30～＋100℃且压力不大的条件下于蒸汽、热空气等介质中工作,用做冲制各种垫圈和垫板
	油浸石棉盘根 (JC68)	YS350 YS250	YS—"油石"代号 350—适用的最高温度	用于回转轴、活塞或阀门杆上做密封材料,介质为蒸汽、空气、工业用水、重质石油等
	橡胶石棉盘根 (JC67)	XS550 XS350	XS—"橡石"代号 550—适用的最高温度	用于蒸汽机、往复泵的活塞和阀门杆上做密封材料
	聚四氟乙烯 (PTFE)			主要用于耐腐蚀、耐高温的密封元件,如填料、衬垫、涨圈、阀座,也用做输送腐蚀介质的高温管路,耐腐蚀衬里,容器的密封圈等

附表 5 常用热处理及表面处理

名称	代号	说明	应用
退火	Th	将钢件加热到临界温度以上,保温一段时间,然后缓慢地冷却下来(一般用炉冷)	用来消除铸、锻件的内应力和组织不均匀及晶粒粗大等现象,消除冷轧坯件的冷硬现象和内应力,降低硬度,以便切削
正火	Z	将钢件加热到临界温度以上 30~50℃,保温一段时间,然后在空气中冷却下来,冷却速度比退火快	用来处理低碳和中碳结构钢件和渗碳机件,使其组织细化,增加强度与韧性,减少内应力,改善切削性能
淬火	C	将钢件加热到临界温度以上,保温一段时间,然后在水、盐水或油中急速冷却下来(个别材料在空气中),使其得到高硬度	用来提高刚度和强度极限,但淬火时引起内应力并使钢变脆,所以淬火后必须回火
回火		将淬硬的钢件加热到临界温度以下的某一温度,保温一段时间,然后在空气中或油中冷却下来	用来消除淬火后产生的脆性和内应力,提高钢的塑性和冲击韧性
调质	T	淬火后在 450~650℃进行高温回火称为调质	用来使钢获得高的韧性和足够的强度,很多重要零件淬火后都需要经过调质处理
表面淬火	H	用火焰或高频电流将零件表面迅速加热至临界温度以上,急速冷却	使零件表层得到高的硬度和耐磨性,而心部保持较高的强度和韧性。常用于处理齿轮,使其既耐磨又能承受冲击
高频淬火	G		
渗碳淬火	S	在渗碳剂中将钢件加热 900~950℃,停留一段时间,将碳渗入钢件表面,深度约 0.5~2mm,再淬火后回火	增加钢件的耐磨性能、表面硬度、抗拉强度和疲劳极限。适用于低碳、中碳结构钢的中小型零件
渗氮	D	在 500~600℃通入氮的炉内,向钢件表面渗入氮原子,渗氮层 0.25~0.8mm,渗氮时间需 40~50h	增加钢件的耐磨性能、表面硬度、疲劳极限和抗蚀能力。适用于合金钢、碳结构钢和铸铁零件
氰化	Q	在 820~860℃的炉内通入碳和氮,保温 1~2h,使钢件表面同时渗入碳、氮原子,可得到 0.2~0.5mm 的氰化层	增加表面硬度、耐磨性、疲劳强度和耐蚀性。适用于要求硬度高、耐磨的中小型或薄片零件及刀具
时效处理		低温回火后,精加工之前,将机件加热到 100~180℃,保持 10~40h。铸件常在露天放置一年以上,称为天然时效	使铸件或淬火后的钢件慢慢消除内应力,稳定形状和尺寸
发黑发蓝		将零件置于氧化剂中,在 135~145℃温度下进行氧化,表面形成一层呈蓝黑色的氧化层	防腐、美观
镀铬、镀镍		用电解的方法,在钢件表面镀一层铬或镍	

三、螺纹

附表 6　普通螺纹(摘自 GB/T 193、196—2003)

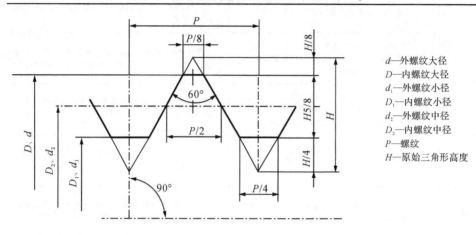

d—外螺纹大径
D—内螺纹大径
d_1—外螺纹小径
D_1—内螺纹小径
d_2—外螺纹中径
D_2—内螺纹中径
P—螺纹
H—原始三角形高度

标记示例:

M12-5g(粗牙普通外螺纹,公称直径 d=12,右旋,中径及大径公差带均为5g,中等旋合长度)

M12×1.5LH-6H(普通细牙内螺纹,公称直径 D=12,螺距 P=1.5,左旋,中径及小径公差带均为6H,中等旋合长度)

公称直径 D、d/mm			螺距 P/mm		粗牙螺纹
第一系列	第二系列	第三系列	粗牙	细牙	小径 D_1、d_1/mm
4			0.7	0.5	3.242
5	—	—	0.8		4.134
6	—	—	1	0.75、(0.5)	4.917
—	—	7			5.917
8	—	—	1.25	1、0.75、(0.5)	6.647
10	—	—	1.5	1.25、1、0.75、(0.5)	8.376
12	—	—	1.75	1.5、1.25、1、(0.75)、(0.5)	10.106
—	14	—	2		11.835
—	—	15		1.5、(1)	13.376
16	—	—	2	1.5、1、(0.75)、(0.5)	13.835
—	18	—			15.294
20	—	—	2.5	2、1.5、1、(0.75)、(0.5)	17.294
—	22	—			19.294
24	—	—	3	2、1.5、1、(0.75)	20.752
—	—	25		2、1.5、(1)	22.835
—	27	—	3	2、1.5、1、(0.75)	23.752
30	—	—	3.5	(3)、2、1.5、1、(0.75)	26.211
—	33	—		(3)、2、1.5、(1)、(0.75)	29.211
—	—	35		1.5	33.376
36	—	—	4	3、2、1.5、(1)	31.670
—	39	—			34.670
—	—	40	—	(3)、(2)、1.5	36.752
42	—	—	4.5		37.129
—	45	—		(4)、3、2、1.5、(1)	40.129
48	—	—	5		42.587

注:1.优先选用第一系列,其次是第二系列,第三系列尽可能不选用。

2.M14×1.25 仅用于火花塞;M35×1.5 仅用于滚动轴承锁紧螺钉。

3.括号内尺寸尽可能不选用。

四、常用标准件

附表 7　六角头螺栓

六角头螺栓-C 级(摘自 GB/T 5780-2000)

标记示例：

螺栓　GB/T 5780-2000 M16×90(螺纹规格 $d=16$、公称长度 $l=90$、性能等级为 4.8 级、不经表面处理、杆身半螺纹、C 级的六角头螺栓)

六角头螺栓—全螺纹-C 级(摘自 GB/T 5781-2000)

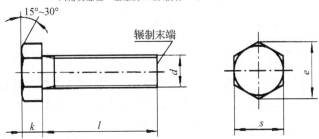

标记示例：

螺栓　GB/T 5781-2000 M20×100(螺纹规格 $d=20$、公称长度 $l=100$、性能等级为 4.8 级、不经表面处理、全螺纹、C 级的六角头螺栓)

单位：mm

螺纹规格 d		M5	M6	M8	M10	M12	M16	M20	M24	M30	M36	M42	M48
b参考	$l\leqslant125$	16	18	22	26	30	38	40	54	66	78	—	—
	$125<l$ $\leqslant200$	—	—	28	32	36	44	52	60	72	84	96	108
	$l>200$	—	—	—	—	—	57	65	73	85	97	109	121
k		3.5	4	5.3	6.4	7.5	10	12.5	15	18.7	22.5	26	30
s_{max}		8	10	13	16	18	24	30	36	46	55	65	75
e_{min}		8.63	10.89	14.20	17.59	19.85	26.17	32.95	39.55	50.85	60.79	72.02	82.6
d_{smax}		5.84	6.48	8.58	10.58	12.7	16.7	20.84	24.84	30.84	37	43	49
l 范围	GB/T 5780	25~50	30~60	35~80	41~100	45~120	55~160	65~200	80~240	90~300	110~300	160~420	180~480
	GB/T 5781	10~40	12~50	16~65	20~80	25~100	35~100	40~100	50~100	60~100	70~100	80~420	90~480
l		10、12、16、18、20~50(5 进位)、(55)、60、(65)、70~160(10 进位)、180、220~500(20 进位)											

注：1.括号内的规格尽可能不用，末端按 GB/T 2-1985 的规定。

　　2.螺纹公差为 8g(GB/T 5780)；6g(GB/T 5781)；机械性能等级：4.6、4.8。

附表 8　螺母

Ⅰ型六角螺母-A级和B级(摘自 GB/T 6170-2000)
Ⅰ型六角螺母-细牙-A级和B级(摘自 GB/T 6171-2000)
Ⅰ型六角螺母-C级(摘自 GB/T 41-2000)

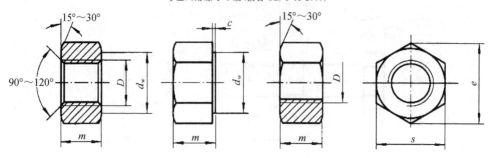

标记示例:

螺母　GB/T 6171-2000 M16×2

(螺纹规格 $D=24$、螺距 $P=2$、性能等级为 10 级、不经表面处理的 B 级Ⅰ型细牙六角螺母)

螺母　GB/T 41-2000 M16

(螺纹规格 $D=16$、性能等级为 5 级、不经表面处理的 C 级Ⅰ型六角螺母)

单位:mm

螺纹规格	D	M4	M5	M6	M8	M10	M12	M16	M20	M24	M30	M36	M42	M48
	$D×P$	—	—	—	M8×1	M10×1	M12×1.5	M16×1.5	M20×2	M24×2	M30×2	M36×3	M42×3	M48×3
c		0.4	0.5		0.6				0.8				1	
s_{max}		7	8	10	13	16	18	24	30	36	46	55	65	75
e_{min}	A、B	7.66	8.79	11.05	14.38	17.77	20.03	26.75	32.95	39.55	50.85	60.79	72.02	82.6
	C	—	8.63	10.89	14.2	17.59	19.85	26.17	32.95	39.55	50.85	60.79	72.07	82.6
m_{max}	A、B	3.2	4.7	5.2	6.8	8.4	10.8	14.8	18	21.5	25.6	31	34	38
	C	—	5.6	6.1	7.9	9.5	12.2	15.9	18.7	22.3	26.4	31.5	34.9	38.9
$d_{w min}$	A、B	5.9	6.9	8.9	11.6	14.6	16.6	22.5	27.7	33.2	42.7	51.1	60.6	69.4
	C	—	6.9	8.9	11.6	14.6	16.6	22.5	27.7	33.2	42.7	51.1	60.6	69.4

注:1. A 级用于 $D\leqslant16$ 的螺母;B 级用于 $D>16$ 的螺母;C 级用于 $D\geqslant5$ 的螺母。

　　2.螺纹公差:A、B 级为 6H,C 级为 7H;机械性能等级:A、B 级为 6、8、10 级,C 级为 4、5 级。

附表 9　垫圈

平垫圈-A 级(摘自 GB/T 97.1-2002)　平垫圈倒角型-A 级(摘自 GB/T 97.2-2002)

小垫圈-A 级(摘自 GB/T 848-2002)　平垫圈-C 级(摘自 GB/T 95-2002)　大垫圈-A 和 C 级(摘自 GB/T 96-2002)

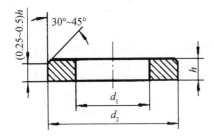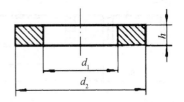

标记示例:

垫圈　GB/T 95-2002 10-100HV

(标准系列、公称尺寸 $d=10$、性能等级为 100HV 级、不经表面处理的平垫圈)

垫圈　GB/T 97.2-2002 10-A140

(标准系列、公称尺寸 $d=10$、性能等级为 A140HV 级、倒角型、不经表面处理的平垫圈)

单位:mm

公称直径 d (螺纹规格)		4	5	6	8	10	12	14	16	20	24	30	36	42	48
GB/T 848-2002 (A 级)	d_1	4.3	5.3	6.4	8.4	10.5	13	15	17	21	25	31	37	—	—
	d_2	8	9	11	15	18	20	24	28	34	39	50	60	—	—
	h	0.5	1	1.6	1.6	1.6	2	2.5	2.5	3	4	4	5	—	—
GB/T 97.1-2002 (A 级)	d_1	4.3	5.3	6.4	8.4	10.5	13	15	17	21	25	31	37	—	—
	d_2	9	10	12	16	20	24	28	30	37	44	56	66	—	—
	h	0.8	1	1.6	1.6	2	2.5	2.5	3	3	4	4	5	—	—
GB/T 97.2-2002 (A 级)	d_1	—	5.3	6.4	8.4	10.5	13	15	17	21	25	31	37	—	—
	d_2	—	10	12	16	20	24	28	30	37	44	56	66	—	—
	h	—	1	1.6	1.6	2	2.5	2.5	3	3	4	4	5	—	—
GB/T 95-2002 (C 级)	d_1	—	5.5	6.6	9	11	13.5	15.5	17.5	22	26	33	39	45	52
	d_2	—	10	12	16	20	24	28	30	37	44	56	66	78	92
	h	—	1	1.6	1.6	2	2.5	2.5	3	3	4	4	5	8	8
GB/T 96-2002 (A 级和 C 级)	d_1	4.3	5.3	6.4	8.4	10.5	13	15	17	22	26	33	39	45	52
	d_2	12	15	18	24	30	37	44	50	60	72	92	110	125	145
	h	1	1.2	1.6	2	2.5	3	3	3	4	5	6	8	10	10

注:1. A 级适用于精装配系列,C 级适用于中等装配系列。

　　2. C 级垫圈没有 R_a3.2 和去毛刺的要求。

附表 10　双头螺柱(摘自 GB/T 897～900—1988)

$b_m=d$(GB/T 897—1988)　　$b_m=1.25d$(GB/T 898—1988)　　$b_m=1.5d$(GB/T 899—1988)　　$b_m=2d$(GB/T 900—1988)

A型　　　　　　　　　　　　　　　　　　　B型

倒角端　　　　　　　　　　倒角端　　　　辗制末端　　　　　　　　　　辗制末端

标记示例:

螺柱　GB/T 899-1988　M12×60

(两端均为粗牙普通螺纹、$d=12$、$l=60$、性能等级为 4.8 级、不经表面处理、B 型、$b_m=1.5d$ 的双头螺柱)

螺柱　GB/T 900-1988　AM16—M16×1×70

(旋入机体一端为粗牙普通螺纹、旋螺母端为细牙普通螺纹、螺距 $P=1$、$d=16$、$l=70$、性能等级为 4.8 级、不经表面处理、A 型、$b_m=2d$ 的双头螺柱)

单位:mm

螺纹规格 d	b_m				l/b
	GB/T 897	GB/T 898	GB.T 899	GB/T 900	
M4	—	—	6	8	(16～22)/8、(25～40)/14
M5	5	6	8	10	(16～22)/10、(25～50)/16
M6	6	8	10	12	(20～22)/10、(25～30)/14、(32～75)/18
M8	8	10	12	16	(20～22)/12、(25～30)/16、(32—90)/22
M10	10	12	15	20	(25～28)/14、(30～38)/16、(40～120)/26,130/32
M12	12	15	18	24	(25～30)/16、(32～40)/20、(45～120)/30、(130～180)/36
M16	16	20	24	32	(30～35)/20、(40～55)/30、(60～120)/38、(130～200)/44
M20	20	25	30	40	(35～40)/25、(45～65)/35、(70～120)/46、(130～200)/52
(M24)	24	30	36	48	(45～50)/30、(55～75)/45、(80～120)/54、(130～200)/60
(M30)	30	38	45	60	(60～65)/40、(70～90)/50、(95～120)/66、(130～200)/72、(210～250)/85
M36	36	45	54	72	(65～75)/45、(80～110)/60、120/78、(130～200)/84、(210～300)/97
M42	42	52	63	84	(70～80)/50、(85～110)/70、120/90、(130～200)/96、(210～300)/109
M48	48	60	72	96	(80～90)/60、(95～110)/80、120/102、(130～200)/108、(210～300)/121
l 系列	12、(14)、16、(18)、20、(22)、25、(28)、30、(32)、35、(38)、40、45、50、55、60、(65)、70、75、80、(85)、90、(95)、100～260(10 进位)、280、300				

注:1.尽可能不采用括号内的规格。末端按 GB/T 2—1985 的规定。

　　2.b_m 的值与材料有关。$b_m=d$ 用于钢对钢。$b_m=(1.25～1.50)d$ 用于铸铁，$b_m=1.5d$ 用于铸铁或铝合金，$b_m=2d$ 用于铝合金。

附表 11　平键及键槽各部分尺寸(摘自 GB/T 1095～1096－2003)

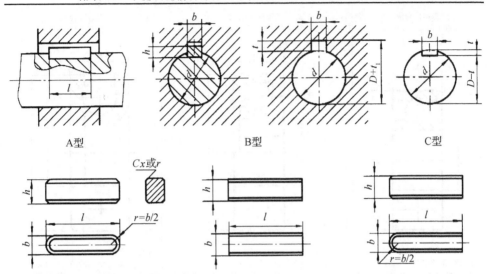

A型　　　　　　　　　　B型　　　　　　　　　　C型

标记示例：
键　12×60　　GB/T 1096－2003(圆头普通平键，b=12，h=8，L=60)
键　B12×60　GB/T 1096－2003(平头普通平键，b=12，h=8，L=60)
键　C12×60　GB/T 1096－2003(单圆头普通平键，b=12，h=8，L=60)

单位：mm

轴	键		键槽										
			宽度 b						深度				半径 r
公称直径 d	公称尺寸 b×h	长度 L	公称尺寸 b	极限偏差					轴 t		毂 t_1		
				较松键连接		一般键连接		较紧键连接					
				轴 H9	毂 D10	轴 N9	毂 JS9	轴和毂 P9	公称	偏差	公称	偏差	最小	最大
>10～12	4×4	8～45	4	+0.030 +0.000	+0.078 +0.030	−0.000 −0.030	±0.015	−0.012 −0.042	2.5	+0.1 0	1.8	+0.1 0	0.8	0.16
>12～17	5×5	10～56	5						3.0		2.3		0.16	0.25
>17～22	6×6	14～70	6						3.5		2.8			
>22～30	8×7	18～90	8	+0.036 +0.000	+0.098 +0.040	−0.000 −0.036	±0.018	−0.015 −0.051	4.0		3.3			
>30～38	10×8	22～110	10						5.0		3.3			
>38～44	12×8	28～140	12	+0.043 +0.000	+0.120 +0.050	−0.000 −0.043	±0.0215	−0.018 −0.061	5.0	+0.2 0	3.3	+0.2 0	0.25	0.40
>44～50	14×9	36～160	14						5.5		3.8			
>50～58	16×10	45～180	16						6.0		4.3			
>58～65	18×11	50～200	18						7.0		4.4			
>65～75	20×12	56～220	20	+0.052 +0.000	+0.149 +0.065	−0.000 −0.052	±0.062	−0.022 −0.074	7.5		4.9		0.40	0.60
>75～85	22×14	63～250	22						9.0		5.4			
>85～95	25×14	70～280	25						9.0		5.4			
>95～110	28×16	80～320	28						10.0		6.4			

注：1. 键 b 的极限偏差为 h9，键 h 的极限偏差为 h11，键长 L 的极限偏差 h14。
　　2. (d−t)和(d+t_1)两组组合尺寸的极限偏差按相应的 t 和 t_1 的极限偏差选取，但(d−t)极限偏差应取负号(一)。
　　3. L 系列：6～22(2 进位)25，28，32，36，40，45，50，56，63，70，80，90，100，110，125，140，160，180，200，220，250，280，320，360，400，450，500。

附表 12　滚动轴承

深沟球轴承 (GB/T 276-1994)	圆锥滚子轴承 (GB/T 297-1994)	推力球轴承 (GB/T 301-1995)
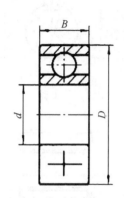	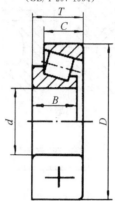	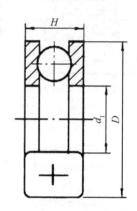
标记示例： 滚动轴承 6212 BG/T 276-1994	标记示例： 滚动轴承 30213 BG/T 297-1994	标记示例： 滚动轴承 51304 BG/T 301-1995

轴承型号	尺寸/mm			轴承型号	尺寸/mm					轴承型号	尺寸/mm			
	d	D	B		d	D	B	C	T		d	D	H	d_{1min}
尺寸系列(02)				尺寸系列(02)						尺寸系列(02)				
6202	15	35	11	30203	17	40	12	11	13.25	51202	15	32	12	17
6203	17	40	12	30204	20	47	14	12	15.25	51203	17	35	12	19
6204	20	47	14	30205	25	52	15	13	16.25	51204	20	40	14	22
6205	25	52	15	30206	30	62	16	14	17.25	51205	25	47	15	27
6206	30	62	16	30207	35	72	17	15	18.25	51206	30	52	16	32
6207	35	72	17	30208	40	80	18	16	19.75	51207	35	62	18	37
6208	40	80	18	30209	45	85	19	16	20.75	51208	40	68	19	42
6209	45	85	19	30210	50	90	20	17	21.75	51209	45	73	20	47
6210	50	90	20	30211	55	100	21	18	22.75	51210	50	78	22	52
6211	55	100	21	30212	60	110	22	19	23.75	51211	55	90	25	57
6212	60	110	22	30213	65	120	23	20	24.75	51212	60	95	26	62
尺寸(03)				尺寸系列(03)						尺寸系列(13)				
6302	15	42	13	30302	15	42	13	11	14.25	51304	20	47	18	22
6303	17	47	14	30303	17	47	14	12	15.25	51305	25	52	18	27
6304	20	52	15	30304	20	52	15	13	16.25	51306	30	60	21	32
6305	25	62	17	30305	25	62	17	15	18.25	51307	35	68	24	37
6306	30	72	19	30306	30	72	19	16	20.75	51308	40	78	26	42
6307	35	80	21	70307	35	80	21	18	22.75	51309	45	85	28	47
6308	40	90	23	30308	40	90	23	20	25.25	51310	50	95	31	52
6309	45	100	25	30309	45	100	25	22	27.25	61311	55	105	35	57
6310	50	110	27	30310	50	110	27	23	29.25	51312	60	110	35	62
6311	55	120	29	30311	55	120	29	25	31.5	51313	65	115	36	67
6312	60	130	31	30312	60	130	31	26	33.5	51314	70	125	40	72

五、化工设备的常用标准化零部件

附表 13　椭圆形封头(摘自 JB/T 4737-1995)

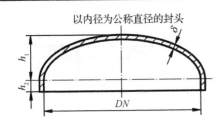
以内径为公称直径的封头

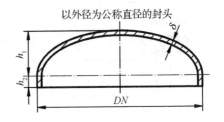
以外径为公称直径的封头

单位:mm

以内径为公称直径的封头							
公称直径 DN	曲面高度 h_1	直边高度 h_2	厚度 δ	公称直径 DN	曲面高度 h_1	直边高度 h_2	厚度 δ
300	75	25	4~8	1600	400	25	6~8
350	88	25	4~8			40	10~18
400	100	25	4~8			50	20~42
		40	10~16	1700	425	25	8
450	112	25	4~8			40	10~18
		40	10~18			50	20~24
500	125	25	4~8	1800	450	25	8
		40	10~18			40	10~18
		50	20			50	20~50
550	137	25	4~8	1900	475	25	8
		40	10~18			40	10~18
		50	20~22	2000	500	25	8
600	150	25	4~8			40	10~18
		40	10~18			50	20~50
		50	20~24	2100	525	40	10~14
650	162	25	4~8	2200	550	25	8,9
		40	10~18			40	10~18
		50	20~24			50	20~50
700	175	25	4~8	2300	575	40	10~14
		40	10~18	2400	600	40	10~18
		50	20~24			50	20~50
750	188	25	4~8	2500	625	40	12~18
		40	10~18			50	12~18
		50	20~26	2600	650	40	12~18
800	200	25	4~8			50	20~50
		40	10~18	2800	700	40	12~18
		50	20~26			50	20~50
900	225	25	4~8	3000	750	40	12~18
		40	10~18			50	20~46
		50	20~28	3200	800	40	14~18
1000	250	25	4~8			50	20~42
		40	10~18	3400	850	50	20~36
		50	20~30	3500	875	50	12~18
1100	275	25	6~8	3600	900	50	20~36
		40	10~18	3800	950	50	20~36
		50	20~24	4000	1000	50	20~36
1200	300	25	6~8	4200	1050	50	12~38
		40	10~18	4400	1100	50	12~38
		50	20~34	4500	1125	50	20~38
1300	325	25	6~8	4600	1150	50	20~38
		40	10~18	4800	1200	50	20~38
		50	20~24	5000	1250	50	20~38
1400	350	25	6~8	5200	1300	50	20~38
		40	10~18	5400	1350	50	20~38
		50	20~38	5500	1375	50	20~38
1500	375	25	6~8	5600	1400	50	20~38
		40	10~18	5800	1450	50	20~38
		50	20~38	6000	1500	50	20~38
以外径为公称直径的封头							
159	40	25	4~8	325	81	25	8
219	55	25	4~8			40	10~12
273	68	25	4~8	377	94	40	10~14
		40	10~12	426	106	40	10~14

注:厚度 δ 系列 4~50 之间 2 进位。

附表 14　管路法兰及垫片

凸面板式平焊钢制管法兰
（摘自 JB/T 81—1994）

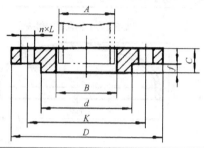

管路法兰用石棉橡胶垫片
（摘自 JB/T 87—1994）

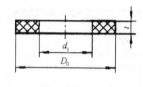

凸面板式平焊钢制管法兰/mm

PN/MPa	公称直径 DN	10	15	20	25	32	40	50	65	80	100	125	150	200	250	300
	直　径/mm															
0.25 0.6 1.0 1.6	管子外径 A	14	18	25	32	38	45	57	73	89	108	133	159	219	273	325
	法兰内径 B	15	19	26	33	39	46	59	75	91	110	135	161	222	276	328
	密封面厚度 f	2	2	2	2	2	3	3	3	3	3	3	3	3	3	4
0.25 0.6	法兰外径 D	75	80	90	100	120	130	140	160	190	210	240	265	320	375	440
	螺栓中心直径 K	50	55	65	75	90	100	110	130	150	170	200	225	280	335	395
	密封面直径 d	32	40	50	60	70	80	90	110	125	145	175	200	255	310	362
1.0 1.6	法兰外径 D	90	95	105	115	140	150	165	185	200	220	250	285	340	395	445
	螺栓中心直径 K	60	65	75	85	100	110	125	145	160	180	210	240	295	350	400
	密封面直径 d	40	45	55	65	78	85	100	120	135	155	185	210	265	320	368
	厚　度/mm															
0.25	法兰厚度 C	10	10	12	12	12	12	12	14	14	14	14	16	18	22	22
0.6		12	12	14	14	16	16	16	16	18	18	20	20	22	24	24
1.0		12	12	14	14	16	18	20	20	22	24	24	24	26	28
1.6		14	14	16	18	18	20	22	24	24	26	28	28	30	32	32
	螺栓															
0.25,0.6	螺栓数量 n	4	4	4	4	4	4	4	4	4	8	8	8	12	12
1.0		4	4	4	4	4	4	4	4	4	8	8	8	12	12
1.6		4	4	4	4	4	4	4	8	8	8	12	12	12
0.25	螺栓孔直径 L	12	12	12	12	14	14	14	18	18	18	18	18	23
0.6	螺栓规格	M10	M10	M10	M10	M12	M12	M12	M12	M16	M16	M16	M16	M16	M16	M20
1.0	螺栓孔直径 L	14	14	14	14	18	18	18	18	18	18	23	23	23	23
	螺栓规格	M12	M12	M12	M12	M16	M16	M16	M16	M16	M16	M16	M20	M20	M20	M20
1.6	螺栓孔直径 L	14	14	14	14	18	18	18	18	18	18	23	23	26	26
	螺栓规格	M12	M12	M12	M12	M16	M16	M16	M16	M16	M16	M16	M20	M20	M24	M24
	管路法兰用石棉橡胶垫片/mm															
0.25,0.6	垫片外径 D₀	38	43	53	63	76	86	96	116	132	152	182	207	262	317	372
1.0		46	51	61	71	82	92	107	127	142	162	192	217	272	327	377
1.6		46	51	61	71	82	92	107	127	142	162	192	217	272	330	385
	垫片内径 d₁	14	18	25	32	38	45	57	76	89	108	133	159	219	273	325
	垫片厚度 t	2														

附表 15　设备法兰及垫片

甲型平焊法兰(平密封面)
(摘自 JB 4701—1992)

非金属软垫片
(摘自 JB 4701—1992)

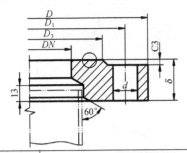

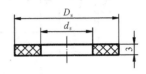

公称直径 DN/mm	甲型平焊法兰/mm					螺柱		非金属软垫片/mm	
	D	D_1	D_3	δ	d	规格	数量	D_s	d_s
$PN=0.25\text{MPa}$									
700	815	780	740	36	18	M16	28	739	703
800	915	880	840	36			32	839	803
900	1015	980	940	40			36	939	903
1000	1030	1090	1045	40	23	M20	32	1044	1004
1200	1330	1290	1241	44			36	1240	1200
1400	1530	1490	1441	46			40	1440	1400
1600	1730	1690	1641	50			48	1640	1600
1800	1930	1890	1841	56			52	1840	1800
2000	2130	2090	2041	60			60	2040	2000
$PN=0.6\text{MPa}$									
500	615	580	540	30	18	M16	20	539	503
600	715	680	640	32			24	639	603
700	830	790	745	36	23	M20	24	744	704
800	930	890	845	40			24	844	804
900	1030	990	945	44			32	944	904
1000	1130	1090	1045	48			36	1044	1004
1200	1330	1290	1241	60			52	1240	1200
$PN=1.0\text{MPa}$									
300	415	380	340	26	18	M16	16	339	303
400	515	480	440	30			20	439	403
500	630	590	545	34	23	M20	20	544	504
600	730	690	645	40			24	644	604
700	830	790	745	46			32	744	704
800	930	890	845	54			40	844	804
900	1030	990	945	60			48	944	904
$PN=1.6\text{MPa}$									
300	430	390	345	30	23	M20	16	344	304
400	530	490	445	36			20	444	404
500	630	590	545	44			28	544	504
600	730	690	645	54			40	644	604

附表 16　人孔与手孔

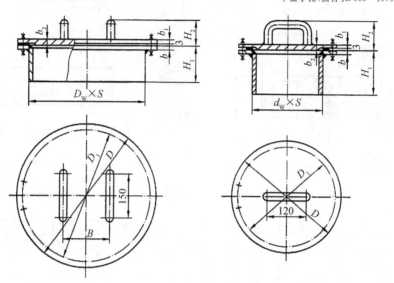

常压入孔(摘自 JB 577—1979)　　　　　平盖手孔(摘自 JB 589—1979)

单位:mm

常　压　入　孔												
公称压力 MPa	公称直径	$d_w \times S$	D	D_1	b	b_1	b_2	H_1	H_2	B	螺栓	
											数量	规格
常压	(400)	426×6	515	480	14	10	12	150	90	250	16	M16×50
	450	480×6	570	535	14	10	12	160	90	250	30	M16×50
	500	530×6	620	585	14	10	12	160	92	300	20	M16×50
	600	630×6	720	685	16	12	14	180	92	300	24	M16×50
平　盖　手　孔												
1.0	150	159×4.5	280	240	24	16	18	160	82	—	8	M20×65
	250	273×8	390	350	26	18	20	190	84	—	12	M20×70
1.6	150	159×6	280	240	28	18	20	170	84	—	8	M20×70
	250	273×8	405	355	32	24	26	200	90	—	12	M22×85

注:表中带括号的公称直径尽量不采用。

附表 17　耳式支座(摘自 JB/T 4725－1992)

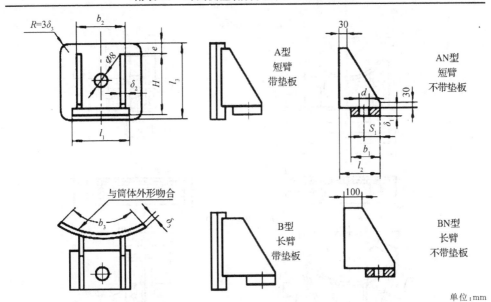

A 型 短臂 带垫板

AN 型 短臂 不带垫板

与筒体外形吻合

B 型 长臂 带垫板

BN 型 长臂 不带垫板

单位:mm

支座号		1	2	3	4	5	6	7	8
适用容器 公称直径 DN		300～600	500～1000	700～1400	1000～2000	1300～2600	1500～3000	1700～3400	2000～4000
高度 H		125	160	200	250	320	400	480	600
底板	l_1	100	125	160	200	250	315	375	480
	b_1	60	80	105	140	180	230	280	360
	δ_1	6	8	10	14	16	20	22	26
	S_1	30	40	50	70	90	115	130	145
肋板	l_2 A、AN 型	80	100	125	160	200	250	300	380
	B、BN 型	160	180	205	290	330	380	430	510
	δ_2 A、AN 型	4	5	6	8	10	12	14	16
	B、BN 型	5	6	8	10	12	14	16	18
	b_2	80	100	125	160	200	250	300	380
垫板	l_3	160	200	250	315	400	500	600	700
	b_3	125	160	200	250	320	400	480	600
	δ_3	6	6	8	8	10	12	14	16
	e	20	24	30	40	48	60	70	72
地脚 螺栓	d	24	24	30	30	30	36	36	36
	规格	M20	M20	M24	M24	M25	M30	M30	M30

附表 18　鞍式支座(摘自 JB/T 4712—1992)

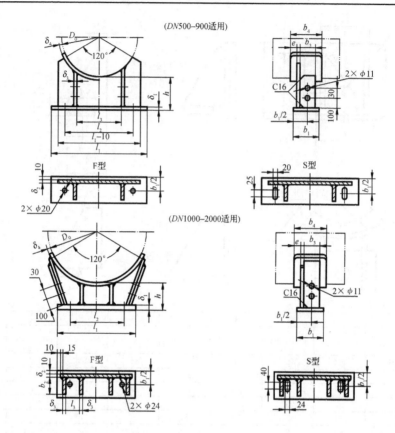

单位：mm

形式特征	公称直径 DN	鞍座高度 h	底板			腹板	肋板				垫板				螺栓间距
			l_1	b_1	δ_1	δ_2	l_3	b_2	b_3	δ_3	弧长	b_4	δ_4	e	l_2
DN500～900 120°包角 重型带垫板 或不带垫板	500	200	460	150	10	8	250	—	120	8	590	200	6	36	330
	550		510				275				650				360
	600		550				300				710				400
	650		590				325				770				430
	700		640				350				830				460
	800		720			10	400			10	940				530
	900		810				450				1060				590
DN1000～2000 120°包角 重型带垫板 或不带垫板	1000	200	760	170	12	8	170	140	180	8	1180	270	80	36	600
	1100		820				185				1290				660
	1200		880			10	200			10	1410				720
	1300		940				215				1520				780
	1400		1000				230				1640				840
	1500		1060			12	242	170	230		1760	320		40	900
	1600		1120	200			257				1870				960
	1700	250	1200		16		277			12	1990		10		1040
	1800		1280				296				2100				1120
	1900		1360	220		14	316	190	260		2220	350			1200
	2000		1420				331				2330				1260

附表 19　补强图(摘自 JB/T 4736－1995)

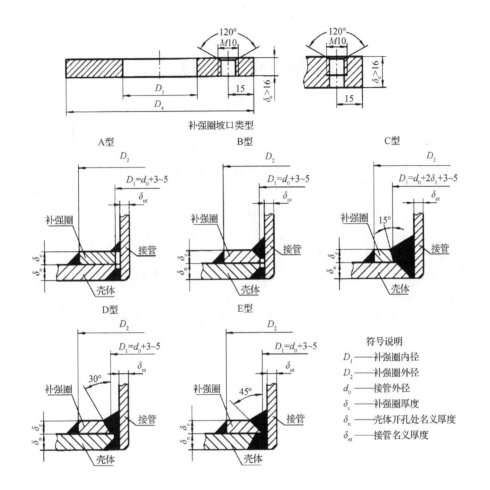

补强圈坡口类型

A型　B型　C型

D型　E型

符号说明

D_1——补强圈内径
D_2——补强圈外径
d_0——接管外径
δ_c——补强圈厚度
δ_n——壳体开孔处名义厚度
δ_{nt}——接管名义厚度

单位:mm

接管公称直径 DN	50	65	80	100	125	150	175	200	225	250	300	350	400	450	500	600
外径 D_2	130	160	180	200	250	300	350	400	440	480	550	620	680	760	840	980
内径 D_1	按补强圈坡口类型确定															
厚度系列 δ_e	4,6,8,10,12,14,16,18,20,22,24,26,28															

参 考 文 献

1. 国家标准《技术制图》与《机械制图》. 北京：中国标准出版社，1996.
2. 化工工艺设计施工图内容和深度统一规定（HG/T20519－2009）. 北京：中国计划出版社，2010.
3. 董振珂. 化工制图. 北京：化学工业出版社，2004.
4. 胡建生，江会保. 化工制图. 北京：化学工业出版社，2001.
5. 邱镇. 化工制图. 北京：高等教育出版社，1993.
6. 武汉大学化学系化工教研室编（第 2 版）. 化工制图基础. 北京：高等教育出版社，1990.
7. 叶丽明等. AutoCAD2004 基础及应用. 北京：化学工业出版社，2005.